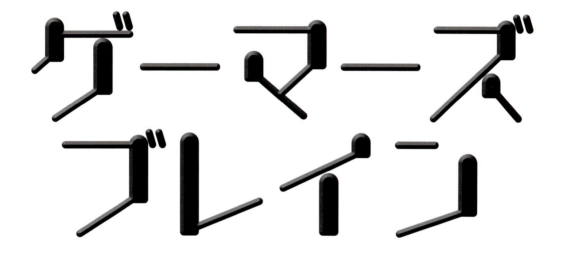

セリア・ホデント

■ ご注意

本書は著作権上の保護を受けています。論評目的の抜粋や引用を除いて、著作権者および出版社の承諾なしに複写することはできません。本書やその一部の複写作成は個人使用目的以外のいかなる理由であれ、著作権法違反になります。

■ 責任と保証の制限

本書の著者、編集者、翻訳者および出版社は、本書を作成するにあたり最大限の努力をしました。但し、本書の内容に関して明示、非明示に関わらず、いかなる保証も致しません。本書の内容、それによって得られた成果の利用に関して、または、その結果として生じた偶発的、間接的損傷に関して一切の責任を負いません。

■ 商標

本書に記載されている製品名、会社名は、それぞれ各社の商標または登録商標です。本書では、商標を所有する会社や組織の一覧を明示すること、または商標名を記載するたびに商標記号を挿入することは特別な場合を除き行っていません。本書は、商標名を編集上の目的だけで使用しています。商標所有者の利益は厳守されており、商標の権利を侵害する意図は全くありません。

科学者、アーティスト、デザイナー、魔法を操るゲーム開発者に捧ぐ。

あなた方はいつだってインスピレーションの源だ。

目次

序文 xi

著者について xiii

カラー図版 xv

1 ゲーマーの脳に着目すべき理由 1

1.1 免責事項：「神経を利用した誇大広告」の罠 2

1.2 本書で取り上げる内容と対象読者 4

2 脳に関する概要 9

2.1 脳と心にまつわる神話 9

    2.1.1 「人間は脳の10％しか使っていない」................................. 10

    2.1.2 「右脳派の人は左脳派の人よりもクリエイティブである」.......... 10

    2.1.3 「男と女では脳が違う」... 10

    2.1.4 学習スタイルと指導スタイル 11

    2.1.5 「ゲームは脳の回路を組み替え、デジタルネイティブ世代の脳の回路を変えている」...11

2.2 認知バイアス 12

2.3 メンタルモデルとプレイヤー中心のアプローチ 14

2.4 脳の仕組みの概要 15

3 知覚 19

3.1 知覚の仕組み 19

3.2 人の知覚の制限 20

3.3 ゲームへの応用 23

3.3.1 ユーザーを知る	24
3.3.2 定期的にゲームのテストプレイを行い、イコノグラフィーをテストする	25
3.3.3 ゲシュタルトの知覚の法則を使用する	25
3.3.4 アフォーダンスを使用する	30
3.3.5 視覚イメージと心的回転を理解する	30
3.3.6 ウェーバー・フェヒナーの法則に注意する	31

4 記憶　33

4.1 記憶の仕組み	33
4.1.1 感覚記憶	34
4.1.2 短期記憶	35
4.1.3 作業記憶	36
4.1.4 長期記憶	37
4.2 人の記憶の制限	39
4.3 ゲームへの応用	41
4.3.1 分散効果とレベルデザイン	42
4.3.2 リマインダー	44

5 注意　47

5.1 注意の仕組み	47
5.2 人の注意の制限	48
5.3 ゲームへの応用	51

6 動機づけ　53

6.1 潜在的動機づけと生物学的動因	54
6.2 外発的動機づけと学習性動因	55
6.2.1 外発的動機づけ：アメとムチ	55
6.2.2. 継続的対価と断続的対価	56
6.3 内発的動機づけと認知的欲求	58
6.3.1 外発的対価のアンダーマイニング効果	58
6.3.2 自己決定理論	59
6.3.3 フロー理論	60
6.4 性格と個人的欲求	61
6.5 ゲームへの応用	62
6.6 意義の重要性に関するメモ	63

7 情動　65

7.1 情動が認知を左右するとき	67
7.1.1 大脳辺縁系の影響	67

7.1.2	ソマティック・マーカー仮説	68
7.2	情動が「騙す」とき	69
7.3	ゲームへの応用	71

8 学習原理　　73

8.1	行動心理学の原理	73
8.1.1	古典的条件づけ	74
8.1.2	オペラント条件づけ	74
8.2	認知心理学の原理	75
8.3	構成主義の原理	76
8.4	ゲームへの応用：意義あることをして学習する	77

9 脳を理解する　　81

9.1	知覚	82
9.2	記憶	83
9.3	注意	83
9.4	動機づけ	83
9.5	情動	84
9.6	学習の原理	84

10 ゲームユーザー体験　　87

10.1	UXの略史	88
10.2	UXの誤解を解く	89
10.2.1	誤解1：UXによってデザイン意図が歪められ、ゲームが簡単になる	90
10.2.2	誤解2：UXによって創造性が制限される	91
10.2.3	誤解3：UXは参考意見にすぎない	92
10.2.4	誤解4：UXは単なる常識である	93
10.2.5	誤解5：UXを考慮するための時間や資金がない	94
10.3	ゲームUXの定義	94

11 ユーザビリティ　　97

11.1	ソフトウェアとゲームにおけるユーザビリティヒューリスティック	98
11.2	ゲームUXにおけるユーザビリティの7つの柱	102
11.2.1	サインとフィードバック	103
11.2.2	明瞭さ	105
11.2.3	形態は機能に従う	110
11.2.4	一貫性	112
11.2.5	負荷の最小化	113
11.2.6	エラーの回避と回復	115
11.2.7	柔軟性	117

12 エンゲージアビリティ   121

12.1 ゲームUXのエンゲージアビリティの3つの柱 121

12.2 動機づけ 123

   12.2.1 内発的動機づけ：有能性、自律性、関係性 123

   12.2.2 外発的動機づけ、学習性欲求、対価 134

   12.2.3 個人的欲求と潜在的動機づけ 136

12.3 情動 137

   12.3.1 ゲームの感覚 137

   12.3.2 発見、目新しさ、サプライズ 143

12.4 ゲームフロー 145

   12.4.1 難易度曲線：課題とペーシング 146

   12.4.2 学習曲線とオンボーディング 149

13 デザイン思考   155

13.1 イテレーションサイクル 157

13.2 アフォーダンス 160

13.3 オンボーディングプラン 161

14 ゲームのユーザー調査   167

14.1 科学的手法 167

14.2 ユーザー調査の手法 169

   14.2.1 UXテスト 171

   14.2.2 アンケート 176

   14.2.3 ヒューリスティック評価 177

   14.2.4 高速内部テスト 177

   14.2.5 ペルソナ 178

   14.2.6 アナリティクス 178

14.3 ユーザー調査の重要なヒント 178

15 ゲームアナリティクス   181

15.1 テレメトリーの魔力と危険 182

   15.1.1 統計に関する誤りとデータの制限 182

   15.1.2 認知バイアスをはじめとする人の制限 184

15.2 UXとアナリティクス 186

   15.2.1 仮説と調査質問を定義する 187

   15.2.2 基準を定義する 189

16 UXストラテジー   191

16.1 プロジェクトチームレベルでのUX 192

16.2 制作パイプラインでのUX 192

   16.2.1 コンセプト 193

   16.2.2 プリプロダクション 193

   16.2.3 プロダクション 194

   16.2.4 アルファ 194

   16.2.5 ベータ／正式版 195

16.3 スタジオレベルでのUX 195

17 おわりに   201

17.1 鍵となるポイント 202

17.2 遊びながらの学習(ゲームベースの学習) 204

   17.2.1 教育ゲームを魅力的なものにする 205

   17.2.2 ゲームベースの学習を真に効果のあるものにする 206

17.3 「シリアスゲーム」と「ゲーミフィケーション」 207

17.4 ゲームUXに興味のある学生向けのヒント 208

17.5 別れの言葉 209

謝辞   211

参考文献   215

索引   227

序文

「えぇ！ うそだろ！ そんな、まさか…」

　私は顔を上げてフェリックスを見ました。「ウィザードリィ8」のアルファ版のリードテスターを務めるフェリックスは、ゾッとした様子で画面に見入っています。コンピューターがクラッシュしたわけでも、ひどいバグが見つかったわけでもありません。彼を震撼させたのは、ティーラング(T'Rang)という昆虫に似た悪辣な種族の手荒なリーダー、ザント(Zant)というキャラクターでした。ザントは、6名のキャラクターから成るフェリックスのパーティを根絶するよう命じていました。しかし、フェリックスが恐怖を感じたのはそこではなく、ザントが彼の裏切り行為をあばいたうえ、本当にそれに傷ついているように見えたことでした。

　ほんの数日前、私はフェリックスがプレイする様子を見ていました。フェリックスは、対立し合う2つの種族の両方にいい顔をするという、私の予想外のことをやっていました。彼はティーラングの仕事をすると同時に、その宿敵であるアンパニ(Umpani)の仕事もしていたのです。何とかそこまでゲームを進めていましたが、それが開発者の想定を超えた(思いもよらない)プレイであるとは気付いていないようでした。しかし、そんな彼のがんばりと、何よりもアンパニとティーラングの対立を解消したいという彼の思いが、私にその先への道を進ませることになります。フェリックスが数日前に言ってたように、アンパニとティーラングには共通の敵がいました。両者を団結させれば、その強敵を倒せると確信したフェリックスは、存在さえしない結末に思いをはせ、存在しない解決策を見つけてやろうという気持ちになっていました。私は、それが不可能であることを伝える代わりに、彼の思いを尊重することにしたのです。

　ザントに裏切り行為がばれたときのフェリックスの驚き、「あなたを信じて帝国の秘密を教えたのに。もう簡単には信用しないからな」というザントの言葉に彼が覚えた良心の呵責、ティーラングとの関係が断ち切れたことを知ったときの彼の悲しみに、私はハッとさせられました。もちろん、彼はそのままにしないで、ゲームをリプレイして、両者に同盟を結ばせましたけどね。

　「そんなことが起きるなんて信じられない」と、彼は言っていました。

これは、私がゲームデザイナーとして最も鮮明に覚えている出来事の1つですし、彼にとっても極めてインパクトのあるプレイだったに違いありません。それもこれも、プレイヤー中心のアプローチでゲームをデザインしたからです。私は20年に満たないキャリアの中で、私からプレイヤーに教えることよりも、私がプレイヤーや彼らのゲームのプレイ方法から学ぶことの方が多いことを知りました。私は本書のような本に出会ったこともなければ、UX、ユーザビリティ、エンゲージアビリティに関するセリアの素晴らしい講義を受けたこともありませんでした。私に多くを教えてくれたのは、プレイヤーであるフェリックスだったのです。

その頃の数年間、私は、多すぎる情報に辟易してゲームをやめるプレイヤーや、思い通りにゲームを展開させられずにイライラするプレイヤーも見てきました。手掛かり不足でセクション全体をクリアできなかったプレイヤーもいましたし、そのゲームを初めてプレイする人のように、実際にプレイしながら少しずつ学習していくプレイヤーではなく、やり方をすでに知っているデザイナーを想定した学習曲線に苦しむプレイヤーもいました。ある忘れられない経験があります。さまざまな「ゲーム・オブ・ザ・イヤー」の選考委員として、私はアート、デザイン、音楽、ストーリー、コードが美しいと感じたゲームを推薦しました。多くのプレイヤーに愛されるようなゲームです。しかし、手間暇かけて作られたそうした要素よりも、その突飛なコントロールのせいで、そのゲームは受賞にいたりませんでした。フェラーリに扱いにくいハンドルを取り付けたような代物だったからです。コントロールが申し分なければ、外観もユーザー体験も素晴らしいものだったでしょう。それでも私はそのゲームが好きでしたが、ゲーム・オブ・ザ・イヤーには別のゲームが選ばれました。

ゲームで重要なのはそこです。インターフェースとインターセプト、つまりゲームとプレイヤーの頭脳が接触し、プレイという実体験が生じるところです。ほかのデザイナーと話すとき、私はよく美しい食事を例に挙げます。意地悪く、本物のおいしい料理を見せたり、食欲をそそる食べ物のイメージを提示することもあります。食べ物を見て、シェフ、盛り付け、食材、レストランの雰囲気を褒めるのは簡単でしょう。でも結局のところ、すべてはでこぼこした小さい味蕾にかかっています。インターフェースを経験せずには、満足することも、フラストレーションを感じることもありません。

ゲーム業界は、その40年を超える歴史の中で、UX（ユーザー体験）の重要性について多くのことを学んできました。「死をもって教える」（「あなたは死にました。その死から教訓を学んでください」）という早期のスタンスから、無数のコントロールスキームを試すようになり、ゲームのUXは確実に進化しています。進化を促したのは、試行錯誤、「プレイヤーの意見の尊重」、そしてファーストパーティによる成文化です。しかし、セリアの仕事は今やよく知られ、ゲーム業界で高く評価されていますが、ゲーマーの脳の働きを「**ゲーマーズブレイン**」ほど深く明快に説明した本はまだありません。私は今、この原稿を書きながら、商用ゲームの開発にも携わっています。本書を読んで脳、プレイヤー、動機づけなどを理解できたおかげで、私は自分の考え方を改め、デザインを向上させることができました。「**ゲーマーズブレイン**」を読めば、デザイナーやゲーム開発者として必ずやレベルアップできるでしょう。皆さんのゲーム、リサーチ、プレイがより意義深いものになることを願っています。

ブレンダ・ロメロ
ゲームデザイナー（Romero Games）
アイルランド、ゴールウェイ2017年5月29日

著者について

セリア・ホデントは、ユーザー体験と心理学をゲームデザインに適用し、ゲーム制作会社でUX戦略およびプロセスを構築した第一人者として知られています。フランスのパリ第 5 大学で認知発達を専攻し、心理学の博士号を取得しました。2005 年、学術研究から退いたセリアは、知育玩具の製造メーカーである VTech 社に入社します。その後、ゲーム業界に入り、Ubisoft Paris、Ubisoft Montreal、LucasArts、Epic Games といったスタジオで、ユーザー体験の向上を目指してプロジェクトを主導してきました。彼女のアプローチは、ビジネス目標を達成すると同時に、認知科学の知識と科学的方法によって具体的にデザインの問題を解決して、常にプレイヤーに楽しく魅力的な体験を提供するというものです。セリアはまた、2016 年 5 月にノースカロライナ州ダラムで組織され、Epic Games が主催する Game UX Summit の創始者および責任者でもあります。「Tom Clancy's Rainbow Six」シリーズ、「Star Wars: 1313」「Paragon」「フォートナイト」「Spyjinx」など、さまざまなプラットフォーム(PC、コンソール、モバイル、VR)のゲームプロジェクトを手掛けてきました。

カラー図版

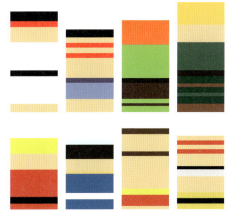

図 3.2
「Street Fighter—Abstract Edition」(2010年) アシュレー・ブラウニング作 (同氏の好意により掲載)

図 3.3
状況が知覚に与える影響

図 3.5
「ファークライ 4」(Ubisoft) のスキルメニュー画面（提供：Ubisoft Entertainment、© 2014. All Rights Reserved.）

図 4.7
「アサシン クリード シンジケート」(Ubisoft)（提供：Ubisoft Entertainment、© 2015. All Rights Reserved.）

図 4.8
「**フォートナイト**」（ベータ版、© 2017, Epic Games, Inc.、提供：Epic Games, Inc.、ノースカロライナ州ケーリー）

あか　　　**あお**　　　**みどり**

図 5.1
ストループ効果で使用される素材の例

図 8.2
フォートナイトベータ版 © 2017、Epic Games, Inc.（提供：Epic Games, Inc.、ノースカロライナ州ケーリー）

図 10.1
「バイオハザード」(PlayStation) カプコン、1996年発売（画像提供：カプコン、大阪市）

図 11.1
「デッドスペース」(Visceral Games) © 2008 Electronic Arts.（提供：Electronic Arts.）

図 11.2
TEKKEN™ 7 & ©2017 BANDAI NAMCO Entertainment Inc.（提供：バンダイナムコエンターテイメント株式会社、東京）

図 11.3
ディアブロ III（Blizzard）。Diablo® III.（提供：Blizzard Entertainment）

図 11.4
ファークライ4（Ubisoft）（提供：Ubisoft、© 2014. All Rights Reserved.）

図 11.5
Unreal Tournament 3 © 2007, Epic Games, Inc.（提供：Epic Games, Inc.、ノースカロライナ州ケーリー）

図 11.6
「**チームフォートレス 2**」のキャラクターシルエット © 2007–2017 Valve Corporation.（提供：Valve Corporation、ワシントン州ベルビュー）

図 12.1
Paragon © 2016, Epic Games, Inc.（提供：Epic Games、ノースカロライナ州ケーリー）

図 12.2
「オーバーウォッチ」(Overwatch、Blizzard) Overwatch® (提供：Blizzard Entertainment)

図 12.3
Fortnite Beta © 2017, Epic Games, Inc. (提供：Epic Games、ノースカロライナ州ケーリー)

図 14.2
Epic Games の UX ラボ（提供：ビル・グリーン、© 2014、Epic Games, Inc.）

図 14.3
Epic Games での UX テストのキャプチャの例（掲載許可あり）

1

ゲーマーの脳に
着目すべき理由

1.1 「神経を利用した誇大広告」の罠.......2　　1.2 本書で取り上げる内容と対象読者....4

マジシャンがどうやって観客をだますのか、不思議に思ったことはありませんか？　なぜ彼らは物理法則に逆らったり、人の心を読むことができるのでしょうか？　ここでトリックの種明かしをするつもりはありませんが、基本的にマジシャンやメンタリストは、知覚、注意、記憶といった人の認識力をよく理解しています。脳の抜け穴を巧みに利用する方法を研究し、一定のスキルをマスターすることで（聴衆の注意をそらして判断力を乱す「ミスディレクション」など）、トリックを成功させます（クーンとマルチネス、2012年）。私にとっては、ゲームもマジックの一種であり、よく作られたゲームではプレイヤーは疑うことなくプレイに集中します。ゲーマーの脳を理解すれば、プレイヤーに提供したい魔法体験を作るのに役立つツールとガイドラインを手に入れられます。昨今の成長著しいゲーム市場においては、なおさら欠かすことのできない重要なツールです。

　2015年のゲーム市場の収益は、（Entertainment Software Association の Essential Facts 2016での報告によると）世界的には910億ドル、米国内だけでも235億ドルに達しました。数字だけ見ればなんとも頼もしい限りですが、その背後には、成功を収める優れたゲームを制作するのは極めて難しいという厳しい現実も存在します。何千種類ものゲームが出回り、中にはクリック（またはタッチスクリーンをタップ）するだけでアクセスできる無料のゲームがある状況を見ても、競争は熾烈を極めていることがわかります。またゲーム市場は不安定です。ゲーム制作会社は、著名なところも含め、頻繁に廃業や人員削減の危機に見舞われています。小規模のインディープロジェクトだけでなく、膨大な開発費をつぎ込んだ3Aプロジェクトも失敗することがあります。たとえ業界を知り尽くしたベテランが、マーケティングやパブリッシングに全面的に関わったとしてもです。ゲーム業界は、楽しみを製造するとい

うビジネスの裏側で、その目標を達成できずにもがき苦しんでいます。そのうえ、発売直後は売れ行きが好調だったゲームでも、ユーザーがずっと関心を持ってくれるわけではありません。

　本書は、ゲームという永続的なマジックを成功させる要因の特定方法、および楽しんだり熱中することを阻む一般的な障壁について大まかに紹介することを目的としています。現時点では成功への道など存在しませんが（おそらく今後もないでしょう）、科学的知識やゲーム開発におけるベストプラクティスから導き出された成功要因と障壁を特定できれば、人気があって楽しいゲームを制作できる可能性は高まるはずです。これらの目的を達成するには、ある程度の知識と方法論を身に付けなければなりません。その知識は、脳がどのように情報を認知、処理、維持するかを説明した神経科学から得られます。一方の方法論は、ユーザー体験(UX)の分野から得られ、そこからはガイドラインと手順を学べます。UXと神経科学を組み合わせれば、制作中のゲームに迅速で最適な判断を下したり、目標を達成するのに必要なトレードオフを意識できるようになります。デザインやアート面の目標に対して忠実になり、ユーザーに届けたいゲーム体験を提供できるようになるはずです。そしてあわよくば、ビジネス面でも成功して、潤沢な資金をもとに、情熱を持ってマジックを作り続けられるようになるでしょう。

　プレイヤーがどのようにゲームを理解し、関わるかを予測するのはとても重要です。決して簡単ではありませんが、もう１つ重要なことである、人としてまた開発者としての自分の先入観を認めるよりは容易でしょう。人は、主に論理的および合理的分析をもとに判断を下すと考えられています。しかし、心理学、さらには行動経済学におけるさまざまな研究によると、実際の脳は非合理的に機能し、その判断は多くの先入観の影響を強く受けているそうです（アリエリー、2008年およびカーネマン、2011年）。ゲームを制作して送り出すと言う作業には、数え切れないほどの判断が伴います。そのため、ゲーム開発者およびチームが開発プロセスを通じて正しい判断を下し、最終的な目標を達成するためには、ある困難に立ち向かわなければなりません。つまり、自分の目指したゲームが実際に発売され、成功を収めるチャンスを高めるには、ゲーマーの脳と自分自身の脳を理解する必要があるのです。

1.1　免責事項：「神経を利用した誇大広告」の罠

最近のゲーム業界では、科学的知識や方法論を採用することへの関心が高まっており、特に神経科学に関連するものは顕著です。これは、「脳」や「神経」を接頭辞に使ったもの（「神経マーケティング」や「神経経済」など）に対する社会やビジネスの関心の高まりが反映された結果でしょう。ニュースやソーシャルメディアで流れる情報には、「脳内ドーパミン」「成功のための脳の書き換え」「説得におけるオキシトシンの役割」といった言葉があふれています。率直に言えば、昨今出回っているクリック誘導型の神経関連の記事は、大半がまったくのでたらめです。完全に間違った情報ではないにせよ、脳という極めて複雑で素晴らしい臓器の働きを著しく単純化しているものもあります（実際、神経科学者たちは、「脳に関する知識」によって実証されたとする広告スペースや商品を売るために、脳という複雑な分野を単純化していることに憤慨しています。その怒りの度合いに応じて、これらの記事を「神経ゴミ」「神経ホラ」「神経たわごと」などと呼んでいます）。これらのクリック誘導型の記事やそれらを利用する会社が氾濫しているのは、彼らの語りかけが成功しているからです。暮らし向きをよくしたり、目標を達成したり、業績を上げる簡単な方法を知りたくない人はいないでしょう？　とは言え、この現象は、神経科学を利用した誇大広告として生じたわけではありません。たとえば、「２週間で10キロ

2　　　　　　　　　　　　　　　　　　　　Chapter 1：ゲーマーの脳に着目すべき理由

痩せるには何を食べる(または食べるのやめる)べきか」というフレーズには誰もが魅力を感じますが、実際には痩せる魔法の薬など存在しません。毎日の食事に注意して、定期的に運動するしかないのです。これが科学的事実であり、それなりの努力、汗、犠牲が必要になります。DNAや生活環境によっては、減量にさらなる困難が立ちはだかることもあるでしょう。つまり、人はこうした語りかけよりも、クリックを誘うごまかしに強く引き付けられているのです。難しい説明は聞きたくない、努力を強いられそうなことは信じない、という傾向があります。自分自身をごまかして、効果がなくても魅力的に見える解決策を選ぶのです。この法則は、神経科学にも当てはまります。だまされたくないなら、人の脳が偏向的、情動的、非合理的であるうえ、恐ろしく複雑なものであるということを忘れてはなりません。実験心理学者スティーブン・ピンカーは著書「心の仕組み」(原題:How the Mind Works、1997年)で、日々の生活の中で脳が解決している問題は、人を月に送ったり、ゲノムシーケンスを行うよりもはるかにチャレンジ度の高いものだと述べています。ですから、どんなに魅力的であっても誇大広告を信じてはいけません。特に、ほとんど努力せずに大きな成果が得られるとうたった広告は要注意です。それ信じて楽になりたいというのであれば別ですが、おそらくそのような方は、本書を読むのをもうやめているはずです。

ゲームでもこれは同じです。飲むだけで効く薬や成功への王道などありません。革新を目指す場合は特にそうです。すでに成功を収めたゲームや会社を分析するよりも、これからどのゲームが成功または失敗し、次はどのゲームが「**マインクラフト**」(Mojang)や「**ポケモン GO**」(Niantic)旋風を巻き起こすのかを予測する方がはるかに困難です。本書で言いたいのは、開発上のあらゆる問題を解決できる魔法の杖など存在しないということです。労力(および愛情をこめて制作するゲームを分析するのに伴う痛み)を惜しまなければ、本書で紹介する実証済みの成功要因をもとに、読者自身で成功への糸口を見つけられるでしょう。ぜひ挑戦してください。

ここまで読んでくださった皆さんには白状しますが、本書のタイトルに「神経科学」や「脳」という言葉を使ったのは、神経科学ブームに便乗するためです。ゲーム開発をより効率的に行えるようにするための妥当な科学知識を提供すると同時に、ナンセンスな神経科学系の誘惑を察知および無視できるようになってもらうために、そうした手段を取りました。人の体には1000億もの神経細胞があり、それぞれが最大1万個のほかの神経細胞とつながっています。つまり膨大な数のシナプス結合が存在するのですが、ホルモンや神経伝達物質(神経細胞間で信号を伝達する化学物質)の作用など、神経回路がどのように人の行動や情動に影響するのかはまだ解明されていません。神経系統を研究する神経科学は、とても複雑な分野なのです。本書の内容のほとんどは、実際には知覚、記憶、注意、学習、推論、問題解決といった心理過程を扱う「認知科学」に関連しています。ゲームをプレイするプレイヤーはこれらすべての心理過程を経るため、認知科学の知識はゲーム作りに直接応用することができます。ユーザー体験、つまりユーザーが製品やゲームを利用する際の総合的な経験は、認知科学の知識に依存するところが大きいです。

1.2 本書で取り上げる内容と対象読者

ゲームで見つける、学習する、マスターする、楽しむ、これらはすべて脳内で起こります。ゲーム開発者として、UX原理の基礎でもある脳の基本的なメカニズムを理解すれば、デザイン目標やビジネス目標を効率的に達成できる道が開けます。本書の目的は、ゲームのデザイン方法を教えることでも、創造性を阻んだり、皆さんが作るゲームの難易度を下げることでもありません(Chapter 10で紹介するUXに関する主な思い違いを参照)。読者の皆さんには、ゲームで遊ぶときのユーザーの心理的メカニズムを理解することで、より効率的に目的を達成できるようになってほしいと考えています。本書の内容は、私のバックグラウンドである認知心理学を基にしたPart Iと、Ubisoft、LucasArts、Epic Games各社の開発チームに携わった経験を基にしたPart IIで構成されています。

本書は、全体を通して、ゲームに関するユーザー体験と認知科学を紹介します。これらのテーマに興味のある人なら誰でも楽しめる内容となっており、決してUXのエキスパートを対象とした専門書ではありません。ゲーム開発者のプロから、それを目指す学生まで、幅広い層を対象としています。Part Iは、ゲームをプレイするときの脳の働きに興味があるすべての人に役立つ内容となっているので、どの分野の方々も有益な情報を得られるでしょう。中でも、クリエイティブディレクター、ゲームディレクター、デザイナー(ゲームデザイナー、ユーザーインターフェイス(UI)デザイナーなど)、プログラマー(主にゲームプレイおよびとUIプログラマー)、アーティストの方々には、彼らが日々格闘している課題に直結する内容が含まれていることから、特に役立ててもらえると思います。UXプラクティショナー(インタラクションデザイナー、ユーザー調査員、UXマネージャーなど)にとっては真新しい情報は少ないでしょうが、備忘録として活用してもらったり、UXをさらに成熟させるためのヒントを見つけてもらえたら幸いです。本書には、ゲーム業界には詳しくないが、この分野には興味があるというUXプラクティショナーにとっても貴重な情報が含まれています。上層部、プロデューサー、サポートチーム(品質保証(QA)、アナリティクス、マーケティング、ビジネスインテリジェンスなど)なども、ユーザー体験を考慮することの重要性について学ぶことで、より質の高いゲームを効率よく発売できるようになります。最後になりますが、本書は、それぞれのテーマを深く掘り下げるのではなく、ゲームユーザー体験の概要を紹介することで、制作スタジオ内での共同作業を円滑化することを目的としています。私がプレイヤーたちのよき代弁者となれることを願っています。

本書は2部構成になっています。Part I(Chapter 2から9)では、現時点で解明できている脳と認知科学に焦点を当て、Part II(Chapter 10から17)では、どのようにユーザー体験の思考と経験をゲーム開発で活用して、ゲーム用のUXフレームワークを構築するかを紹介します。知覚(Chapter 3)、記憶(Chapter 4)、注意(Chapter 5)、動機づけ(Chapter 6)、情動(Chapter 7)、学習原理(Chapter 8)の各章では、脳の働き、人の能力と限界、ゲームデザインとそれらの関係について学びます。Chapter 9では、ゲーマーの脳についての教訓を紹介します。Part IIでは、まずゲームユーザー体験の概要として、歴史、主な誤解を説明したり、定義付けを行います(Chapter 10)。また、魅力的なユーザー体験を提供するのに欠かせない2つの要素として、製品の使いやすさを表す「ユーザビリティ」(Chapter 11)と、ゲームがいかにはまりやすいかを表す「エンゲージアビリティ」を紹介します(Chapter 12)。それぞれの要素については、ユーザビリティとエンゲージアビリティに優れたゲームにするための柱を中心に論じます。Chapter 13では、デザイン思考の視点から見たユーザー体験を

紹介します。Chapter 14では、ユーザー体験を測定および向上させるのに使用される「ユーザー調査」を説明します。Chapter 15 では、もう1つのユーザー体験用のツールであるアナリティクスを取り上げます。Chapter 16 では、スタジオでUX戦略を構築するためのヒントを紹介し、Chapter 17 では、鍵となるポイントや一般的なコツ、さらには教育ゲームや「ゲーミフィケーション」にも触れます。

　本書では、市販のゲームを多く例に挙げながら、ベストプラクティスとUXに関する問題を紹介します。登場するゲームは、筆者が制作に携わったものか、熱中してプレイしたものばかりです。つまり、本書で強調しているUXの問題については、決して私の主観的な意見ではありません。ゲーム制作が大変な仕事であること、UXのベストプラクティスという観点では完璧なゲームなど存在しないということを十分承知のうえで、問題を提起しています。

PART I
脳を理解する

2

脳に関する概要

2.1 脳と心にまつわる神話..........................9

2.2 認知バイアス 12

2.3 メンタルモデルとプレイヤー中心のア
プローチ..................................14

2.4 脳の仕組みの概要 15

2.1 脳と心にまつわる神話

人の脳の進化は、人類が地球上を歩き出すよりずっと前から始まっており、その後も厳しいアフリカの
サバンナを生き抜いた私たちの祖先によって、何千世代も進化を続けています。しかし、現代の生活
様式は有史以前から様変わりしているため、進化という長い過程においては、現代人が直面するさ
まざまな問題は脳が初めて遭遇するものです。そのため、複雑な現代社会を生き抜く脳の不思議さと
限界を理解することが、日々の営みの中でより正しい判断をくだすことにつながります。本書の前半で
は、この脳を中心に取り上げます。ただし本書では、ゲーム開発関連で知っておいてほしいことに絞っ
て紹介するので、より広い観点でこのテーマを学びたい方は、認知科学者のトム・スタッフォードとエ
ンジニアのマット・ウェブの共著による「Mind Hacks―実験で知る脳と心のシステム」(2005 年)を読む
ことをお勧めします。

　脳の神秘については、まだその表面を引っかいた程度ですが、この一世紀でその仕組みに関する
驚くべき発見がいくつかありました。しかし悲しいことに、それらの発見は、メディアにあふれる無数の
神話のせいで埋もれてしまっています。これらの神話についてはほかの著者が説明しているので(リ
レンフェルド他、2010 年やジャレット、2015 年など)、ここでは詳しく取り上げませんが、ゲーム開発に
関連することや、本書を読み進めるうえで必要だと思われることは簡単に紹介したいと思います。

2.1.1 「人間は脳の10%しか使っていない」

脳にはまだ解放されていないパワーがあり、誰かによって解き放たれるのを待っているという説は、人の心を揺さぶります(そのパワーを解放する見返りに報酬を求める会社もあるそうです)。実際には、握りこぶしを作るという単純な動作でも、脳の10%以上のパワーが使われていますし、最新の脳画像では、何かをするとき(および何もしていないとき)の脳全体の働きを見ることができます。一方、脳には自己再編する機能が備わっていて、楽器を学ぶときや脳が損傷を受けたときなどに使われます。こうした脳の柔軟性はそれだけで驚嘆すべきものであり、新たな知識や技能を習得できる脳の潜在能力は計り知れません。すでに脳のパワーを10%以上使用しているからといって、がっかりする必要はないのです。むしろ、使っていない場合の方が悲しむべきでしょう。

2.1.2 「右脳派の人は左脳派の人よりもクリエイティブである」

「右脳を働かせればよりクリエイティブになれる!」などという俗説が出回っています。左右の脳には違いがあり、常に均等に使用されるわけではないのは事実ですが、たいていの場合、右脳と左脳は正しく区別されていません。たとえば、言語を主につかさどるのは左脳であると聞いたことがあるはずです。言葉の生成や文法の適用に関しては左脳の方が**比較的**優れていて、韻律(イントネーション)の分析においては右脳の方が**比較的**優れてるというのが通説になっています。しかし実際には、どんなタスクに対しても、左右の脳が共同で対処しています。左脳が論理的で、右脳が創造的だという区別は、大雑把で不正確な単純化だと言えるでしょう。左右の脳は、脳梁と呼ばれる太い神経の経路で繋がれていて、ここを通じて情報を共有しています。つまり、右脳を刺激してよりクリエイティブになりたくても、脳梁が切断されていて、身体の左側(視覚の場合は固視点の左側)からしか情報を受信できないようにした分離脳患者でない限り、そのような都合の良いことはできないのです。分離脳で、情報の受信を身体の左側からに限定すれば、情報は右脳でのみ処理されるでしょう。分離脳患者を対象にこの点を検証した神経心理学の研究所もありますが、「右脳を活性化させましょう」という誘い文句とはほど遠いのがわかります。でも気にする必要はありません。左右いずれかの脳が「クリエイティブ」または「論理的」であるという科学的実証は存在しないので、もともと意味がないからです。クリエイティブまたは論理的になりたいと、右脳や左脳に夢を抱くのはやめましょう。脳は1つです。

2.1.3 「男と女では脳が違う」

人は、男と女の違いを説明できる単純な理由を見つけたがるものです。男と女が人生の混乱の中でロマンチックな関係を維持し続けるのは、疑いようもなく大変です。ですから、自分自身の過ちや思いやり不足を責めるのではなく、認知的不協和を招く神経学的な違いのせいにすることで、安堵したいのです。しかしご存知ですか? 同性愛者もおそらく異性愛者と同じような問題を抱えています(「おそらく」としたのは、この主張を裏付ける統計がないからですが、これに関しては賭けてもいいくらいです)。それに多くの人の脳画像を見る限り、平均的な女性と男性の脳はまったく同じではないものの、違いよりも類似点の方がはるかに多いです。むしろ、異性間よりも同性間での方が脳の違いは大きいと言えるでしょう。大げさでもなんでもなく、男と女は別々の惑星から来てなどいません。女性の方が男性よりもマルチタスクに長けている、女性の脳は言語をマスターしやすい「回路」になっている、男性の脳は数学や駐車が得意な「回路」になっているなどを証明する科学的証拠はないのです。たとえ男

女間で脳の回路や行動に**何らかの**違いがあったとしても、認知能力の観点からは、神経学的な違いを行動の違いに結び付けることはできません。科学や言語などに関する認知上の違いのほとんどは、特定スキルの練習の度合いや文化的環境（ステレオタイプ）、その中で受ける社会的圧力などによるものです。

2.1.4　学習スタイルと指導スタイル

自分に合った学習スタイルがあり、そのスタイルで指導された方が効率的に学習できる、と信じているかもしれません。たとえば、自分は視覚的に学習するタイプだから、言葉だけでなく視覚的な情報を使って教えられた方がうまく頭に入るだろう、といった考え方です。ここでまず問題となるのは、それぞれの人に合った学習スタイルを判断するのは必ずしも容易ではないということです。それに、ここでいう学習タイルの種類を定義する基準も広範にわたります。右脳派か？　分析系か？　視覚系か？　トレーニングプログラムの目的は、もちろん、あなたが共鳴するタイプを見つけることです。自分が左脳派かどうかが確かではない？　マイヤーズ＝ブリッグス・タイプ指標の結果から、見合う指導スタイルを見つけるのはどうでしょう？　ちなみにマイヤーズ＝ブリッグス診断テストは科学的に実証されたものではないので（まったく逆）、個人で楽しむ程度にとどめ、雇用などの重要な目的では決して使わないでください。学習スタイルの考え方については、最後にもう1つ付け加えたいことがあります。指導スタイルと自分の学習スタイルが一致すれば、より効果的に学習できる（自分に合った学習スタイルがわかっていると仮定します）という説を裏付ける科学的根拠は存在しません。研究によると、さまざまな考え方や異なる種類の情報を処理する能力は人によって違っており、学習スタイルによって学習効果が高まるということはないそうです。さらに、指導スタイルが望まれる学習スタイルと一致しても指導効果は向上しないという研究（パッシュラー他、2008年）や学習スタイルという考え方はダメージを及ぼす可能性があると述べた研究も発表されています。しかし、学習を促進する指導環境を作る方法そのものは存在するので、本書を通じて説明していくつもりです。最も重要なことの1つは、指導を意義のあるものにし、さまざまな脈略や活動の中で繰り返し指導するということです。広範な分野で目にしたり採用されてる「学習スタイル」ですが、学習効果を向上させる考え方としては認められていません。

2.1.5　「ゲームは脳の回路を組み替え、デジタルネイティブ世代の脳の回路を変えている」

神経ネットワークは、環境や環境との関係に応じて、絶えず自己再編しています。そのため、「何か（たとえばインターネット）が脳の回路を再編させる」という類の記事は、当たり前のことを大袈裟に唱えているにすぎません。映画を観る、最近読んだ記事について考える、ピアノを練習するなど、何かをする、感じる、または考えるというほぼすべての行動が、脳の回路を再編しているからです。もともと編成されたものではない脳に対して、再編という言葉を使うのもおかしな話です。脳には計算機能も備わっていますが、決してコンピュータではありません。脳は柔軟なので、一生をかけて変化し続け（高齢になるにつれ柔軟性は弱まります）、新たなシナプス結合が作成される一方、古いものが消滅するというのを繰り返します。また、「デジタルネイティブ」世代（インターネットやゲームなどのデジタル技術に囲まれて育ったミレニアル世代を称してマーク・プレンスキー氏が作った造語）の脳は、それ以前の世代（「デジタル移民」世代とも呼ばれます）とは回路が異なると考える傾向もあります。育った環境や

それとの関わりによって脳の回路が違うのは事実だとしても、ミレニアル世代とデジタル移民世代で認知や行動に違いがあることにはなりません。たとえば、ミレニアル世代が読書などをしながら友人にメッセージを送ることに慣れているからといって、彼らがほかの世代よりもマルチタスクに優れているとは言えないのです。事実そうではありません（ボウマン他、2010年）。なぜならミレニアル世代の脳も、地球上の**現生人類**や有史以前の人類と同じように機能し、同じような制限を抱えているからです（人の注意力の制限についてはChapter 5を参照してください）。しかし、ゲームなどの慣れ親しんだ製品に対して、ミレニアル世代がその前後の世代とは異なる期待やメンタルモデルを持っているのは確かでしょう。同じミレニアル世代であっても、シューティングゲームに膨大な時間を費やしている人が持つ期待やメンタルモデルは、「**マインクラフト**」を好む人と同じではありませんが。つまり、前にも述べたように、現実はより微妙な違いがあるわけで、クリック誘導型の見出しのように単純ではないのです。

2.2 認知バイアス

脳の神話と格闘するだけでは十分ではないかのように、脳は客観性や理性的な判断能力を妨げることがある点も知っておく必要があります。これらの**認知バイアス**を説明するものとして、お馴染みの目の錯覚の例を使用します。

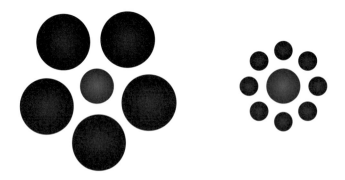

図 2.1
目の錯覚

　図2.1の2つのイラストでは、中央の紫の円は同じサイズですが、周囲の円の大きさとの比較により、左側の円の方が小さく見えます。この原理は認知バイアスにも当てはまります。認知バイアス（または認知錯覚）とは、決断や判断をくだす際にバイアスとして機能する思考パターンです。上の例の目の錯覚のように、たとえ自覚していても、避けるのはきわめて困難です。認知バイアスの研究に最初に取り組んだのは、草分け的心理学者エイモス・トベルスキーとダニエル・カーネマンです（トベルスキーとカーネマン、1974年およびカーネマン、2011年）。中でも特筆すべきなのは、人の心は直観的思考（判断における経験則）を使うため、論理的思考において予期可能な間違いをするということです。認知バイアスが日々の生活に及ぼす影響、また論理的思考や経済面での決断において系統的エラーを誘発することについては、心理学と行動経済学の教授ダン・アリエリー著の「**予想通りに不合理**」（2008年）で詳しく紹介されています。たとえば「アンカリング」は、図2.1で示した目の錯覚のイラストと通じる認知バイアスです。私たちは新たな情報について判断する際に、先に得た情報に頼り（この例では紫の円を囲む周囲の円のサイズがアンカーとなる）、それとの比較で決断する傾向があります。マーケ

ティングでは、このアンカリングを使って私たちの判断をコントロールしています。たとえば、セールで通常価格 $59 の大ヒットゲームが $29 になっていたとします。この場合、$59 という値札（打ち消し線で消されるなど強調されていることが多い）が、現行価格と比較する際のアンカーとなります。この結果、ほかの $29 という価格タグが付いたセール対象外のゲームよりも、このゲームの方がお買い得だと判断して購入へといたります。たとえ支払う額が同じだとしても、セール対象外のゲームでは $30 得した気分にならないため、購入意欲が高まらないのです。同様に、もし別の大ヒットゲームがセールで $19 になっていれば、そちらの方がよりお買い得に見えるので、$29 のゲームはお買い得感が薄れることになります。お買い得感を重視することで、実際にはあまり興味のないゲームを買ったり、このチャンスを逃したくないとの気持ちから、当初買うつもりだったゲーム以外のタイトルも買うことがあるかもしれません。結果、当初の予算を超える金額を支払う場合もあるでしょう。Steamのセールがあるたびに、大勢の友人たちがソーシャルメディアで愚痴を言う主な理由はこれにあるのだと思います。そうした買ったゲームのほとんどはプレイする時間がないとわかっていても、価格に釣られて買ってしまうのです。私たちは、比較することで何かを決める傾向があり、これが決断に大きな影響を及ぼしています。そして残念なことに、こうしたバイアスに影響を受けているという認識はほとんどありません。あまりに数が多くてすべてを挙げることはできませんが、製品マネージャのバスター・ベンソンとエンジニアのジョン・マヌーギアンは、専用の Wikipedia ページに掲載されている認知バイアスのリストをまとめることを目的に、図2.2のチャートを作成しました（ベンソン、2016年）。

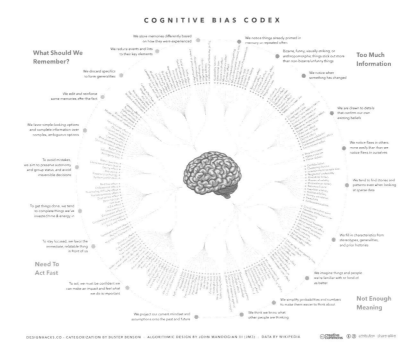

図 2.2
認知バイアスコーデックス、デザイン：ジョン・マヌーギアン3世、編集：バスター・ベンソン（ジョン・マヌーギアン3世とバスター・ベンソン共同制作の「**認知バイアスコーデックス**」より、Designhacks.co、カルフォルニア州チャッツワース。掲載許可あり）

本書でも、関連があると思われる箇所では特定の認知バイアスを紹介しています。チャートは恐ろしくやる気が失せるものですが、これらのバイアスを頭に入れておけば、多くの判断ミスは防げます。また、これらのバイアスにどんなに注意しても、時にその餌食となることがある点も自覚しておくべきです。これらの特性が自分自身やほかの人にあるかどうか確かめてみましょう。後から振り返るのでもかまいません。自分や他者が犯す過ちをより深く理解できるようになります。「ダチョウ効果」に固執し、砂の中に頭を埋めて何も見なかったことにしたい人は別ですが。所詮、私たちは人であり、人としての制限の中で生きているのです。

2002年にノーベル経済学賞を受賞したダニエル・カーネマンは、著書「**ファスト＆スロー**」（2011年）で、私たちのメンタルライフには2つの思考モード（システム1とシステム2）が影響していると述べています。システム1は、すばやく直観的、情動的な思考です。システム2は、より時間をかけた、慎重で論理的な思考で、複雑な計算などの知的労力を伴う行動に関係します。どちらのシステムも、人が目覚めている間中アクティブになっていて、互いに影響し合っています。認知バイアスは主に、即効的なシステム1が自動的に反応して直観的思考の間違いを誘導し、システム2がそのような過ちが起こったことすら気付かない場合に生じます。筆者個人の考えでは、ゲーム開発において最も注意すべき認知バイアスの1つは「知識の呪縛」です。何か（開発中のゲームなど）について自分が知っていることには見向きもせず、何も知らない誰かがどのように感じ、どう理解するかを正確に予測するのは非常に困難です。このために、何も知らないターゲット層に見立てた協力者に対して、定期的にユーザー体験テスト（UXテスト）を行うのが不可欠となっています（テストプレイ、ユーザビリティテストなど。Chapter 14参照）。また、これらのテストをマジックミラー越しに見ているゲーム開発者が、協力者の「妙で」「ばかげた」行動に大きなショックを受けるのも、このことが原因となっています。「大きく光っているのをクリックしないと、パワーを最高レベルまで上げられないのがわからないのか？　なぜわからないのだ？　誰でもわかるだろう！！」このように思うかもしれませんが、普通のプレイヤーはわかるはずありません。わかるのは、どこを見ればよいか、その状況にはどんな情報が関連しているか、どこに注意すれば有効か、などを把握しているゲーム開発者だけなのです。たとえその分野のゲームのエキスパートでも、初めてプレイするならわからない可能性もあるでしょう。したがって、教えなくてはならないのですが、これについては本書のPart IIで説明します。脳の神話と認知バイアスについてはある程度理解できたところで、次は製品を使う人の心の中で起こる認知プロセスについて話を進めていきましょう。

2.3　メンタルモデルとプレイヤー中心のアプローチ

ゲームをプレイして楽しむのはプレイヤーの心の中で起こることですが、その体験は、相当数の開発者の心の中で編み出され、一定の制約の範囲内でシステムに組み込まれたものです。開発者がもともと心に秘めていたもの、システムや制作上の制約の中で組み込まれたもの、最終的にプレイヤーが体験するものの間には、かなり大きい差があることがあります。このことが理由で、魅力的なユーザー体験を提供し、開発者の意図がそのままプレイヤーの究極体験になるようにするには、ゲームプレイヤーの心を考慮したプレイヤー中心のアプローチを取る必要があるのです。

図 2.3
メンタルモデル（ドナルド・アーサー・ノーマンの著書（2013年）に基づくイメージ）。「**誰のためのデザイン？**」

ドナルド・アーサー・ノーマンは著書「**誰のためのデザイン？**」（2013年、全面改定版）の中で、図 2.3 で示すように、デザイナーとエンドユーザーの間では異なるメンタルモデルが生じることを説明しています。システム（PCゲームなど）は、システムの機能と仕組みに対する開発者のメンタルモデルに基づいて、設計および実装されます。システムの制約（使用するエンジンが対応しているレンダリング機能など）や要件（バーチャルリアリティゲームは、プレイヤーが3D酔いにならないように90フレーム／秒以上で再生する必要があるなど）に合わせて、開発者はゲームに対するビジョンを微調整しなければなりません。一方のプレイヤーは、予備知識や期待をもってシーンに臨み、システムイメージを操作していく中で自らゲームの仕組みを考え、独自のメンタルモデルを構築していきます。ユーザー体験とプレイヤー中心のアプローチの主な目的は、ユーザーのメンタルモデルと開発者の意図を一致させることです。開発者はシステムの制約や要件を満たすだけでなく、人の脳の機能と限界にも沿わねばなりません。だから脳の仕組みを理解する必要があるのです。

2.4 脳の仕組みの概要

映画を観る、自分の振る舞いを確認する、人と出会う、言い争いを聞く、広告を見る、新しい道具やガジェットを試すなど、日々の暮らしにおけるほぼすべての行動は、脳にとって新しい学習体験です。ゲームのプレイも当然含まれるので、脳の学習の仕組みを知れば、開発者はより優れた体験をユーザーに届けられるようになります。ゲームプレイに関しては、ゲーム体験を通してマスターしていきますが、新しい要素はチュートリアルやゲームのオンボーディング部分で学習することになり、これはプレイヤーが乗り越えねばならない大きなハードルの1つです。

まず、脳が許容できる作業量は非常に限られていることを念頭に置かねばなりません。質量的には全身のわずか2％ほどの脳ですが、エネルギーに関しては全身の20％も消費します。このため、ユーザーの脳に課す負荷は注意深く計算する必要があります（認知作業量を正確に測定することはできないので、可能なところまで推測します）。メニュー、コントロール、アイコンなどを探すのエネルギーを費やすのではなく（それがチャレンジとして設計されている場合は別です）、ゲームを通じて提供した

いコア体験やチャレンジに専念できるようにしましょう。コアとなる柱、つまりプレイヤーが学習してマスターすべき重要なことを定義し、それを一貫させることが、プレイヤーのチャレンジの場を定めるうえで重要です。そしてこのコア要素を効率的に伝えるには、学習原理の基本を理解しなければなりません。脳はとても複雑な臓器で、未解明の部分が多いですが、本書で紹介する学習プロセスを理解すれば、プレイヤーがゲームのある要素を理解できなかったり覚えられない理由がわかるようになるはずです。問題箇所を効率的に修復できるだけでなく、プレイヤーの行動を先読みできるようになるでしょう。なお、心は脳（と身体）の産物なので、両者は絡み合った関係にあります。認知科学者の間では、心と脳の区別について議論が交わされていますが、本書ではその難題には踏み入らないことにします。私は、脳という臓器があるから心が機能していると考えているので（精神機能など）、これら2つの言葉を同じ意味で使うことがあります。

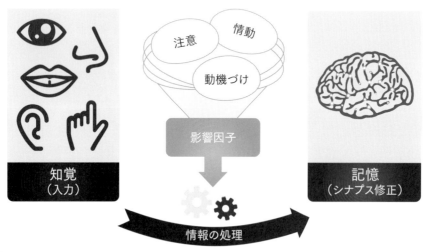

図2.4
脳がどのように学習し、情報を処理するかを簡潔にまとめた図

　図2.4は、脳がどのように学習し、情報を処理するかを簡潔にまとめたものです。脳はコンピュータではないので、機能ごとに専用の区画があるわけではありませんが、この図にはゲーム開発者が知っておきたい考え方が要約されています。通常、情報の処理は、入力である知覚から始まり、脳内のシナプス修正を介した記憶の修正で終わります。つまり、最初は感覚なのです。私たちの身体に備わっている感覚は、視覚、聴覚、触覚、嗅覚、味覚の5つだけではありません。温度感覚、痛みの感覚、バランス感覚など、さまざまな感覚があります。たとえば固有感覚では、空間における身体の状態を感知でき、目を閉じたままでも簡単に鼻を触ることができます（アルコールなどで感覚が麻痺している場合は別です）。知覚から記憶の修正にいたるまで、さまざまな要因の影響を受けながら、複雑な処理が行われます。要因の中には生理学的なものも含まれ、疲れまたは痛みがあるときや、空腹のときなどは、学習効率が下がります。情報処理中の注意と情動レベルも学習の質に影響しますが、これらは環境要因（環境内での騒音レベル、情報の整理状況など）に依るところが大きいです。ゲームのデザインに欠かせない知識をわかりやすくお伝えするために、以降の章では知覚、注意、記憶、動機づけ、情動をそれぞれを独立した入れ物に見立てて紹介したいと思います。ただし、忘れないでほしい

のですが、これは脳内で実際に起きていることを極端に簡略化したものです。現実では、これらの認知プロセスは絡み合った状態で発生し、1つずつ順々に起きたりしません。また、厳密に言えば脳はコンピュータではないので、「情報処理」という表現は不適切かもしれませんが、本書の目的上、これ以上は踏み込まないことにします。

3

知 覚

3.1 知覚の仕組み..................19　　3.3 ゲームへの応用.....................23

3.2 人の知覚の制限.................20

3.1 知覚の仕組み

知覚とは、環境に対して開いている受動的な窓ではなく、主観的な心の構成概念です。すべては生理学的なレベルでの感知から始まります。まず、対象物から放出または反射したエネルギーが受容細胞を刺激します。ここでは例として視覚について説明しますが、ほかの感覚でも基本的に同じような処理が行われます。雲ひとつない夜空を見上げて星を眺めるとき、受容細胞が受ける刺激は、方向、空間周波数、明るさなど、すべて物理的なものです。次に、脳がその感知した情報を処理して意味のあるものにするのですが、この処理が知覚です(図3.1)。たとえば、強い光を放つ星はグループ化され、見る側にとって意味のある形になります(ひしゃくなど)。脳のパターン認識力は大変優れているので、この世のものをすばやく心の中でイメージし、環境において意味ある形として認識することができます(ときには誤解も生じます)。そして情報処理の最後が、その意味にアクセスして認知する手順です。どの星座がひしゃくの形をしているかを知っていれば、自分は北斗七星を含むおおぐま座を眺めているということを理解できます。この時点で、情報は認知まで到達しています。この処理はボトムアップ(感知、知覚、認知の順番)で行われるのが理にかなっているように思えますが、実際にはトップダウンで行われることも少なくありません。これは、認知(世界に関する既存の知識や期待など)が知覚に影響を与えることを意味します。つまり、過去や現在の経験に影響を受ける知覚は、とても主観的なのです。

　私たちは世界をありのままにとらえるのではなく、それが表しているものを知覚します。この客観的ではない「現実」を「事実」として知覚するという概念は最善ではないように思えますが、実際にはこれが私たちの生存に役立っています。私たちは環境に素早く対応する必要があり、特に敵が身近に迫っ

ているときはこれで生死が分かれるからです。たとえば、ライオンの形状を認識するのに時間がかかりすぎれば(特に、三次元の世界からの入力を網膜上の二次元画像をもとに鮮明化するのは、本来難しい作業です)、戦うべきか逃げるべきかを決める前に噛み殺されてしまうでしょう。脳は、極めて迅速に意味あるパターンを感知した刺激と関連付けますが、仮にそれが間違っていても(たとえば、流れてくる丸太を忍び寄るワニだと思うなど)、残念な結果(つまり死)になるよりは万全を期す方がましです。私たちの知覚が錯覚によって惑わされる(見方によっては恵まれる)のには、このような理由があるのです。

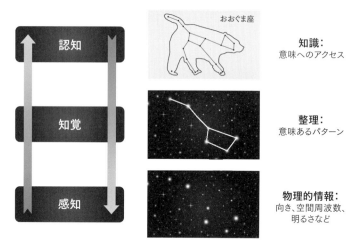

図 3.1
知覚は三段階処理の中の1つである

3.2 人の知覚の制限

ほとんどの人は、知覚は当たり前のものと思っていますが、その処理は複雑で、さまざまなリソースを使用します。たとえば、大脳皮質の3分の1は、直接的または間接的に、視覚の処理だけに使用されます。それでも、知覚は大いに制限されるということを覚えておかねばなりません。先にも触れたように、私たちの知覚は認知によって影響を受けるため、主観的です。つまり、すべての人が同じように知覚するとは限らないのです。たとえば図3.2をご覧ください。何に見えますか？ ランダムに重なった色付きの縞模様ですか？ それとも**ストリートファイター**のキャラクターでしょうか？ このゲームをプレイしたことがあって思い入れがある人と、プレイしたことがない人や名前でしか聞いたことがない人では、この画像を見たときの反応は異なります。あるゲーム会議でこの画像を紹介したところ、参加者のほぼ半数がこれがカプコンの「**ストリートファイター**」のキャラクターであると知覚しましたが、会議のテーマからするとこの人数は少ないかもしれません。残りの半数の人がこの画像をどのように知覚したか考えてみましょう。ある研究によれば、言語は知覚と認知に何らかの影響を及ぼす可能性があるそうです(ベンジャミン・ウォーフ、1956年およびセリア・ホデント他、2005年)。また、男性の8%(または女性の0.5%)を占めると言われる色覚異常をを抱えていても、図3.2に対する知覚は違うものになるはずで、もしかしたらこの例で疎外感を味わせてしまったかもしれません(この点については心よ

り謝罪します）。ゲーム開発者は、私たちと同じように状況や環境を知覚する少数派の人たちだけでなく、すべての人たちの知覚も頭に入れる必要があります。

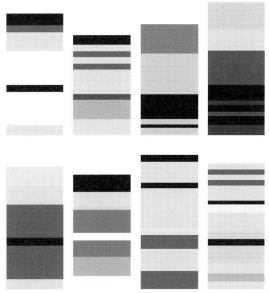

図 3.2
「Street Fighter—Abstract Edition」(2010年)アシュレー・ブラウニング作(同氏の好意により掲載)

　知覚は、事前知識によって影響を受けます(「**ストリートファイター**」への親しみ度合いによって図3.2の感じ方が違うようにです)。しかし、情報処理に影響を及ぼす要因はこれだけではありません。たとえば、さまざまな状況も影響します。次の図3.3の場合、横方向に読めば2列目中央の文字は「B」に見えますが、縦方向に読めば「13」に見えるでしょう。つまり、同じものを見ていても、状況が違えばとらえ方も異なるのです。

図 3.3
状況が知覚に与える影響

これらの例からは、私たちが世界をありのままに知覚するのではなく、脳がその心的イメージを作り出していることがわかります。知覚は主観的であり、個人的な体験、期待、場合によっては文化などにも影響されます。したがって、ゲームで使うビジュアルやオーディオをデザインするときは、デザイナー、プログラマ、アーティストの知覚が必ずしもプレイヤーの知覚と一致するわけではないという知覚の特性を頭に入れておくことが大切です。たとえば、保存を示すアイコン（通常はフロッピーディスクのイラストが使用されます）は、フロッピーディスクを見たこともない若い世代には何の意味も持たないシンボルとなります。彼らはそのアイコンの機能を覚えなくてはいけませんが、1990年代からコンピュータを使用している上の世代は、そのアイコンに対してすでに強い心的イメージを持っているのです。

マーケティングも知覚にバイアスをかけます。自分では自由に好きなものを選んでいると思っていても、実際には好みではない飲料を選んでいたりします。ショッキングな話ですよね。たとえば、コーラが好きという方、コカ・コーラとペプシのどちらが好きですか？　興味深い調査研究（マクルーア他、2004年）によると、どちらが好きかは大抵何らかの影響を受けて決まるそうです。実験では、まず参加者にコカ・コーラとペプシのどちらが好きかを尋ね、それから両方を実際に飲んでもらって実際に好きな方を決めてもらいました。あるケースでは、参加者がコカ・コーラとペプシのどちらを飲んでいるかわからないように、ラベルなしのコップを使用しました。このブラインドテストでは、参加者は最初に好みを宣言していたにも関わらず、はっきりと好きな方を決められなかったそうです。別のケースでは、片方のコップだけにコカ・コーラのラベルを貼って実験しました。参加者には、ラベルなしのコップにはコカ・コーラとペプシのいずれかが入っていると伝えましたが、実際には両方のコップにコカ・コーラを入れていました（実験者は科学という名のもとでは不誠実な行為も辞さないものです）。このケースでは、好みを聞かれた参加者の選択は、コカ・コーラのラベルが貼られたコップに大きく偏ったそうです。ブランドの知識（このケースではコカ・コーラ）が好みの選択にバイアスをかけたのです。さらに、脳のスキャン画像（機能的MRI（fMRI））を見ると、コカ・コーラというブランド名が示された場合、感情や情動をもとに行動を修正するとされている脳の比較的広い範囲（背外側前頭前皮質と海馬）が活性化することが確認できます。一方、参加者が何を飲んでいるか知らされないブラインドテストでは、好みの判断は感知情報（前頭前野腹内側部での比較活動）のみを基本に行われます。これらの結果からも、文化的な情報、つまりマーケティングが人々の心に影響を及ぼすことは明らかです。

これらの特定の状況における違いだけでなく、知覚には、すべての人に共通して影響する制限もあります。目の錯覚についてはよくご存知だと思いますが、シェパードトーンのような音の錯覚をご存知の方もいるはずです。シェパードトーンとは、音階を計算して重ねていくことで永遠に上昇または下降しているように聞こえる無限音階のことです。「**スーパーマリオ64**」（任天堂）をプレイしたことがあれば、無限に続く階段を駆け上がるシーンでシェパードトーンが使われていたことを覚えているかもしれません。また視覚では、視線の中心、つまり中心窩では画像は鮮明ですが、中心窩から離れるにつれて、鮮明度は急激に落ちていきます。言い換えれば、視野の中央では画像が鮮明で、周辺では鮮明度が下がるということになるので、たとえばゲームにおけるヘッドアップディスプレイ（HUD）に直接関係してきます。画面の中央に焦点を合わせているプレイヤーが、周辺でポップアップするものを正確に把握できるとは考えないでください。何かが視界に入ることはあるかもしれませんが（この後の注意の制限で説明するように、必ずしもそうとは限りません）、中身を正確に知覚するには、サッカードという眼

22　　　　　　　　　　　　　　　　　　　　　　　　　　　　　　　　　　Chapter 3：知覚

球運動（焦点の移動）によってアニメーション要素に視線を固定する必要があります。図3.4は、網膜の位置による鮮明度の変化を表したものです。中央の十字を見つめた場合、周囲の文字は中心から遠ざかるにつれて大きくならなければ、同じように中心窩で判読することはできません（アンスティス、1974年）。ここで私が言いたいのは、HUD上の要素を拡大すべきだということではありません。周辺に表示させる情報は正確に読み取られない（または、まったく気付かれない）可能性があるので、即座に識別して理解できるシンプルな情報にする必要があるということです。

図3.4
視覚の鮮明度（出典：アンスティス , S. M. による「Vision Research」（Vol.14、589–592）の「Letter: A chart demonstrating variations in acuity with retinal position」（1974年）より

　総じて知覚は見事なシステムですが、ゲームをデザインする際は多くの欠陥や制限もあることも忘れないでください。知覚はゲーム体験の始まりなので、ユーザーがどのように知覚するかはゲーム開発に特に大切です。つまり、開発者が意図する通りにユーザーが知覚できるようにすることが必須なのです。

3.3　ゲームへの応用

以下に示す知覚の主な特性と制限を忘れないようにしてください。

- 知覚は心の構成概念である
- 現実をそのまま知覚するのではなく、心的イメージを構築する
- この心的イメージは認知の影響を受ける
- 知覚は主観的なので、同じ情報であっても、すべての人が同じように知覚するわけではない
- 知覚には、事前の知識や経験、期待、目標、その時点の環境状況が影響する
- 同じ原理にしたがって万人に影響する錯覚は、人の知覚にバイアスをかける

　これらの特性を踏まえながら、ゲームをより効率的にデザインするための適用例を数例紹介します。

3.3.1 ユーザーを知る

前述のリストをゲームに適用するための第一段階は、ターゲットとなるユーザーをよく理解することです。知覚は主観的で、事前知識や経験の影響を受けます。そのためユーザーは、全体的なビジュアルキューおよびオーディオキュー、HUD、ユーザーインターフェイス(UI)を、開発者とまったく同じようには知覚しない可能性があるのです。また、ターゲット層によって、開発するゲームの種類に対する事前知識や期待が異なる場合もあり、それもゲームに対する知覚に影響します。これを具体的に示すものとして、「**No Man's Sky**」(Hello Games)というゲームの興味深い例を紹介しましょう。このゲームは2016年にリリースされ、初期画面では真っ白の背景に「Initialise…」と表示されます。そしてPCでプレイしている場合は、その下に丸で囲まれたアルファベットのEが表示されます。ゲームの開発者は、プレイヤーはこれをビジュアルキュー(サイン)と認識し、そのEキーを押してゲームを開始できると考えました(プレイヤーがEキーを押すと、処理の進捗を示す円が時計回りにEの周りを回転し、完全な円になるとゲームが始まります)。しかし多くのプレイヤー(ベテランのゲーム開発者やハードコアゲーマーを含みます)は、何か操作が必要だということがわからず、この初期画面から先に進めませんでした。ソーシャルメディアへの投稿によると、この問題に遭遇したプレイヤーの多くは、ゲームが完全にロードされるまで待つ仕様になっていると勘違いし、それ以上進まないのはゲームがフリーズしたからだと考えたようです。私が思うに、ゲーム愛好者はゲームマップを読み込む必要があることを知っているので、「Initialise…」を何らかの操作を促すビジュアルキーではなく、マップ(またはその他のデータ)のロード(初期化)を待つ必要があることを示すサインとみなしたのでしょう。末尾に付いている省略記号(…)は、通常何かを読み込んでいることを知らせるビジュアルキーとして使われるので、これも勘違いの原因となりました。また(Hello Gamesの解析データにアクセスできないので、あくまでも私個人の考えです)、この画面で止まってしまうプレイヤーは、ゲーム専用機を使用している人よりも、PCでプレイしている人に多かったようです。その理由としては、ゲーム専用機では一般的な「ホールドボタン」アクションが、PCではそれほど浸透していないことが考えられます。つまり、これはPCユーザーにとって有効な仕様ではなかったということです。このゲームのPlayStation 4(PS4)バージョンでは、「Initialise…」の下にはEではなく四角形を丸で囲んだものが表示されていますが、これはゲーム専用機では四角いボタンを押す操作を促すサインとして一般的に使用されています。PS4のコントローラーのボタンは実際に丸ですが、PCのキーボードのEキーは四角形というのも、PCプレイヤーを混乱させた理由の1つでした。この例は、事前知識と予期、それに使用しているプラットフォームという状況がプレイヤーの知覚に影響を及ぼすことを明確に示しています。なお、この問題は、有料ゲームならさほど気にする必要はありません。プレイヤーは最低でも最初のシーンはクリアしようとがんばってくれるでしょうから。しかし、無料のゲームを開発するのであれば、プレイする気がうせるような不要な問題(プレイヤーが戸惑うなど)はできるだけ避けてください。無料ゲームの場合は支払いという痛みを伴っていない分、問題があるとすぐにプレイヤーは離れていってしまいます。

では、どうすればプレイヤーのことがわかるのでしょうか？　個人で開発しているインディー開発者は、そのゲームを誰がプレイするのかを考えましょう。ターゲット層はどのようなビジュアルキューやオーディオキュー、シンボルに慣れていますか(ゲームのジャンルによって異なる場合もあります)？　彼らが一般的に使用するプラットフォームは？　前提とするプレイヤーを考慮できれば、知覚バイアスによって生じるであろう操作性の問題を事前に察知できる可能性が高まります。マーケティング部署がある

ようなゲームスタジオで働いている場合は、コンシューマー／マーケティングインサイトの担当者とやり取りし、マーケットセグメンテーションに関する有用な情報を引き出しましょう。スタジオによっては**ペルソナ**手法を使って、ターゲットユーザーに見立てた人物の目標、好み、期待、行動などを特定しているところもあります。このユーザー中心の手法では、ゲーム開発チームだけでなく、マーケティングチームやパブリッシングチームも仮説上のコアプレイヤーに関する認識を共有できます。また、温もりのない抽象的なマーケットセグメンテーションではなく、具体的なユーザーを念頭に置きながら、ゲームをデザインできるようになります(ペルソナ手法については Chapter 14 で詳しく紹介します)。一般的に、ユーザーを知れば知るほど、ユーザーが自分のゲームをどのように知覚するかを予測できるようになります。

3.3.2 定期的にゲームのテストプレイを行い、イコノグラフィーをテストする

ユーザーを知ることで、いくつかの問題を事前に予期できたとしても、それですべてをクリアできるわけではありません。自身のメンタルモデルと知覚から離れ、まったく異なるメンタルモデルを持つユーザーの立場に立って考えるのは、とても難しいことです。どれほど高い共感力を持っていても、知識バイアスの呪縛が完全に解けるわけではないので、見知らぬプレイヤーがゲームをどのように知覚するかを完全に予期することはできません。開発者はゲームをあまりに知りすぎているので、自力でそのバイアスから脱け出すことは不可能なのです。しかし方法はあります。個人的な付き合いがなく、できればそのゲームのことをまったく知らないターゲット層に属するプレイヤーに初期バージョンをプレイしてもらうのです。テストプレイ(参加者に最低限必要な情報のみを伝えて、ゲームをプレイしてもらうUX テスト)の実施方法については Chapter 14 で詳しく掘り下げるので、当面はほかの人がプレイしている様子を観察すれば、思いもよらない多様な問題を発見できることを覚えておきましょう。開発の初期段階に HUD や UI 関連の知覚問題を修正する方法としては、ゲーム内で使用する重要なアイコンやシンボルをさまざまな人に見せて、それらが何を表し、どのような機能を持っていると思うかを尋ねるというやり方もあります。この方法は、開発の初期段階に最小限の労力で行えます。詳しいやり方については、Chapter 11 の「**形態は機能に従う**」で説明します。

3.3.3 ゲシュタルトの知覚の法則を使用する

知覚バイアスの多くは、万人に共通しています。この問題に取り組むには、UI デザインの指針としてゲシュタルトの知覚の法則を利用すると効果的です。ゲシュタルトの知覚に関する理論は、1920 年代にドイツの心理学者たちによって構築されました。**ゲシュタルト**とはドイツ語で形、形態、状態を意味し、**ゲシュタルト理論**は、人の心がどのように環境を整理するかに関する実用的な法則をまとめたものです(ヴェルトハイマー、1923 年)。この理論を用いると、ユーザーインターフェイス(UI)とヘッドアップディスプレイ(HUD)の構成を向上させることができます。ジェフ・ジョンソン(Jeff Johnson)氏は著書「**Designing with the Mind in Mind**」(2010 年)の中で、ソフトウェアデザインでのゲシュタルトの法則の使用例を紹介しました。本書では、図と地、多重安定性、閉合、近接、類同、対称性という、ゲームの UI と HUD デザインに有効な法則のみを取り上げます。

- **図と地**

次の図は、図と地の法則を示したものです。人の心は、前景（図、たいてい目立っている）と背景（地）を区別します。このイラストは、図と地の区別が曖昧で、花瓶にも見えますし、2つの顔にも見えます。ゲームで何らかの意図がある場合を除き、図と地の曖昧さはイコノグラフィー的に避けた方がよいでしょう。

図と地の法則

- **多重安定性**

避けたい曖昧さのもう1つの例として、多重安定性があります。下の図をご覧ください。アヒルに見えますか？ それともウサギに見えますか？ アイコンのデザインによっては、それを作成したデザイナーも気付かないような曖昧さが生まれることがあります。以前、LucasArtsで開発中のゲーム（ファーストパーソンシューティングゲーム）のアイコンをテストしたことがあります。デザイナーはレーダーで識別された物体を表すものとして、レーダーの円錐と点で構成されたアイコンを作成していました。しかし、参加者の中には、そのアイコンが一切れのペパロニピザに見えた人がいたのです。いったんピザに見えたものは、なかなか別のものとしては知覚されません。結局、そのような曖昧さを回避するために、アイコンデザインを見直すことになりました。

多重安定性：アヒル？ それともウサギ？

- **閉合**

    閉合とは、人は物体を個別の部分としてではなく、全体を1つとして見る傾向があるというゲシュタルトの原則です(ゲシュタルトの理論では、「全体は部分の総和に勝る」とされています)。たとえば、次の図では前景に白い三角が見えていますが、完全な状態ではありません(実際には三角形は存在していません)。人は、閉じていないものを勝手に閉じる傾向があり、これがアート作品でネガティブスペースが有効な理由です。もちろんこの法則は、ゲームでも利用できます。

閉合の法則

- **対称性**

    対称性の法則は、人は対称性を基準に入力された情報を整理するというものです。たとえば次の図では、同種の括弧、つまり角括弧の「[」と「]」、中括弧(または波括弧)の「{」と「}」をグループ化しますが、これはそれぞれが対称になっているからです。ただし、近接するもの同士でグループ化することも可能で、この場合は4つのグループに分かれますが(両端に単体の角括弧があり、その間に角括弧と中括弧から成るグループが2つあります)、そのような分け方は一般的ではないでしょう。この法則のおかげで、立方体のイラストのように、人は3次元の要素を2次元で再現することができるのです。

対称性の法則

- **類同**

    類同の原理は、色や形など、特性の同じ要素がグループ化されるというものです。たとえば、次の図の左側のイラストは、点が集まった1つのグループとして認識されるはずです。一方、右上の図は点と四角が縦方向に並んだもの、右下の図は点と四角が横方向に並んだものとして認識されるでしょう。この違いは、点は点として、四角は四角として、似たもの同士をグループ化する心理によって生じます。地図上の記号を理解できるのも、この原理のおかげです。たとえば、青い波線はグループ化されて水域を表し、茶色の三角はグループ化されて山脈を表します。

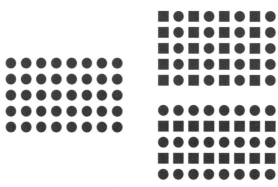

類同の法則

- **近接**

    近接の原理は、互いに距離が近い要素は同一グループの一部として知覚されるというものです。たとえば、次の図の左側のイラストでは、点は1つのグループの一部として知覚されますが、右側は間隔が空いていることから、3つの異なる点のグループとして知覚されます。

近接の法則

この近接の法則は、線や矢印を使わずにメニュー内のスペースを区切ったり、方向を示唆するのに特に有効です。しかし、このシンプルな近接の法則がゲームのメニューや HUD で活かされていないケースも多く、インターフェイスを初めて見たプレイヤーがすぐに内容を理解できない原因となっています。Ubisoft が開発したファーストパーソンシューティングゲーム**「ファークライ 4」**の例を見てみましょう。図3.5 に示すフロントエンドメニューの「スキル」画面では、プレイヤーはスキルポイントを使えます。このゲームには、攻撃スキル（左側のトラ）と防御スキル（右側のゾウ）という2つのスキルセットが用意されており、それぞれ獲得するとパワーアップできます。初めてこのインターフェイスを見たプレイヤーは、スキルは縦方向に順番に獲得する必要があると感じるかもしれません。一般に、ロールプレイングゲームでのスキルツリーでは、下または上から順番に要素を獲得できるようになっています。そのうえ、各スキルを表す円の間隔は、縦方向の方が狭いので、プレイヤーは縦列を1つのグループとして見な

す可能性が高いです。しかし、このスキル画面はそうした仕組みになっていません。トラのスキルは右から左に、ゾウのスキルは左から右に獲得するようになっています。よく見れば、各スキルの間の小さい矢印に気付き、解除するスキルの順番を理解できるかもしれませんが、通常は気付かないでしょう。細かいことかもしれませんが、ゲシュタルトの近接原理を適用すれば、この一般的でないスキルツリーのようなインターフェイスでも、より直感的にプレイヤーに理解してもらうことができます。右側のゾウのスキルを見てください。形だけ見ると、図3.6aのようなパターンになっています。先にも触れましたが、各円の間隔は縦方向の方が狭いので、たとえ小さい矢印があっても、プレイヤーは横方向の行ではなく、縦方向の列として知覚する可能性が高いです。しかし、近接の原理を適用すると、図3.6bのようになります。シンボル間の横方向の間隔を狭くし、方向を示すような形状に変えることで、スキルを解除する順番（左から右）が明快になります。インターフェイス全体に占めるスペースはまったく変わらないうえ、小さい矢印も省けます。この例からは、ゲシュタルトの法則を適用すると、直感的に理解しやすいインターフェイスになることがわかります。

図 3.5
「ファークライ4」(Ubisoft)のスキルメニュー画面 (提供：Ubisoft Entertainment, © 2014. All Rights Reserved.)

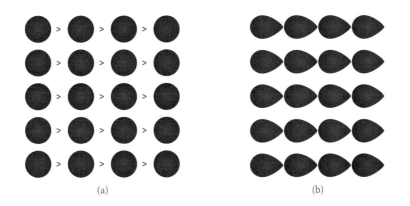

図 3.6
(a)「ファークライ4」のスキルツリーパターン、(b)ゲシュタルトの法則によって判読しやすくしたスキルツリーパターン

3.3.4 アフォーダンスを使用する

研究者によれば、視覚システムには異なる目的を持つ2つの機能があり(グッデールとミルナー、1992年)、1つは対象物を識別する(「what」)ことで、もう1つは視覚的にアクションを特定する(「how」)ことです。「what」システムは、情報を素早くコード化するオブジェクト中心または他者中心的なもので、これにより人は見ている物を識別したり、その空間での位置関係を把握できます。一方の「how」システムは、その人の知覚に関連してゆっくりと情報をコード化する、自己中心的なもので、これにより人はカウンターに置かれた鍵をつかんだり、ボールを捕るなど、周囲にあるものを使えるようになります。

「How」自己中心的システムの機能により、人は対象物の潜在的用途を識別することができ、言い換えればオブジェクトのアフォーダンスを知覚できます(ギブソン、1979年)。たとえば、ドアノブは掴んで引けばよいことを示していますし、ドア上のプレートは押せばよいことを示してます。これが、ゲーム内の要素(インターフェイスだけでなく、キャラクターデザインで使用するイラスト要素から環境デザインまで)の形態(形状)がとても重要である理由です。要素のデザインが十分に配慮されていれば、プレイヤーは各要素の機能や使い方を容易に理解できるからです(Chapter 11「**形態は機能に従う**」を参照)。たとえば、ドロップシャドウやグラデーションを伴うアイコンは、実世界における奥行きを擬似的に表しているので、クリック対象とみなせます(「**物理的スキュアモーフィック**」と呼ばれます)。さまざまな種類のアフォーダンスについては、Chapter 13で詳しく紹介します。今のところは、ゲーム内の要素の外観で大切なのはスタイルだけではないので、慎重にデザインする必要があるということを覚えておいてください。この点はアートディレクションだけでなく、ゲームの直観性(または使いやすさ)にも強く影響します。

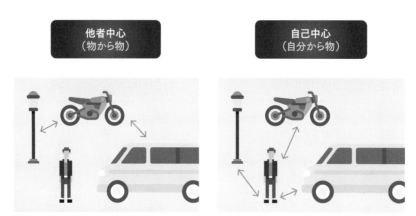

図 3.7
他者中心と自己中心

3.3.5 視覚イメージと心的回転を理解する

視覚イメージを利用すると、心の中で対象物を思い描くことができます。たとえば、目を閉じて自分が住んでいる国の地図を想像すると、その国の心的イメージが描き出され、それはGoogleマップ等で実際に知覚できるものとは異なります。視覚イメージはまた、対象物の変化や動きを予測するのにも役立ちます。たとえば、「**テトリス**」(生みの親はゲームデザイナーのアレクセイ・パジトノフ)をプレイす

るとき、次のピース（「テトロミノ」と呼ぶ）をどう配置すべきかは心的回転によって予測します。面白い
ことに、心的回転では、回転する角度に比例して予測にかかる時間が変わってきます（シェパードと
メッツラー、1971年）。たとえば、テトロミノを90度心的回転させた場合よりも、180度心的回転させ
た場合の方が、空きスペースに収まるかどうかを予測するのに長い時間がかかります（自覚はないかも
しれませんが、倍近くかかっています）。ゲームでこの現象が直接関係するのは、マップとミニマップ
です。スマートフォンの地図機能と同じように、ゲームのマップも他者中心的（常に方向は一定。たい
てい基点が使用され、必ず北が上になります）または自己中心的（ユーザーの位置に応じて方向が異
なり、ユーザーが南を向いている場合は、南が地図の上になります）のいずれかです。上から見下ろ
すトップダウンカメラではなく、一人称視点または三人称視点のカメラを使ったゲームで他者中心の
マップを使用すると、マップとプレイヤーが相対関係にならないので、ナビゲーションに心的回転が伴
い、判読するのに余計に時間がかかります。些細なことかもしれませんが、開発するゲームの種類に
よっては、自己中心的なマップやミニマップを使った方が重大な問題（このケースでは、心的回転に伴
う余分な認知処理）を防げる場合があります。

3.3.6 ウェーバー・フェヒナーの法則に注意する

知覚バイアスの例として最後に紹介するのは、ウェーバー・フェヒナーの法則です。これは、物理的
な刺激が強くなると、その大きさの変化を正確に知覚できなくなるというものです（フェヒナー、1966
年）。実際、物理的な力が大きくなると、2つの力の大きさの違いを検知するには、その違いも相応に
大きくなければいけません。たとえば、目隠しされた状態で、開いた手の上に重しを置いていく様子を
想像してください。徐々に重しを増やしていき、その重量の違いに気付いたら教えてもらいます。する
と、重しが増えるにつれて、重量の違いを感じにくくなるのがわかります。最初の重しが100gだった
場合、200gになると、はっきり違いを認識できるでしょうが、1.1kgから1.2kgに増やした場合は、おそ
らく違いを認識できないでしょう。事実、実際の物理的刺激強度と**知覚する**強度の関係は、図3.8で
示すように線形的ではなく対数的です。このバイアスつまり法則は、ジャイロセンサーを使うスティック
コントローラーやチルトコントローラーといったアナログコントローラーを使用するゲームに直接的に影
響します。プレイヤーが求める動きの強度の変化（期待する結果）は、実際に彼らが加えるべきと**感じ
る**力とは線形的な関係にはないので、ゲームプレイプログラマーはウェーバー・フェヒナーの法則を
念頭にアナログ反応を微調整する必要があります。トゥイッチスキルが必要なゲームでは、専用に設計
された「テストルーム」（「ジムレベル」とも呼ばれます）で特定のタスクを実行してもらうUXテストを実施
して、プレイヤーが（ゲームの）一定の目標を達成するために、平均してどの程度の力をコントローラー
にかけるのかを調べることも重要です。たとえば、ポップアップするターゲットにできるだけ早く照準を
合わせるようプレイヤーに指示して、2つのターゲット間の距離を変えていきます。このテストでは、プ
レイヤーが最初のターゲットから次のターゲットに移動する距離に応じて、どれくらいアナログスティック
を動かすかを測定できます。もしプレイヤーの多くがターゲットを越えてしまい、軌道修正しなければな
らないとしたら、そのタスクにおいてはコントローラーが敏感すぎるということになります。逆に、ターゲッ
トに到達する前にスティック操作を止める傾向があれば、そのタスクにおいてはコントローラーが鈍す
ぎるということになります。コントロールの微調整（入力パラメーター）は、ゲームの感覚に大きく影響し
ますが（スウィンク、2009年）、これについてはChapter 12で解説します。

3.3　ゲームへの応用

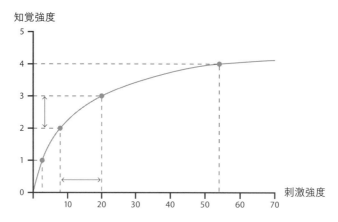

図 3.8
ウェーバー・フェヒナーの法則

　ウェーバー・フェヒナーの法則がもたらすもう 1 つの影響は、しきい値を伴うゲイン(ロールプレイングゲームでのレベルアップに必要な経験値など)の達成感は、レベルが進むほど減少するというものです。たとえば、一般的にレベル 1 はレベル 30 よりもアバターの経験値バーが小さいので(つまりより早く埋まります)、レベルアップしていくにはより多くの経験値(XP)が必要になります。このとき、プレイヤーがゲームを通じて一定のペースでレベルアップしているように感じるためには、XP の対数的な増加が必要です。XP の増加が線形的だと、レベルアップしていくにつれて進行が遅くなっているとプレイヤーは感じてしまうでしょう。プレイヤーにどう感じて欲しいかという開発側の意図に応じて、レベルアップを(線形的または対数的に)微調整する必要があります。

記憶

4.1 記憶の仕組み 33
4.2 人の記憶の制限 39
4.3 ゲームへの応用 41

4.1 記憶の仕組み

電子メールのパスワードなど、何かを思い出すということは、事前に符号化して貯蔵した情報を取り出すことを意味します。記憶とは、情報を貯蔵するというプロセスだけでなく、符号化、貯蔵、取り出しの3段階すべてを含みます。心理学における記憶の構造モデルとして有名なのが、人の記憶は感覚登録機、短期貯蔵庫、長期貯蔵庫の3つの要素から成るとした多重貯蔵モデル（アトキンソンとシフリン、1968年）です。これからこの3種類の要素について説明しますが、その前に、これらは機能的要素であること（物理的な脳の一部ではなく）、脳と同じように記憶は3つに分けられるほど単純ではないこと、それぞれの記憶は独立しているわけでも、明確に区別できるわけでもないことを理解してください。また、情報は必ずしも感覚記憶から短期記憶、そして長期記憶と順番に処理されるわけではありません。最初にこのモデルが提唱されて以降、多くの研究者が改良を重ねていますが、本書の目的には十分だと思います。ただし、短期記憶に関しては微妙な差異に言及しています。短期記憶は後に作業記憶という考え方に改められており、この作業記憶の方がゲームと深く関連しているからです。

図 4.1
記憶の多重貯蔵モデル（出典：K.W. スペンスおよび J.T. スペンス（編集）による「**The Psychology of Learning and Motivation**, Vol 2」(Academic Press、ニューヨーク、pp. 89–195) のアトキンソン, R.C. およびシフリン, R.M. による「Human memory: A Proposed System and its Control Processes」(1968年) より）。

4.1.1 感覚記憶

多重貯蔵モデルでは、情報はほんの短時間(1秒未満から長くても数秒)感覚登録機の1つに貯蔵されるとされています(視覚情報はアイコニック記憶、聴覚情報はエコイック記憶です。ほかにも感覚登録機はありますが、現時点ではこれら2つほど研究が進められていません)。そのため感覚記憶は、記憶ではなく知覚の一部とみなされる傾向がありますが、前述のように脳内プロセスは個別のモジュールにきっちり分かれているわけではありません。アイコニック記憶の一例は残像です。1秒間にたった24枚の画像を連続したアニメーションとして見ることができるのは、この記憶のおかげです。ただし、情報に注意が払われないと、1秒と経たずにその情報は失われてしまいます。変化盲現象を考えれば、この視覚的な感覚記憶の限界は明らかです。外の景色の写真を撮り、そのコピーを作成して目立つ部分を修正しましょう(1本の木を少し移動したり、顕著な影を取り除くなど)。両方の写真の間にフリッカーを挟んで交互に表示させれば、この変化盲をテストできます。たとえば、写真A(元の写真)を1秒以内表示させたら、80ミリ秒のブランク(フリッカー)を挟み、それから修正した写真A'をAと同じ時間だけ表示させ、その後また80ミリ秒のブランクを挟むようにします。フリッカーがあるので、2枚の写真の比較は感覚記憶に頼ることになります。これを誰かに見せて2枚の写真の違いを見つけるよう言うと、かなりの時間がかかるでしょう。人は、視野内で起きている顕著な変化を見逃すことが多いのです(レンシンク他、1997年)。2枚の写真間で変化したところに**注意が向く**まで、その変化に気付きません。なぜなら、感覚記憶には一時的にしか情報が保持されないからです。一方、一箇所だけ異なる2枚の写真をフリッカーなしで連続表示すれば、その違いが唯一の「動いている」要素としてとらえられるので、見つけるのはずっと簡単になります(実際に試してみたいという方は、ブリティッシュコロンビア大学の心理学者ロン・レンシンクのWebページにアクセスしてください(http://www.cs.ubc.ca/~rensink/flicker/))。変化盲現象からは、変化の検知においては注意が重要な役割を果たしていることがわかります。この現象で面白いのは変化盲に対する**盲目さ**、つまり人はしばしば顕著な変化に気付いておらず、変化の検知能力を過信すらしているところです。これをゲームに当てはめて考えると、フロントエンドメニューに目立つ変更を加えるなどをして新しいコンテンツを知らせようとしても、プレイヤーに気付いてもらえない可能性があるということになります。また、プレイヤーがヘッドアップディスプレイ(HUD)上で新たな要素を有効化する機能を解除しても、HUDの変化になかなか気付かないこともあり得ます。ですから、新たなコンテンツや変更がゲーム内で重要な意味を持つ場合は、対象となる要素を明滅させたり、必要であればサウンド効果を加えるなどして、プレイヤーの注意をしっかりと引く必要があります。

変化を知覚するには、その要素への注意が欠かせませんが、注意を向けていても変化盲は起こります。ダニエル・シモンズとダニエル・レヴィンが1998年に実施した実験では、実験者が通りで歩行者に道を尋ねます。歩行者は道順を説明しますが、途中でドアを担いだ2名の人物が歩行者と実験者の間を通ります。このとき、ドアを担ぐ1人が実験者と素早く入れ替わり、何事もなかったかのように歩行者との会話を続けます。この実験では、約半分の歩行者が途中で相手が入れ替わったことに気付きませんでした(このドアを使った実験は https://www.youtube.com/watch?v=FWSxSQsspiQ で見ることができます)。ほかの状況でも、これと同じ意外な結果が出ています。注意を向けることはもちろん重要ですが、注意だけでは正確に情報を処理できない場合もあるということです。協力してくれた歩行者がほかのこと(道順を教えるなど)に集中していて、相手に気を回していなかったからだと

いう意見もあるでしょう。しかし、少なくともこれらの実験は、表面的な注意だけでは変化に気付かないことが多いことを実証しています。

4.1.2 短期記憶

感覚記憶に一時的に貯蔵された情報に注意が向くと、それが短期記憶で処理されます。短期記憶の容量は小さく、時間(1分未満)とスペース(同時に貯蔵できる項目の数)はかなり限定されます。皆さんの中には「マジカルナンバー7 ± 2」という概念を耳にしたことがある人もいるでしょう。これは短期記憶の器の大きさと考えられています(ミラー、1956年)。この数字が、人が情報を符号化した直後に間違えずに思い出すことのできる項目の数だそうです。たとえば、20個の単語をリストして1分間でそれらを記憶するように指示すると、正確に思い出せるのは5つから9つ程度です(つまり7±2)。そして、正しく思い出せるのはリストの最初と最後の方に出た言葉、つまり符号化セッションの最初と最後に処理された要素である場合が多いです。これは初頭効果と新近効果と呼ばれるもので、トレーラー・マーケティングで重視されています。たとえば、重要な情報はビデオの冒頭または最後で紹介した方が、見る人に覚えてもらえる可能性が高くなります。

このように、短期記憶は7つ前後の項目を保持できます。ここでいう「項目」とは、文字、単語、桁、数字など、何らかの意味を持つユニットを指します。たとえば、次の数字の並びをご覧ください。

1 - 7 - 8 - 9 - 3 - 1 - 4 - 1 - 6 - 1 - 4 - 9 - 2

全部で13の項目があり、意味を持つグループにでもしない限り覚えるのは大変です。

1789 – 3.1416 – 1492

しかし、上のようにまとめると、フランス革命が起こった年(またはアメリカ合衆国の初代大統領ジョージ・ワシントンが就任した年)、円周率、クリストファー・コロンブスがアメリカ大陸を発見した年というように、意味のある3つの項目になります。「マジカルナンバー7 ± 2」は、短期記憶を理解する概念として広く知られていますが、額面どおりに受け取るべきではありません。この数字を達成できるのは、ほかの情報には目もくれずに繰り返し暗記を試みた場合だけなので、日常生活ではめったにないことだからです。ここで短期記憶を使う例を1つ紹介しましょう。ある日両親(または祖父母)の家を訪ね、そこでスマートフォンをWi-Fi接続する必要があったとします。両親は通信機器の扱いに慣れていないので、Wi-Fiパスワードはモデムのラベルに記されている長い桁数のままです。スマートフォンはモデムから離れた場所で充電中ですが、紙と鉛筆を探してパスワードを書き写すのは面倒なのでやりたくありません。そこでパスワードを記憶し、忘れる前にスマートフォンまで戻って入力することにします。このようなケースでは短期記憶が使用されます。スマートフォンまで急いで戻る間に忘れないと思えるまで、頭の中で数字の並びを繰り返す(またはそらで言う)でしょう(パスワードが7文字±2であるという前提です)。このような経験があればわかると思いますが、この過程のどこかで誰かに話しかけられたり、注意をそらされるようなことがあると、パスワードを忘れてしまうか、せいぜい最初と最後の方の数字しか覚えていないはずです。これは前述した初頭効果と新近効果によるものです。このように短期記憶では、ほかのことに注意がそれなければ、一時的に貯蔵された情報を覚えていられますが、これはそう頻繁にあることではありません。ですから短期記憶という概念は、より複雑な日常

生活(本書に場合はゲームをプレイ中の情報処理)に対応できるもの、つまり作業記憶に置き換わる必要があったのです。

4.1.3 作業記憶

作業記憶とは、情報を一時的に貯蔵でき、**かつ**処理できる短期記憶です(バドレーとヒッチ、1974年)。たとえば、876+758を暗算する場合、数字を一時的に貯蔵したうえで処理することになります。ほかにも、前の短期記憶のセクションを声を出して読み返し、各文章の最後の言葉を覚えるように指示された場合(デーンマンとカーペンター(1980年)によって考えられた、作業記憶の容量の測定方法とよく似ています)なども、作業記憶が用いられます。日常生活では、通常この作業記憶が、多様なタスクを達成するのに役立っています。しかし、この記憶の容量はかなり限定的です。大人が同時に作業記憶に保持できる項目は3〜4つとされており、状況によってはそれ以下になることもあります。たとえば、ストレスや心配事を抱えていると、作業記憶の容量が減少する傾向にあることが実証されています(アイゼンク他、2007年)。子供の作業記憶の容量も、大人より小さくなります。

　作業記憶は、実行機能と複雑な認知タスクを遂行します。注意と推測の制御に重要な役割を果たすので、その限界を把握しておくことが大切です。作業記憶は、中央実行系から成り、中央実行系は情報の短期保持を司る視空間スケッチパッドと音韻ループという2つの下位システムを統制しています。音韻ループは言語に関するすべての情報を貯蔵し、視空間スケッチパッドは視覚と空間に関するすべての情報を貯蔵します。たとえば、歌を歌いながら、馴染みのない文章の動詞すべてに下線を引くように言われたとしましょう。音韻ループが2つの音韻タスク(動詞に下線を引くことと歌詞を思い出すこと)を扱うことになるため、注意力が分散し、作業記憶にとっては負荷の大きいタスクです。私はあるユーザー体験トレーニングセッションで、数名の開発者にこのタスクを行ってもらいました。すると、ほとんどの人が途中で歌うのをやめたり、意味不明の歌詞になったり、動詞を見逃したり、動詞以外の言葉に下線を引いたりしていました。そのうえ、タスク終了後に文章の内容について尋ねても、ほとんどの人は何も理解していませんでした。これは、作業記憶で処理するには情報が多すぎたことを意味します。絵を描きながら歌を歌うというタスクに変更すれば、音韻ループが言語タスク(歌)を、視空間スケッチパッドが視覚運動タスク(描画)をそれぞれ担えるので、先ほどのタスクよりも簡単にこなせるようになるでしょう。簡単とはいえ、両方の下位システムを同時に働かせるのは、片方ずつ働かせるよりも効率が下がります(各タスクが求める注意力の量にもよります)。さほど注意力を必要としないタスクばかりなら(ガムをかみながら歩くなど)問題ないかもしれません。しかし、注意力を必要とするタスクが1つでも含まれると、効率は下がり、結果として**すべて**のタスクでミスが増える可能性が高くなります。音楽を聴きながら運転する場合を考えてみましょう。職場から家に向かって運転しているとします。運転暦は長く、道順も熟知しています。この状況では、運転中でも音楽を聴くだけでなく、それに合わせて歌うことも簡単です。特に問題はありません。ところが、いつもの道が工事中で迂回を強いられ、その迂回路が通ったことのない道だったらどうでしょうか？　慣れない道を進むことに気を取られ、歌うのをやめるはずです。運転に集中するために、ラジオのボリュームを下げるかもしれません。このように、人はマルチタスクに長けていませんが、やはり大半の人はそれに気付いていません。人の脳が持つ注意力は、作業記憶での情報処理に欠かせないながらも限界があり、これは長期記憶での情報保持に直接影響します。注意の制限については、Chapter 5で詳しく説明します。

情報の保持という点で興味深いのは、作業記憶の深いところで処理された情報ほど、長期間保持されることです(クレイクとロックハート、1972年)。たとえば、クレイクとタルヴィング(1975年)は、偶発的学習での処理レベルの影響をテストしました。参加者に単語のリストを見せ、それぞれの単語について、大文字かどうか(短時間で済む浅い形態処理)、対象となる単語と韻を踏んでいるかどうか(中間の音韻処理)、または文章内の空欄に当てはまる単語かどうか(時間がかかる深い意味処理)を尋ねます。参加者には「はい」か「いいえ」で答えてもらいますが、記憶をテストしていること(偶発的学習)は知らせずに、知覚と反応速度に関する実験だとしてテストを進めました。最初のテストが終わったら、認知テストを受けてもらいます。最初のテストで使用した60の単語に、よく似た120の単語をひっかけとして加えた紙を渡して、前のテストで見た単語すべてにチェックをつけるように指示します。結果は、正しくチェックされた(覚えていた)言葉の数は、浅い処理(単語が大文字かどうかを判断する)で使用された単語よりも、深い処理(単語が文章の空欄に当てはまるかどうかを判断する)で使用された単語の方が約4倍多くなりました。具体的に言うと、大文字の判別で「はい」と答えた単語では15%をチェックできたのに対し、文章問題の判別で「はい」と答えた単語では81%もチェックできました(面白いことに、答えが「いいえ」だった単語についても、上昇率は低いですが19%から49%まで上がりました)。このように、処理レベルは、偶発的学習や保持には劇的ともいえる影響を及ぼします。ゲームについて言えば、重要な情報は、プレイヤーの処理レベルが深くなるような状況で教えなければなりません。深い処理レベルは、表面的な処理よりも多くの認知力と時間を必要とするので、何かを学ぶときは、単に解説書を読むよりも実際にやってみた方が効率がよいのです。実際にやってみることには、作業記憶のより深いレベルでの処理が必要です。もちろん、タスクの複雑さにもよりますが、ボタンを押してチュートリアルテキストを読んだことを承認するだけでは、深い処理レベルは必要ありません。

4.1.4 長期記憶

長期記憶は、運転時に行うべき動作から、自分の携帯電話の番号といった固有情報まで、あらゆる種類の情報を貯蔵できるシステムです。さまざまな制限のある感覚記憶や作業記憶と異なり、長期記憶には期間や容量に関する既知の制限はありません。つまり、**潜在的**ではありますが、無限の数の情報をいつまでも貯蔵できる可能性があります。実際には、情報を忘れるのは日常茶飯事であり、後ほど度忘れや記憶の欠落について説明します。長期記憶には、異なる種類の情報を貯蔵する2つのメイン要素、顕在記憶と潜在記憶があります。

　顕在記憶とは、説明および陳述でき(顕在記憶は「陳述記憶」とも呼ばれます)、自分が知っていると明確に断言できるすべての情報を指します。たとえば、欧州各国の首都、両親の名前、初めてプレイしたゲーム、最後に観た映画、お気に入りの本、休暇で行った場所、恋人の誕生日、昨日同僚と話した内容、母国語などが含まれます。事実(意味)とイベント(エピソード)のための記憶です。一方の潜在記憶(手続き記憶とも呼ばれます)は、動作に関係する、陳述できない情報を指します。容易に説明できない、かつ意識的に想起できない情報であり、ギターの弾き方、自転車の乗り方、車の運転方法、「**ストリートファイター**」で得意のコンボを実行するために押すボタンの順序などが該当します。要するに、顕在記憶は知識を、潜在記憶は方法を貯蔵するもので、それぞれ脳の異なる領域と関連しています。したがって、顕在記憶を一部担う脳の領域である海馬に損傷を負った健忘症の患者は、

新たな描画テクニック(潜在記憶の手続き学習)などの運動技能は学べても、レッスンが行われたこと(顕在陳述記憶)は覚えていないのかもしれません。

　潜在記憶は、プライミングや条件反射と関連しており、これらはゲームでも活用できます。プライミングとは、ある刺激への反応が、直前に受けた別の刺激の影響を受ける効果のことです。たとえば、既存の単語(BUTTERなど)と存在しない単語(SMUKEなど)のどちらが実在する単語かを尋ねたとします。これは語彙判定タスクと呼ばれるものですが、直前に意味的プライミングとなる「BREAD」という単語を目にしていた場合、より短時間で「BUTTER」を選択することができます(シュベーンベルトとメイヤー、1973年)。プライミング効果は、直前の単語がはっきり示されず(注意を向ける間もないほど瞬間的に示されたなど)、意識的に知覚されないケースでも有効です(瞬間的なあまり十分に注意を向けられなかった刺激でも、感覚記憶に一時的に残ることを思い出してください)。これは閾下への作用の中でも、科学的に実証された、最も印象的な効果です。閾下の刺激によって、実際にはやりたくないことをしてしまう様子を想像すると本当に興奮します。しかし閾下プライミングは、実際には先の例のようにかなり限られているため、閾下メッセージを使ってひそかに影響を与えるといったマーケット戦略はお勧めできません。公平に言えば、マーケティングでは認知バイアスが利用され、閾下メッセージは必要ないので、その発生するタイミングを特定する方法を学ぶかどうかは皆さんにお任せします。ここでゲーム開発に話を戻しましょう。たとえば、プレイヤーが敵を撃つまでの反応時間を調整するのにプライミング効果を使うというアイデアは、検討する価値があります。たとえば、敵が現れる直前にその付近で何かを光らせれば、それがプレイヤーの注意を引く知覚的プライミングになるため、敵に対する反応は素早くなります。逆に、敵が登場する直前に、その反対側のコーナーに注意を引き付ける要素を仕込めば、プレイヤーの反応は鈍くなります。

　潜在記憶の特性でもう1つ面白いのは、条件反射との関係です。条件とは潜在学習の形態の1つで、それには2つの刺激が関連しています。パブロフの犬がベルの音を聞いてよだれをたらしたのは、その音の後にえさを与えられることが多かったからです。これと同じように、特定の刺激に反応するように条件づけることが可能です。「**メタルギアソリッド**」(コナミ)をプレイしたことがある人なら、警告音が鳴ったときは危険が差し迫っているということをご存知だと思いますが、これはプレイを通じて学習した結果、情動および行動が反応するよう条件づけられたからです(「**メタルギアソリッド**」をプレイしたことがない方に説明すると、このゲームでは敵がプレイヤーの存在に気付いたときに警告音が鳴る仕組みになっています)。条件づけについてはChapter 8で詳しく説明します。研究者の中には、潜在的に学習した内容の方が形式知よりも長く保持される傾向があるという理由から、潜在学習は顕在学習よりも強固であると唱える人もいます(レバー、1989年)。陳腐なたとえですが、自転車の乗り方は一度覚えたら忘れません。しかし、すでにお気付きの方もいると思いますが、これは必ずしも真実ではありません。潜在学習で学んだことも、忘れることはあるからです。たとえば、トゥイッチ操作を多用するアクションゲームを久しぶりにプレイする場合、まともに進めるには「マッスルメモリー」(手続き記憶)を呼び起こさねばなりません。それでも潜在学習の活用はとても有効です。学習は主に付随的に行われ、顕在学習よりも強固に記憶に残るからです。「マッスルメモリー」を要するものや、「**メタルギアソリッド**」の例のように学習に情動が関連する場合は特にそうでしょう。

38　　　　　　　　　　　　　　　　　　　　　　　　　　　　　　　　Chapter 4：記憶

4.2 人の記憶の制限

人の記憶は、個人として何かを発見したり学習できるだけでなく、文化を育み、社会としてともに成長できる魅力的なシステムです。しかし、私たちの記憶には多くの制限もあり、ゲーム開発者はそれを念頭に置いて、よくある落とし穴にはまらないようにする必要があります。中でも明らかなが、度忘れです。情報を忘れてしまうことは多々あるものですが、たとえば開発者は、ゲームのテストプレイでプレイヤーが数分前に教わった機能を忘れている様子に驚くことが少なくありません。19世紀後半、ドイツ人心理学者のヘルマン・エビングハウスは、記憶の境界について初めての実験研究を行いました（エビングハハウス、1885年）。そして、図4.2の有名な忘却曲線を提唱しました。

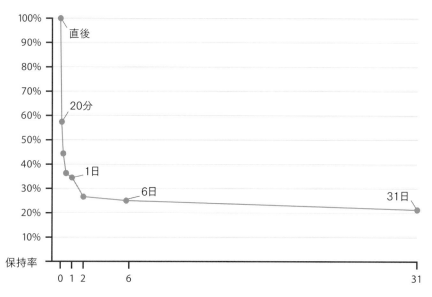

図 4.2
忘却曲線（出典：ヘルマン・エビングハウスの著書**「記憶について」**（原題：Über das Gedächtnis、1885年、Dunker、ライプチヒ）、**英訳：「記憶について：実験心理学への貢献」**（原題：Memory: A Contribution to Experimental Psychology、1913/1885年、ルガー・HAおよびBussenius CE訳、コロンビア大学ティーチャーズカレッジ、ニューヨークより）。

　この曲線にたどり着くため、エビングハウスは自分自身を被験者にしました。無意味な文字列（「WID」「LEV」「ZOF」など）をいくつも記憶し、一定時間が経過した後、どの程度思い出せるかを測定しました。結果は驚くべきものでした。20分後には学習した内容の約40%を忘れ、翌日になると70%近くも忘れていたのです。その後も何人もの研究者が標準化された方法で似たようなテストを行いましたが、結果はほぼ変わらないため、一般的に忘却曲線は有効とされています。これは、プレイヤーの記憶における最悪のシナリオと考えてください。この忘却曲線は、特定な目的もない状態で、何の記憶術も使わずに、無意味な要素を記憶した場合のものです。ゲームを覚えてマスターしようとしているプレイヤーにとっては、素材に意味があり、ゲームが記憶がそれを補強するので、このシナリオが当てはまるケースは少ないはずです。

学習する素材に意味があり、その素材がさまざまな状況で繰り返されて処理レベルが深くなるなど、その素材を記憶しやすい環境があれば、プレイヤーが忘れる確率は下がるでしょう。また、情報の中に

はより覚えやすいものがあることも明らかになっています。たとえば、すでによく知られている情報と関連する最近の情報は、保持率が高くなります。また、複雑な情報よりも単純な情報の方が、散らかった情報よりも整理された情報の方が、言葉よりも画像の方が、無意味な情報よりも意味ある情報の方が、それぞれ保持されやすいです。これらを踏まえ、新しい情報はお馴染みの概念と関連させたり、メニューやHUDの情報は整理したり、デザインを練ったイコノグラフィーを活用したり（表す機能が明確ではないときは、言葉を付け足すと理解しやすくなることがあります）、プレイヤーにとって意味ある情報を伝えるようにするなど、工夫を心がけるとよいでしょう。ただし、プレイヤーはコントローラーのマッピングから次の目標まで、ゲームに関するさまざまなことを忘れる可能性があるということは忘れないようにしてください。

　人は情報を忘れる傾向があるだけでなく、記憶が歪められることもあり、特に陳述記憶（知識、事実、イベントなど）で顕著です。実際には起こっていないことを記憶として思い出したり（虚偽記憶バイアス）、知覚と同じように、記憶も認知によってバイアスがかかったり歪められるのです。目撃者の証言の信憑性を検証する実験では（ロフタスとパーマー、1974年）、記憶は質問の仕方などの単純なことから影響を受けることがわかりました。実験では、まずいくつかの異なる交通事故のビデオ映像を参加者に見せます。ビデオを見終えた参加者に対して、あるケースでは「車が**ぶつかった**ときの速度はどれぐらいでしたか？」と質問します。別のケースでは、「車が**激突した**ときの速度はどれぐらいでしたか？」と、衝突を表す言葉だけを変えて質問します。ここでは、違いがわかるように「ぶつかった」と「激突した」の動詞を強調しましたが、実験ではフォントを変えるといった強調は行いませんでした。結果は、「激突した」という動詞を使ったケースでは、参加者は車の速度を時速16キロと予測し、「ぶつかった」という動詞を使ったケースでは時速8キロと予測しました。統計学的に、これは大変意味のある発見だと言えます。さらに一週間後、同じ参加者にビデオを見せずに、窓ガラスが割れたシーンを覚えているかどうかを尋ねました（実際にはそんなシーンはありませんでした）。「覚えている」と記憶違いをした人の数は、「激突した」を使って質問した参加者の方が、「ぶつかった」を使って質問した参加者よりも倍近く多くなりました。「ぶつかった」よりも衝撃的な「激突した」という言葉を使っただけで、事故のビデオを見た参加者の記憶が歪められたのです。これが俗に言う「誘導尋問」というものです。言葉の微妙な違いが人の記憶に影響を及ぼすというのは、驚くべきことであると同時に注意すべきことでもあります。裁判における目撃者証言の信ぴょう性はかなり疑わしいと言え、冤罪を生み出す原因の多くを占めているのが目撃者である事実を踏まえればなおさらです。さらに（話題がガラッと変わりますが）、スティーブ・ジョブズの基調講演が受けた理由の1つもこれでしょう。ジョブズが記憶バイアスを知っていたかどうかは定かではありませんが、彼は新しいApple製品の機能を紹介するスピーチの中で、「素晴らしい」「驚くべき」「ゴージャス」という言葉を多用しました。これらの言葉が、聴衆が基調講演の内容を記憶するのに良い影響を与えたのだと考えられます。1998年にリンドホルムとクリスチャンソンがスウェーデンで実施した別の実験では、まず強盗犯がレジの人を大怪我させるという犯罪の再現ビデオを参加者に見せました。ビデオを見終えた参加者に、8人の男の写真を見せて、犯人が誰かを尋ねます。参加者はスウェーデン人と移民の学生で構成されていましたが、スウェーデン人ではなく、移民を犯人と間違えた人が倍近くに及びました。人の記憶バイアスは、ときとして恐ろしい結果を生み出します。このバイアスを念頭に、私たち一人ひとりが社会の不当を防がねばなりません。本書のテーマ的には、この記憶バイアスの影響はさほど大きくないかもしれませんが、プレイヤー

にゲームに関するアンケートを行うとき、彼らの回答はゲームで**実際に**経験したことではなく、彼ら自身の経験からくる（たいていバイアスのかかった）**記憶**がベースになっているといったことがあります。ですからアンケートの回答は鵜呑みにせず、なるべく答えにバイアスがかからないようなアンケートを作るよう心がけてください（アンケートについては Chapter 14 でより詳しく紹介します）。

4.3　ゲームへの応用

前に述べたように、人の知覚は主観的な心の**構成概念**です。人は現実をありのまま感じないうえ、記憶も**再構築**の処理であるがゆえに歪むことがあります。覚えておくべき人の記憶の主な特性や制限は、以下のとおりです。

- 記憶は、情報を符号化、貯蔵し、後で取り出すシステムである
- 図 4.3 のように、感覚記憶（知覚の一部）、作業記憶（情報の符号化と取り出しにおいては注意力に大きく依存する）、長期記憶（貯蔵）の3つに分けることができる
- 作業記憶での符号化段階の処理のレベルは、保持力の質に影響する。処理レベルが深いほど保持力が高まる
- 長期記憶は顕在記憶（陳述的情報）と潜在記憶（手続き的情報）で構成される
- 忘却曲線は、時間の経過とともに記憶の保持力が低下することを表している
- 学習した内容が無意味で、情報処理のレベルが浅い場合、長期記憶での保持力は低くなる
- たとえ情報を覚えていたとしても、記憶は歪められたり、バイアスがかかっていることがある

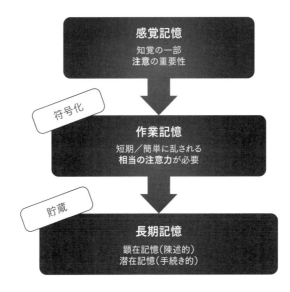

図 4.3
記憶の概要

ゲームについては、プレイヤーがゲームを楽しむのに必要な情報を確実に覚えられるようにすることが最大の課題です(ゲームコントローラーの操作、仕組み、目的など)。記憶が情報の符号化、貯蔵、取り出しを担いますが、度忘れは、符号化の不具合、貯蔵の不具合、または想起の不具合(符号化の不具合は貯蔵にも影響するので、貯蔵の不具合が伴うこともあります)の結果、起きるものです。符号化の不具合は、注意力の欠如や浅い情報処理レベルのなどのせいで、情報が表面的に符号化された場合に生じます。これを回避するには、重要な情報にプレイヤーの注意が向くようにして、情報が深いレベルで処理されるようにするのが大切です。貯蔵の不具合は、情報は正しく符号化されているが、時間経過とともにその保持力が低下することで生じます(忘却曲線)。これを避けるには、記憶を再強化する(より強固なものにする)ことが重要で、そのためには、プレイヤーが覚えていなくてはならない情報をさまざまな状況で繰り返すと効果的です。想起の不具合は、情報が記憶にあるにもかかわらず、即座にアクセスできないことで生じます(「舌先現象」など)。想起の不具合を回避するには、記憶に貯蔵されている情報を取り出さなくても済むように、頻繁にプレイヤーにリマインダーを提供します。このセクションでは、長期記憶に影響する貯蔵と想起の不具合に焦点を当てます。符号化の不具合については、次の注意(作業記憶が依存しています)に関する章で説明します。

4.3.1 分散効果とレベルデザイン

ゲームの新しい機能の使い方などを学習するとき、そのイベントとそれに関連する手続き情報(アクションを実行するための指の動きなど)の長期記憶は、その情報がすでによく知っているものでない限り、即座に脳に封印されることはありません。そのイベントに関する記憶は、同じイベントが起きるたびに強化されていきます。これが学習において反復が欠かせない理由です。ただし、繰り返しには少し時間を少しおいた方が、保持力への効果はまります(ペイビオ、1974年およびトッピーノ他、1991年およびグリーン、2008年)。そして同じ情報が繰り返し感知されるたびに、忘却曲線の傾斜も相対的に緩やかになっていきます。これが意味するのは、記憶を強化するには、必ずしも一定の時間間隔で思い出させる必要はないということです。

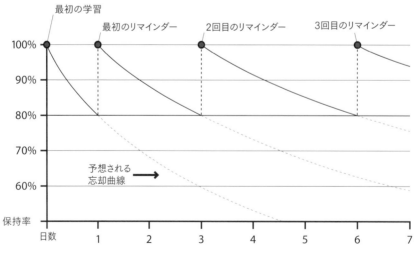

図 4.4
分散効果

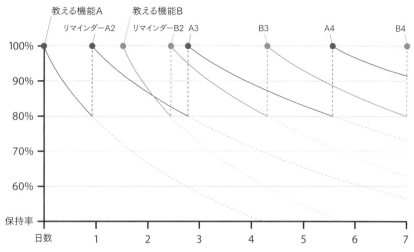

図 4.5
2つの機能を教えるときの分散効果

　図4.4で示すように、回数を重ねるごとに、思い出させる間隔を延ばすことが可能です。これはまた、短時間でたくさん学ぶ(集中学習)よりも、時間経過の中で学習を分散させた方が効率的であることも意味しています。プレイヤーに教えたいことは山ほどあるでしょうから、オンボーディングのプランは事前にしっかり練るようにしてください。オンボーディングプランの組み方の例は、Chapter 13で紹介します。今のところは、ゲームの複雑な機能は時間をかけて分散学習させる必要があることを覚えておいてください。たとえば、複雑な仕組みを教えるときは、その初出のすぐ後に思い出させるとよいでしょう。その後、最初に教えたことを多様な状況の中で強化させながら、2つ目の仕組みや機能を登場させます(図4.5)。一般に任天堂のゲームは、1つ目の機能の記憶を強化しながら、新たな仕組みを登場させ、その2つが組み合わさったら、また別の仕組みや機能が登場するという、非常に効率的な流れになっています。**スーパーマリオブラザーズ**の例を見てみましょう。このゲームで最初に学ぶのは、ジャンプです(教える機能Aとします)。まず敵を飛び越えるためにジャンプしなくてはならず(A)、次はジャンプしてハテナブロックにぶつかり(A2)、さらにジャンプして障害物を飛び越える(A3)という流れになっています。ジャンプする機能はさまざまな状況で繰り返され、求められる正確度が高まるにつれて難易度も上がります。ゲームを進めると、ある時点で弾を当てる機能が登場し(教える機能B)、いくつかの敵を撃つことで練習できるようになっています(B2)。その後、またジャンプしてブロックにぶつかって、コインを集めます(A4)。新たな敵、カメのノコノコも向かってきます。この敵はその上でジャンプするだけでは倒せませんが、亀の甲羅がアフォーダンスとなってそのことをプレイヤーに示唆しています(Chapter 11「**形態は機能に従う**」セクション参照)。つまり、撃った方がよいということです(B3)。さらにゲームを進めると、ジャンプと撃つを組み合わせた、ジャンプしながら撃つという技も必要となります。オンボーディングのプランを決めるのは、開発するゲームの種類やターゲット層(初心者か上級者)によって難しいこともあれば、割と簡単なこともあります。いずれの場合でも、チュートリアルをレベルデザインの一部として考えねばなりません。プレイの方法を学んでゲームをマスターするというのは、ゲーム体験の中で大きなウェイトを占めるからです。仕組みや機能の紹介を考慮せずにゲーム開発を

進めると、結果的にすべてのチュートリアルをゲームの冒頭にねじ込むことになります。それは効率的でないうえ、多くのゲーマーにそっぽを向かれる要因となるでしょう。

4.3.2 リマインダー

ゲームのプレイ日数は、たいてい数日以上に及びます。ゲームのコンテンツがそれなりに充実していれば、一度のプレイだけで満喫し尽くすことはありません。たとえば、始めて手にしたゲームを数時間プレイしたとします。最初のプレイでかなり進んだ場合、攻略法も相応に難しくなり、プレイヤーの進化に応じたレベルになるはずです（簡単すぎず難しすぎない。Chapter 12のゲームフローのセクション参照）。そしてある時点で、プレイヤーは必ずプレイを中断します。そのゲームをもう一度プレイするまでの時間はさまざまで、数時間から数日まで、人によって異なります。最終的にゲームを再開しても、多くの場合、記憶システムは最後のプレイから経過した時間を考慮してくれません。離れていた期間に忘却曲線が下降し、最後のプレイまでに学習した情報のいくつかは無常にも失われています。時間が経てば経つほど、失われる記憶は増えていきます。結果として、最後のプレイで到達したレベルと、現時点でのプレイヤーのスキルレベルにずれが生じます。プレイヤーは、ゲームで使う技やコントロール、目的のいくつかを忘れていますが、記憶を取り戻さねばならないという状況から、腕が落ちたと感じる場合もあります（図4.6）。

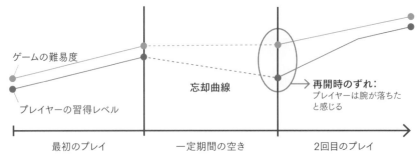

図4.6
ゲームに適用した忘却曲線の例

図4.7
「アサシン クリード シンジケート」(Ubisoft)（提供：Ubisoft Entertainment, © 2015. All Rights Reserved.）

図4.8
「フォートナイト」(ベータ版、© 2017, Epic Games, Inc.、提供：Epic Games, Inc.、ノースカロライナ州ケーリー)

　この問題に対して開発者が取れる策の1つは、プレイヤーがゲームを再開したときにリマインダーを挟むことです。ユニークな方法を使ったのが「**Alan Wake**」(Remedy Entertainment)というアクションアドベンチャーゲームで、テレビドラマなどで本編前に前回のあらすじを流すように、ゲーム再開時にそれまでの流れをリマインダーとして流すのです。ただし、ゲームはプレイヤーからの入力があって展開するインタラクティブな体験なので、ゲームの技やコントロールに関するリマインダーの方が効果的です。可能であれば、プレイヤーが一定期間必要な操作をしなかった場合、操作を思い起こさせる動的なチュートリアルヒントのようなものを追加するとよいでしょう。このようなチュートリアルヒントは、情報の符号化の段階では最適な方法ではありませんが、学習済みの情報を強化するためのリマインダーとしては有効です。または、重要な情報を常に画面上に表示させておき、プレイヤーがいちいちその情報を記憶から取り出さなくても済むようにしてもかまいません。たとえば、「**アサシン クリード シンジケート**」(Ubisoft)というオープンワールドアクションアドベンチャーゲームでは、現状に応じたコントロールのマッピングが常に表示されています(図4.7)。コンソールコントローラーの4つのフェイスボタンがそのまま再現されているので、その時点で実行できるアクションだけでなく(「シュート」「カウンター」「スタン」など)、その実行方法も知ることができます。プレイヤーはこれらの情報を覚えておく必要がないため、少なくともアクションのコントロールマッピングに関しては、HUDデザインだけでプレイヤーの記憶への負荷を減らし、貯蔵や取り出しの不具合を防ぐことができるのです。同様に、「**フォートナイト**」(Epic Games)というアクションビルディングゲームでは、プレイヤーが探索可能な要素に近付くと、それを探索するのに押すべきキーがユーザーインターフェイスに表示されます(図4.8)。

　プレイヤーがチュートリアルを無事終了したとしても、彼らが学習した内容をすべて覚えていると考えてはいけません。プレイヤーには忙しい日常があるので、大ヒット作がリリースされたり、期末試験が近付いたりすれば、皆さんのゲームは放置される可能性があります。ゲームを再開してすぐに勘を取り戻せるようなリマインダーが仕込まれていない場合は、プレイヤーはなかなか勘を取り戻せずに、やる気を失うことすらあるのです。これが、無料でプレイできるゲームの多くが、デイリーボーナス機能を導入してプレイヤーに毎日遊んでもらえるようにしている理由の1つです。毎日ゲームに戻る理由を

与えられるうえ、ログインついでに少しプレイしてもらえるので、ゲームに関する記憶や学習内容を強化できます。

　ここまでの内容を総括して、皆さんに忘れないでほしいのは、「どんなに開発側が努力しても、プレイヤーは情報を忘れてしまうことがある」ということです。プレイヤーがゲームの中で学習し、覚えなくてはならないことをすべてリストアップして（これが私が言うところの「オンボーディングプランの作成」です）、優先順位を付けましょう。リストの最初にくる項目は、確実に教えたいことで、リマインダーを提供する必要があります。逆に、リストの下の方の項目に関しては、プレイヤーが忘れてしまっても大事に至らないように実装するか、可能な範囲で記憶を助ける工夫を加えます。たとえば、自分の開発するゲームが、アクションの実行方法を覚えているかどうかを試すものでないのであれば、**アサシン クリード シンジケート**」の例のように、押すべきボタンの情報を常に表示させるとよいでしょう。完璧な学習体験を提供できることはまずないので、ゲーム体験で何が重要かを見極め、そこを重点的に仕上げることをお勧めします。

5

注 意

5.1 注意の仕組み	47	5.3 ゲームへの応用	51
5.2 人の注意の制限	48		

5.1 注意の仕組み

私たちの感覚は、環境からの複数の入力に絶えずさらされています。注意とは、その中の特定の入力に処理機能を集中させることです。人は、周囲から知覚したものを処理し、忙しい日常の多様なタスクをこなすのに注意を使用しています。実際、ミスが起こりがちなのは、十分な注意を払わずにタスクを行っているときです。たとえば、いつものように朝コーヒーを飲んでいるとき、カップの置き場所をよく注意していなかったために、床に落としてしまうことがあります（完全にテーブルに乗っていなかったのです）。注意には、能動的注意と受動的注意があります。能動的注意は、制御されたトップダウン式のもので、スマートフォンのメールチェックといった特定の目的に意図的に向けられる注意です。一方の受動的注意は、ボトムアップ式のもので、環境からのトリガに反応して向けられる注意です。たとえば、職場の廊下を歩いているときに背後から名前を呼ばれたら、振り返って、あなたを呼んだ人に注意を向けるでしょう。注意にはまた、集中するものと分割されるものがあります。注意が集中しているときは（「選択的注意」とも呼ばれます）、環境内の特定要素だけにスポットライトが当たっているかのようになり、そのほかは暗がりになります。選択的注意の例として、「カクテルパーティー効果」（チェリー、1953 年）があります。これは、にぎやかなパーティーで誰かと会話するとき、その人の言うことのみに集中し、ほかの人の話し声が遠くなる現象を指す言葉です。反対に、同時に複数の要素に集中しようとすると（一般的に「マルチタスク」と呼ばれます）、注意は分割されます。たとえば、会社主催のパーティーで上司と話しているときは、トップダウンの能動的な選択的注意により、上司の話に集中することができます。ところが、その途中で近くの人の会話から自分の名前が聞こえてくると、受動的でボトムアップな注意がトリガされ、その会話の内容も聞き取ろうとします。上司に失礼があってはいけ

ないので、上司の話も聞き漏らさないよう務めることになりますが、この状況が分割的注意の一例です（マルチタスク）。2つの情報源を同時に処理するのは極めて困難です。実際、この例のケースでは、注意が2つの会話を「行き来する」ので、聞きもらした内容を補わねばなりません。作業記憶の制限については前の章で説明しましたが、ここでリマインダーとしておさらいしましょう（これに関する記憶の忘却曲線の線が少しは緩やかになるはずです）。この例では、作業記憶は音韻ループの方に注意力を注ぎ、2つの言語処理タスクを実行する必要があります。このような状況下では「処理のボトルネック」がトリガされ、両方のタスクを適切に処理する機能が著しく制限されます。

　知覚や記憶と同じように、注意も事前の知識や経験に影響されます。たとえば音楽家は、一般の人よりも正確に、ランダムに惑わす音が追加されている曲の旋律を追えるそうです（マラゾー他、2010年）。これをゲームに当てはめて考えると、経験豊かなゲーマーは、そうではないゲーマーよりも、ゲーム内の無関係の情報を除外して、関連する情報だけに集中するのが得意だと言えます（爆発に伴う視覚効果やサウンド効果に注意をそらされることなく、敵を追いかけられるなど）。注意は学習にも大きく影響するので、ユーザー体験という観点からとても重要です。人の脳の注意力はとても限られているため（多くの人は気付いていませんが）、さまざまな制限を考慮する必要があります。

5.2　人の注意の制限

一番忘れてはならない制限の1つは、人が持つ注意力はとても少ないということです。注意が最も効率的に機能するのは、1つのタスクのみに向いた場合です。注意を分割してマルチタスクを実行しようとすると、処理に時間がかかるだけでなく、ミスを犯す確率も高まります。認知負荷理論によれば、作業記憶に課せられたタスクの負荷が大きいほど（複雑なタスクや未経験のタスクなど）、多くの注意力が必要となるうえ、注意がそれることも増えて混乱や苛立ちが起きやすくなるそうです（レヴィ、2005年）。また、作業記憶の限界を超える注意力が必要な場合は、学習に支障が出るので（スウェラー、1994年）、特にゲームのチュートリアルとオンボーディングでは認知負荷（タスクを達成するのに必要な注意力）を考慮することが大切です。お馴染みのタスクよりも新しいタスクの方が多くの注意力を要することから、チュートリアルなどでは認知負荷が大きくなりやすいのです。過度の認知負荷は、学習プロセスも妨害します。プレイヤーは圧倒されるだけでなく、覚えるべき重要な仕組みやシステムを学習できないという状況にも陥るでしょう。

　過度の認知負荷は、とても要求の高い処理（複雑な暗算など）を行うときに起きる場合もありますが、より発生しやすいのは、複数のタスクをこなそうとして注意を分割したときです。なぜならマルチタスクには、各タスクを達成するための注意力だけでなく、各タスクを調整して管理するの必要な実行制御用の注意力が必要となるからです。これは「非加算性」と呼ばれる現象で、複数の神経画像研究で実証されています。たとえば、文章を聞くというタスク（作業記憶の特性で説明したように、音韻ループで処理されます）と、心的回転対象を含むタスク（視空間スケッチパッドで処理されます）があったとします。機能的MRI（fMRI）の研究によると、これらのタスク（言語処理と心的回転）を同時に実行する際に活性化する脳の領域の合計は、これらを別々に実行したときに活性化する脳の領域の合計よりも著しく狭くなるそうです（ジャスト他、2001年）。さらに、言語処理タスクに限れば、脳の活性化領域は50%以上狭くなります。この結果からは、マルチタスクの情報処理とその達成用に「割り当て

られる」注意力には一定の合計量があることがわかります。マルチタスクでは、異なるタスクを調整する（実行制御）ための注意力がいくらか差し引かれた後、残った注意力が各タスクに分割されます。つまり、マルチタスク実行時に使える注意力が制限されることになり、これが各タスクを別々に行うよりも同時に行う方が時間がかかりやすい原因です。練習や経験を十分積むと、処理のいくつかをほぼ自動化できるので、マルチタスク実行時のパフォーマンスが劇的に向上します（これはシングルタスクの場合も同様です）。たとえば、運転方法を学んでいる段階のときは、すべての注意力が運転に向けられます。ですから、初心者ドライバーにとっては、運転中に友人と話すといった別のタスクをこなすのは容易ではありません。ある程度の運転経験を積むと、その処理が自動化されるため、注意力はかなり少なくて済みます。実行制御にいたっては、注意力はほとんど必要なくなります。

　注意をそらす要因を取り除かなければ、関連情報に集中してタスクを達成するのが難しいような場合にも、認知負荷は高くなります。有名な「ストループ効果」がこの現象を実証しています。ストループ効果は、この効果を明らかにするタスクをデザインした心理学者の名前から名付けられたもので、無関係な情報を抑制（排除）しなくては、関連情報に直接注意を向けることができない場合、情報処理が混乱することを示しています。具体的には、色の名前をその色とは異なる色で書いた文字を参加者に見せ、何色で書かれているかを答えてもらいます。たとえば、「みどり」という色の名前が青で書かれていた場合、正解は「あお」になります（図5.1）。色の名前とその文字の色が一致するものもあれば、一致しないものもあります。色の名前と文字の色が一致しないケースの方が、参加者が色を言い当てるまでの時間は長くなり、間違える割合も増えます。色が一致していないときは、実行制御（注意力の調整）が色の名前を読むための自動応答を抑制した後で（少なくとも普通に字が読める大人の場合）、注意力がその文字の色を検知し、色の名前を答えるという処理になります（ホウデとボースト、2015年）。この例のように所定のタスクと直接干渉する場合は特にそうですが、注意がそれる要因となる刺激は、認知負荷を増やして処理速度と質の低下を招きます。

<u>図 5.1</u>
ストループ効果で使用される素材の例

　認知負荷と分割注意に関して驚かされるのは、人はこれらの扱いに長けていないどころか、長けていると信じているところです。マルチタスクは、職場では当たり前のように行われます。作業中のメールチェックは当然とみなされ、喫緊の課題を済ませてからメールをチェックするという流れはまずありえません。インスタントメッセージ、ソーシャルメディア、それに職場のさまざまな環境音なども注意を分割させますが、多くの職場ではそれが普通であり、ゲーム制作会社も例外ではありません。ゲーム開発者は「クランチモード」（時間外労働）に入りやすく、疲労やストレスはパフォーマンスを低下させることを考えると、私の目には、ただでさえ多大な努力を強いられている（多くの人が楽しめるゲームを開発するという）状況に、不必要なハードルがいくつも追加されているように映ります。プレイヤーに関しては、彼らがマルチタスクを強いられて圧倒されることのないようにすべきであり（それがゲームの趣旨である場合は別です）、ゲームを覚える段階では特に気をつけなければいけません。また、注意は永

久に持続するわけでなく、人の作業記憶は意外とすぐに疲弊します。人が注意を持続できる能力は、タスクへのモチベーション、タスクの複雑さ、個人差などのさまざまな要素によって違ってきますが、プレイヤーの脳が一息をつけるような時間を設けることは一般的に有効です。たとえばゲームにカットシーンを入れる場合、ゲームの最初の方(作業記憶はまだ新鮮で、注意力はフル活用されています)ではなく、プレイヤーがある一定時間注意を持続した後に入れた方が、作業記憶を休ませられるため効果的です。

　最後に、「非注意性盲目」と呼ばれる興味深い現象を紹介します。1つのタスクに集中しているとき、目の前で起こっている予期せぬ出来事に対して完全に盲目になるという現象です。前に述べたように、注意はスポットライトのようなもので、その光の外、つまり注意が向けられていない領域は暗がりになりますが、このことを踏まえても、この現象には本当に驚かされます。非注意性盲目の例として最も衝撃的かつ有名なのは、研究者のシモンズとチャブリスが行った実験です(1999 年)。参加者は、3人ずつで構成された2つのチームがバスケットボールをパスし合うビデオを見ます。一方のチームは白いTシャツを着ていて、もう一方は黒のTシャツを着ています。参加者は、白いTシャツを着たチームが何回パスするかを数えるように指示されます。ほとんどの参加者はこのタスクを難なくこなしました。しかし、ボールがパスされる回数を数えることに集中している間に、ゴリラの着ぐるみを着た人が登場して胸をドラミングしたのですが、参加者の約半数はそのことに気付きませんでした(この実験で使用されたビデオは http://www.simonslab.com/videos.html の Web ページで見ることができます。皆さんはすでにトリックを知っているので、ゴリラに気付かないことはないと思います)。この驚くべき現象は、知覚(およびその後の記憶)における注意の役割の重要性を示しています。さらに掘り下げれば、人の注意力はかなり限られていること、ドライバーの注意不足(考え事など)や注意をそらす行動(新規メッセージのチェックなど)が原因で事故が多発している理由、Google Glass(着用者は、周囲の環境と Glass インターフェイスに注意を分割する必要があります)などの拡張現実テクノロジーが簡単ではない理由などもわかります。ゲームデザインに関してこれが意味するのは、何か重要なことをプレイヤーに知らせるには、視覚キューや聴覚キューを送るだけでは十分ではないということです。実際、プレイヤーがほかのタスク(ゾンビを殺すなど)に集中しているときには、そうしたキューに気付かない可能性があります。さらに複数の研究データによれば、作業記憶への負荷は非注意性盲目の可能性を高めるとされているので、処理する入力の数が多いほど、また情報が複雑なほど、プレイヤーは同時に起きる新たなイベントやサプライズ演出に注意を向けられなくなります。プレイヤーの認知負荷を考慮し、プレイヤー入力を通して重要な情報が注意を向けられ、処理されるようにするのは、ゲーム開発者側の責任です。ある時点でユーザーインターフェイスに表示した要素をプレイヤーが処理できなかったとしても、プレイヤーを責めてはいけません。確実に処理してほしい内容に**プレイヤーの注意を引き付ける**には、観衆の注意を意図的に**そらす**ことでトリックを演じるマジシャンのように、開発者側が人の注意について理解する必要があるのです。

5.3 ゲームへの応用

注意は、学習および情報処理の鍵となります。ある時点で環境内の何を知覚するか、そして知覚した入力(または心的表示)をどのレベルで処理するかに強く影響するので、長期記憶での保持力に大きく関わってきます。「多くの場合、記憶は注意の産物である」と述べた心理学者もいます(カステル、2015年)。人の注意レベルは、対象となるアクティビティにその人がどれぐらい**関与**しているかを示すものでもあり、これはゲームにおいて重要な概念です。以下に示す人の注意の主な特性と制限を忘れないようにしてください。

- 注意には、集中するもの(選択的注意)と分割されるもの(マルチタスク)がある
- 選択的注意はスポットライトのようなものである。注意力は特定の要素に直接向けられ、そのほかは除外される
- 選択的注意の副作用として、「非注意性盲目」という現象がある。注意が向けられていない要素は、たとえ予期せぬイベントやサプライズ演出であっても、意識的に知覚されない場合がある
- 注意力はかなり限定されている
- 認知負荷理論によると、タスクを達成するのに必要な注意力が多くなるほど、注意がそれることが増え、混乱が起きたり、学習に支障が出やすくなる
- (学習を要する)馴染みのないタスクは、馴染みのあるタスクよりもずっと多くの注意力を必要とする
- 脳のマルチタスク機能は決して優れていないが(分割的注意はパフォーマンスに悪影響を与える)、そのことを自覚している人は少ない

　理論的にはゲームへの応用は簡単に思えますが、実際はとても困難です。プレイヤーの作業記憶が圧倒されないよう、認知負荷を考慮しながら、彼らの注意を関連する情報に向けなくてはなりません。応用が難しい最大の理由は、ある時点におけるプレイヤーの認知負荷を測定する方法が今のところかなり限られているからです(最新技術を使って、ゲームのテストプレイヤーに脳スキャナーを装着するというのは、過剰なだけでなく役に立たないこともあります)。UXテスト(ユーザビリティテストなど)では、アイトラッキングデータ(プレイヤーが特定の要素を見つめるかどうか。絶対ではありませんが、見つめたものに注意が向いていると判断できます)、行動データ(特定のタスクをプレイヤーがどれぐらいの速さと正確さで達成するか)、アンケート(プレイヤーが覚えていることや必要だった操作について尋ねます)などをもとに、およそのところを推測するしかありません。認知負荷の調整が難しいもう1つの理由としては、所定のタスクにおける負荷を正確に予測するのは不可能ということが挙げられます。タスクそのものの複雑さだけでなく、プレイヤーの事前知識、ゲームの仕組みやシステムへの精通度、さらにはその日の疲労度など、さまざまな要因が絡んでくるからです。たとえば、アクションゲームに精通しているプレイヤーは、普段ゲームをしない人よりも視覚的な選択的注意の能力が高いとされています(グリーンとバヴェリア、2003年)。したがって、オンボーディングプランを構築する際は推測が欠かせません(Chapter 13を参照)。ゲームにおける複雑さと目新しさ、それにターゲット層の事前知識や精通度(これは、ターゲットとするプレイヤーを明確にすることが重要な理由の1つです)などを踏まえて、学習内容の難易度を検証します。たとえば、「**フォートナイト**」のオンボーディングプランを構

築するとしたら、シューティングの仕組みはコアユーザーが比較的容易に理解できると予測しますが、「**フォートナイト**」特有のビルディングの仕組みはわかりにくいと予測するでしょう(「**マインクラフト**」の仕組みとは異なるからです)。ビルディングの仕組みを詳しく学習するには相当な注意力が要求されることになるので、このテーマに絞ったチュートリアルが必要になると判断できます。

　ここまでの話をまとめると、プレイヤーがゲームの重要な要素を学習しているときは、可能な限り注意がそれないようにする必要があるということです。ここで避けるべきことのいくつかの具体的な例を紹介します。

- プレイヤーがほかのタスクに集中しているときは、重要な仕組みに関するチュートリアル的なヒントを表示しないようにする(すべての注意が敵からの攻撃に向いているときに、ヒールの方法に関する情報を表示するなど)
- プレイヤー以外のキャラクターが語っているときは、重要なチュートリアルテキストを表示しないようにする(そのキャラクターが語る内容をテキストで表示する場合は除く)
- 重要な情報の伝達を1つの感覚だけに依存してはいけない(最低でも視覚キューと聴覚キューを使う)
- 重要な情報を伝達するときは、一定時間が過ぎると自動的に消えるポップアップテキストを使わないようにする(プレイヤーが必ずその情報を見たり、すぐに処理するとは限らない。ゲームエンジンの制限により、プレイヤーが実際にそのアクションを実行するまで情報を表示しておけない場合は、最低でもプレイヤーがボタンを押してテキストを読んだことを承認できるようにする必要がある)
- コアとなるゲームプレイループや複雑な仕組みが表面的に処理されるようなオンボーディングは避ける(「**フォートナイト**」のビルディングの仕組みについては、チュートリアルテキストで説明するのでなく、実際に何らかのタスクを行いながらビルディングの仕組みを詳しく学習できるようにレベルデザインを行っている)
- プレイヤーに情報を与えすぎないようにする(読み込み画面であまりに多くのヒントが表示されると、プレイヤーのやる気が失せてしまうことがある)

　マジシャンと同じように、ユーザーの注意をコントロールする術を学び、開発側が意図している体験に彼らを導くことが大切です。要素を目立たせれば、そこに注意を引き付けることができます。モノクロの環境にある赤の要素、静止した画面上の明滅または動く要素(プレイヤーのカメラの動きによっては動いている要素の検知が難しいこともあります)、大きな音など、周囲の環境とのコントラストが強いほど、要素は検知されやすくなります。もちろん、プレイヤーの注意が別の何かに集中している場合は、この限りではありません。人の注意を引き付けるには、そこに注意を払うよう**動機づけ**をすることも重要です。次の章ではこれについて説明します。

6

動機づけ

6.1 潜在的動機づけと生物学的動因 54	6.4 性格と個人的欲求 61
6.2 外発的動機づけと学習性動因 55	6.5 ゲームへの応用 62
6.3 内発的動機づけと認知的欲求 58	6.6 意義の重要性に関するメモ 63

動機づけは、動因や欲求を満たすための行動を発現させるので、生存には不可欠です。動機づけがなければ、行動もアクションもありません。生理学的な動因だけを考えても、生き残るためには食料や水を探す動機づけが必要で、子孫を残すには性的な動機づけが必要となります。実際、ドーパミン（何かを欲する機能に関する脳内化学物質）を生成できないネズミは、えさを探すという行動に出ないため、じっとしたまま時間を過ごし、いずれ餓死します（パルミター、2008年）。このことから、認知、情動、社会との関わりは動機づけを維持するためにあると理論付けられています（バウマイスター、2016年）。動機づけの研究の歴史は浅く、学会での議論もまだ盛んな状態です。人の動機づけについて数え切れぬほどの理論が提唱されていますが、誰もが納得するような強固なメタ分析はまだ登場していません。動機づけに関して、人の動因や行動を明確にマッピングできるような統一理論はないのが現状です。私自身も正直なところ、この章をどのように構成すれば、人の動機づけに関して必要十分な情報を紹介できるのか悩みました。たどり着いたのは、動機づけの多様で複雑な仕組みを、相互に作用し合う関係にある以下の4タイプに分類するという方法です（参考：リュクリー、2015年）。

- 潜在的動機づけと生物学的動因
- 外発的動機づけと学習性動因
- 内発的動機づけと認知的欲求
- 性格と個人的欲求

　これは必ずしも標準的な動機づけの分類ではありませんが、先ほども述べたように、現時点ではこれといって標準化された方法は存在しません。あくまでも私なりに複雑な仕組みを理解し、できるだけ明快に伝えようとまとめたものです。覚えておいてほしいのは、これらの動機づけタイプはそれぞれ

独立したものではないことです。これらは密接に絡み合いながら、人の知覚、感情、認知、行動に作用します。また、これらの動機づけの分類には、心理学者アブラハム・マズロー（Abraham Maslow）の有名な自己実現理論とは異なり、特に階層はありません。マズローは、人の欲求（ニーズ）に優先順位を付け、有名なピラミッド型の図でこれらのニーズを整理し、最も基本的なニーズを一番下に置いています。マズローの理論によれば、生理的欲求（飲食やセックスなど）がピラミッドの底辺にあります。その上に安全の要求（セキュリティーや家族など）、所属の欲求（友人関係や家族など）、承認の欲求（達成感や自信など）と続き、一番上には自己実現の欲求（問題解決や創造性など）があります。しかし、このマズローの理論における階層付けには異論も多く（ワーバとブリッドウェル、1983 年）、下位の欲求（セックスなど）は必ずしも上位の欲求（理想的なモラル）より優先されるわけではないといった、少しホッとするような意見も出ています。

6.1　潜在的動機づけと生物学的動因

私が赤ワイン（できればボルドー産）をグラスで飲みたいと言った場合、単に喉を潤すことが目的ではないことから（その場合は水を飲みます）、私自身がコントロールする自己帰属動機を表現していることになります。一方の潜在的動機づけは、主に体内バランスを維持するための（科学者はこれを恒常性と呼びます）ホルモン放出など、自発的な過程と生理学的イベントで構成されます。脳内で放出される化学物質は制御不能なので、潜在的動機づけはコントロールできません。生物学的動因は、哺乳類全般に共通する基本的な欲求です。たとえば、空腹、喉の渇き、睡眠欲求、痛みからの逃避、セックスなどは、生物学的動因を満たすための先天的で強力な生理的動機です。これらは、主に大脳辺縁系の一部である視床下部で調節されます。視床下部が内分泌腺である下垂体（脳下垂体）を制御し、この内分泌腺がホルモンを生成するその他すべての内分泌腺を調整します。たとえば略奪者を前にすると、ほかの器官によって収集、伝達、解釈された感覚情報が、最終的に視床下部に到達します。そして視床下部は、エピネフリン、ノルエピネフリン、コルチゾールなど、心拍数を変化させて意識を高めるホルモンの放出を調整することで（限りある注意力をこの緊急事態に集中させます）、闘争・逃走反応を稼動します。この複雑な仕組みはこれ以上掘り下げませんが、私たちの行動の多くは脳内で放出される化学物質によって制御されていることを忘れないでください。これがいわゆる**衝動**です。

　社会的行動に影響する潜在的動機づけもあります。中でも、勢力動機、達成動機、親和動機の 3 つについては詳細な研究が行われています。これらの動因の強さによって、特定の状況下で人が感じる喜び、ひいては行動が変わってきます。勢力動因は、他者より優位になろうとする動機づけに影響します。親和動因は、社交における親密さと調和性の動機づけに影響し、達成動機は、成果を向上させる動機づけに影響します（概要についてはシュルタイス、2008 年）。たとえば、達成動機の低い人よりも、達成動機の高い人の方が困難なタスクを解決しようとする傾向があります。また、擬人化したプレイヤーが倒した敵の上で飛び跳ねて、相手を支配したことを表現する**ティーバッギング**と呼ばれる興味深い行動は、勢力動機づけされた人の方がより満足するという説もあります。そうかもしれませんよね。

54　　　　　　　　　　　　　　　　　　　　　　　　　　　　　　Chapter 6：動機づけ

だからといって、人は脳内の化学物質や無意識の処理の言いなりになっているわけではありません。人が衝動を制御できないとしたら、ルールを持つ社会という構造のおかげで人類がこれまで生き残ってきたことへの説明がつきません(たとえば、強姦や殺人を犯せば、仲間を傷付けたという理由で投獄されます)。ただし、潜在的動機づけと生物学的動因は、内発的動機づけといったほかの動機づけにおいても重要な役割を果たしています。より直接的に影響を与えているのは学習性動因であり、これについては次に説明します。

6.2 外発的動機づけと学習性動因

6.2.1 外発的動機づけ：アメとムチ

行動主義的アプローチによる研究は、環境がどのように動機づけを形成するかをテーマとしています。人は暗黙のうちに刺激を強化、報酬、嫌悪と結び付けますが、これは一般的に「条件づけ」または「道具的学習」と呼ばれます(条件づけの基礎を成す行動主義的な学習原理については Chapter 8 で説明します)。心理学者クラーク・ハルの説によると、動機づけは「欲求」と「強化」を合算したものです(ハル、1943 年)。言い換えれば、欲求を満たす行動からの報酬価値と、対価を得られる可能性に影響されるということです。たとえば、私たちはお腹が空けば(欲求)、食料を探しに行きます(動機づけ)。そして、食べることで満腹感を感じます。これが対価のタイプの 1 つです(正の強化)。環境からの対価は正の強化として機能し、対価が得られる行動の頻度を増やします。これに対し、環境から受けた罰は、その罰につながった行動の頻度を減らすように動機づけを形成します(熱したフライパンは火傷しないように触らないなど)。想定通りに対価が得られなかった場合も、罰として機能します。働いても報酬が得られなければ、それは罰として感じられ、その行動はもう繰り返さないようになります。

学習性動因も、すべての行動と同じようにホルモンや神経伝達物質(シナプス間で放出される化学物質で、これにより神経細胞間で信号が伝送されます)に大きく影響されますが、ユーザーを信じさせるためのクリック誘導型の科学系記事とは違う仕組みになっています。ドーパミン、コルチゾール、オキシトシン、テストステロン、ノルエピネフリン(ノルアドレナリン)、エンドルフィンなどは、私たちの精神状態、感じ方、行い、価値への知覚に影響します。たとえば、テストステロンは社会ステータスを重要視する傾向を高め(バン・ホンク他、2016 年)、エンドルフィンは私たちが何を楽しむ(好む)かに影響することがわかっています。つまり、動機とは「求める」ことで、それは「好む」ことで維持されているのです。「脳の報酬回路」という言葉を聞いたことがあるかもしれませんが、これは、環境からの自然な対価に対する人の反応を半ば無理に単純化した言葉です。これこそが人の「欲求」(欲望)と「好み」(楽しみ)に作用し、強化(条件づけ)を通じて行動学習に影響を与えています。ほとんどは無意識に起こります。何かを好きになるケースであっても、快楽を意識的に感じることなく、暗黙のうちに「好き」という反応が起きます。もちろん、脳内に「報酬センター」があるといった単純な話ではありません。脳の報酬回路には、扁桃体、海馬、前頭前野、エンドルフィン(オピオイド)、ドーパミンなど、さままざな脳のシステムやそれに対応する神経伝達物質が絡んでいます。たとえば、扁桃体は海馬と連携し、特定の刺激を報酬や嫌悪に結び付けて記憶するのを助けます。このおかげで、人はその刺激を再び知覚したとき、それに関わるべきか否かを判断できるのです。以上をまとめると、外発的動機づけは、

関与行動に対する報酬、回避行動に対する罰、体験からの記憶を原動力にしていることがわかります。これが**学習性**動因と呼ばれている理由です。

　生活の中で(本質的に)やりたくないことは数多く存在するにもかかわらず、人がそれらを行うのは、食料、住む場所、娯楽など、直接的または間接的な対価が得られることを学習しているからです(ヴルーム、1964年)。お金は、ステーキや家賃、映画のチケットなどと交換できるので、間接的な対価です(お金そのものが目的の場合は除きます)。さまざまな研究により、報酬が努力とパフォーマンスを向上させることが実証されています(ジェンキンス他、1998年)。状況によっては、報酬の額が努力の度合いに直接影響することもあります。たとえば、コンピュータ画面のある領域にできるだけ多くの円をドラッグ&ドロップするよう生徒に指示した場合、低い額(10セント)よりもまあまあの報酬(現金で4ドル)を提示したときの方が成績がよかったそうです(ヘイマンとアリエリー、2004年)。後ほど内発的動機づけのセクションで詳しく説明しますが、報酬の種類によっては効率が上がることもありますが、支配されていると感じるような対価(場合によってはお金でも)では全体的な効率が低くなります。ただし、脳の報酬回路は報酬を期待するときと実際に受け取るときに活性化すること、そして言葉での労いよりも金銭で支払われる方がより強く活性化することが証明されています(キルシュ他、2003年)。

6.2.2. 継続的対価と断続的対価

対価を得られるかどうかが不確実である場合、対価の価値の感じ方が変わってきます。この不確実さそのものは性格にされ、リスク回避型の人は、リスク愛好型の人よりも、不確実な対価(当てにならない対価)を低いと感じます(シュルツ、2009年)。ただし、**継続的**に与えられる対価(特定の行動に対して常に対価が出る)よりも、**断続的**に与えられる対価(特定の行動に対して時々対価が出る)の方が、行動に大きく影響することは明確に実証されています。心理学者のバラス・フレデリック・スキナーがネズミを使って行った実験では、レバーを押すたびに対価(餌)を与えた場合、対価が与えられなくなるとネズミはその行動をやめてしまいました。一方、レバーを押すたびではなく、一定の間隔で(20回に1回など)えさを与えると、ネズミはその行動により夢中になったそうです。スロットマシンにはまりやすいのはこの現象が理由です。スロットマシンなどの機械は、スキナーが実験に使った「スキナー箱」のように設計されており、不定期に断続的な対価を与えるオペラント条件づけの原理を採用しています(シュール、2012年)。これらの遊びに興じるのであれば、あらかじめ使う金額の上限を設定しておくことをお勧めします。そうしないと、はまってしまって予想を超える額のお金を失う恐れがあります。

　ゲームに関して言うと、プレイヤーの関心を強く引くのは断続的対価であり、実際これがよく使われています。これらの対価は時間経過(間隔)または行動(比率)を基準に断続的に与えられ、予期できるもの(一定の間隔や比率)もあれば、予期できないもの(不定の間隔や比率)もあります。ゲームでは、たとえば毎日ログインするたびに得られる対価が一定間隔で与えられる対価です。ほかにも、たとえば「**クラッシュ・オブ・クラン**」(Supercell)では、建物が建つまでに一定時間待つ必要があります。不定間隔で対価が与えられる例としては、MMORPG(多人数同時参加型オンラインRPG)における敵が挙げられます。たとえば「**World of Warcraft**」(Blizzard)では、特定のエリアに大勢いるのですが、プレイヤーはいつ遭遇するのかは分かりません。つまり、予期できないのです。スキルツリーで特定の機能を解除したときに与えられる対価は、定率で与えられる対価の一例です。プレイヤーは、その対

56　　　　　　　　　　　　　　　　　　　　　　　　　　　　　　　Chapter 6：動機づけ

価を得るために必要なアクション（行動）の回数を正確に把握しています。プログレスバーも、レベルアップにどれぐらいの経験値が必要かをプレイヤーがわかっているため、定率で与えられる対価とみなせせます。ただし、経験値が得られるアクションは予測しずらく、通常、プレイヤーは各アクション（たとえば敵を倒す）によって得られる経験値を正確に予測することはできません。最後になりますが、先に述べたように、変率の例はスロットマシンと同じようなものです。カードパック、チェスト、ルートクレートなどの例では、プレイヤーは望み通りの対価が得られるかどうか定かでないままルートボックスを開きます。つまりギャンブルです。断続的対価が反応率に与える影響は、図6.1で大まかかつ固定観念的に示したイラストのように、その種類によって異なります。一定の対価が与えられると、通常はその行動が一時的に停止します。欲しいものが手に入れば、次の機会がいつ訪れるのか（時間またはアクションによって）わかっているので、対価を得るための行動は少しの間やらなくなります（反応率が一時的に下がります）。一定の対価が予定通りに与えられなくなると、反応が急速に鈍くなることがあります。つまり、予定していた対価が得られなければ、その対価を得ようと行動するのをやめるということです。逆に不定の対価では、全体的に反応率が安定しますが、これは皆さんおわかりの通り、対価が得られるタイミングが正確にわからないことに起因するものです。通常は、行動（比率）を基準にした対価の方が、時間（間隔）を基準にした対価よりも高い反応率が得られます。最も高く安定した反応率が得られるのは、たいてい変率スケジュールで得られる対価です。

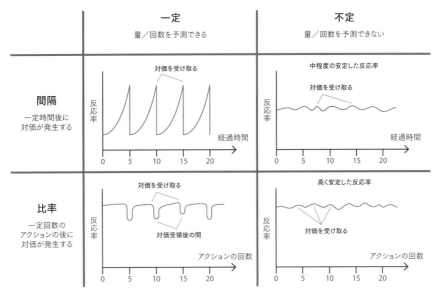

図 6.1
さまざまな断続的対価と行動に対するおおよその影響力

　人がメールやSNS通知をチェックせずにいられないのは、変率／変間隔の強化スケジュールが原因かもしれません（アリエリー、2008年）。スマートフォンのアプリの画面を更新すれば、最新の投稿に「いいね」がついていたり（社会的認識は人にとって重要です）、報われた気持ちになるようなメッセージが届いている可能性があります（上司からの嬉しいメールや、大切な人からの愛あるメッセージなど）。スロットマシンと同じで、ほとんどの場合たいした収穫はありませんが、時折自分にとって意味あるものが予期せず得られるため、スマートフォンのチェックをやめられないのです。

対価は、私たちの動機づけや行動を強力に形成します。人は条件づけを通じて特定の刺激を対価に結び付け、そうして形成された期待が、そのタスクを行う（または行わない）動機づけに影響します。学習性動因は潜在システムに依存するところが大きく、それが学習性動因が行動の形成に大きく影響する理由です。しかしながら、内発的動機づけに関連する特定種類の対価は、一定の状況下においては外発的対価よりも強力になることがあると提唱する有力な研究機関もあります。

6.3 内発的動機づけと認知的欲求

20世紀の後半、行動主義的アプローチによる動機づけでは万人の行動を説明できないことが明らかになってくると、このアプローチに疑問を唱える声が増しました。実のところ人間は（一部の動物も）、外発的対価を当てにしない行動も多くとります。これは内発的動機づけと呼ばれます。自分のためにタスクを行う場合で、そのタスクが目的達成のための手段でないとき、それは内発的動機づけによる行動です。たとえば、スポーツカー愛好家であれば、新車に乗るのが楽しいという理由だけでドライブに出かけるでしょう。一方、特定のタスクを何か別の目的のために行うとき、それは外発的動機づけによる行動となります。たとえば、「**スター・ウォーズ**」の最新作を観るために映画館まで車で行くとします。このときのドライブは、映画を観るという、運転とは無関係の外発的対価を得るための手段であるので、外発的動機づけによるものです。最近の研究では、パフォーマンスや幸福感に対する個々の動機づけの影響を測定していますが、それぞれの動機づけがどう相互に影響し合っているかを研究をした例はわずかしかありません（セラソリ他、2014年）。つまり、内発的動機づけと外発的対価がどのように相互作用し、タスクのパフォーマンスにどう影響しているかは現時点では定かではないということです。いくつかの研究によれば、外発的対価は内発的動機づけを低下させることがあるそうです。たとえば、絵を描くことで外発的対価を得た子供は（子供はたいてい内発的対価のために絵を描きます）、外発的対価がなかった子供と比べると、大きくなってから自発的に絵を描く可能性が低くなります（レパー他、1973年）。そして微妙な違いではありますが、子供の頃に絵を描いてもらったご褒美がサプライズだったケースでは、大人になってからも自発的に絵を描く傾向にあるそうです。つまり、もともとは内発的な動機づけから行った行動に対して人が対価を期待するようになると、外発的対価は内発的動機づけに対してアンダーマイニング効果を持つのです。

6.3.1 外発的対価のアンダーマイニング効果

外発的対価が生じない行動でも、その行動自体に楽しみを感じて行うことは少なくありません。たとえば、遊ぶという行動は本質的に自己目的的であり、行為そのものが目的を含んでいるため、内発的動機づけの絶好の例と言えるでしょう。ある研究では、内発的動機づけによる行動やタスクの方がパフォーマンスが高くなるということが実証されています（デシ、1975年）。「**マインクラフト**」のプレイヤーの中には、ただ好きだという理由で、効率的に収穫したり建築するのに何時間も没頭できる人もいます。しかし驚くべきことに、もともと内発的動機づけで始めたタスクに対して外発的対価が与えられると、その後の内発的動機づけが低減することがあります。たとえば、「**マインクラフト**」が大好きでよくプレイしている人に、一時間ごとに1ドルの報酬を支払うとします。しばらくして報酬の支払いをやめると、プレイヤーの内発的動機づけが下がり、外発的対価の発生前よりもゲームのプレイ頻度が減ることがあるのです。

外発的対価のアンダーマイニング効果によって行動の回数が減る現象は、「過正当化効果」とも呼ばれます。内発的動機づけで始めた行動に対して外発的対価が得られると、その後、本来とは違う理由でその行動を取るようになることがあります。最初は、楽しいというだけの理由で行っていたはずですが、外発的対価が発生したことで、その行動を取る理由が「対価を得る」という別のものになってしまうのです。ですから外発的対価がなくなっても、内発的動機づけにはなかなか戻ることができません。これは、教育においては特に避けたいことです。学習は、内発的動機づけで行う活動です。事実、何かを学ぶときに「脳の報酬回路」が活性化するのは、周囲の良いことや危険なことを覚えるのが生き抜くには不可欠だからです。そこに外発的対価（成績など）が加わると、この内発的動機づけに大きく影響します。ただし、研究の経緯にもよりますが、過正当化効果が常に現れるとは限らないことを踏まえると、この影響はさほど明確とは言えません。たとえば、外発的対価によるアンダーマイニング効果は、興味を持って始めた行動に対して、外部からの報酬と感じられる対価が与えられた場合にのみ起こります（対価が金銭の場合は特にそうです）。創造性に関する例も紹介しましょう。タスクが創造的であるとき、それを完了させるための外発的動機動機づけは、創造性を低下させます（アマビール、1996年）。しかし、ヘネシーとアマビールは数年後（2010年）、有益な情報を協力的に提供したり、能力を認めたり、すでに内発的動機づけを持っていることをできるようにする対価であれば、内発的動機づけと創造性を強化できると提唱しました。以上の例からわかるように、内発的動機づけはどんなときにパフォーマンスを予測できるのか、外発的対価にはどんな役割があるのか、内発的動機づけと外発的対価のどちらが重要なのかといった問いに対して、明確な答えは出ていないというのが現状です。

6.3.2　自己決定理論

自己決定理論は、内発的動機づけの研究で現在最も有力な枠組みです（デシとライアン、1985年およびライアンとデシ、2000年）。この理論では、内発的動機づけの根底には、有能性、自律性、関係性という3つの先天的な心理的欲求があるとされています。**有能性**とは、主導権を握り、環境を征服したいという欲求です。人は、的確に挑まれることで成長します。新たなスキルや技術を身に付け、上達するチャンス、そして肯定的なフィードバックを受けて進化を感じられるチャンスをうかがっています。**自律性**とは、有意義な選択をしたい、自己表現したい、自由な意思を持ちたいという欲求です。主体的にタスクを達成したいという思いも含みます。**関係性**は、主に他者と結び付きたいという欲求です。これら3つの欲求が妨害されると、外発的対価のアンダーマイニング効果が生じるとされています。

　自己決定理論の研究者の中には、動機づけを外発的と内発的に二分する考え方から、自主的（自ら決定する）と制御下（自ら決定しない）に区別する考え方に移った人もいます（ゲルハルトとファン、2015年）。この考え方では、タスクを行うことに対する対価なのか、タスクを完了したことに対する対価なのか、一定レベルのパフォーマンスを達成したことに対する対価なのかに応じて、対価は内発的動機づけに異なる影響を及ぼします。こうしたタスク付随の対価には、行動とは一切関係ない非付随的な対価を加えなくてはいけません。前提として、報酬が**制御的**であるほど、自主性の欲求が妨害され、内発的動機づけが低下しやすくなるからです。最も制御的側面が強いのは、一定のパフォーマンスを満たしたときに与えられるタスク付随の対価です。ただし、この制御的な対価は有能感を満たす

ので、そのマイナス効果が相殺されることもあります。一方、タスクを完了することで与えられるタスク付随の対価は、さほど制御的ではないと言え、有能感を促進することもないので、内発的動機づけという観点では最悪のタイプと言えるでしょう。この分類法によれば、何らかの目標のために金銭的な報酬が重視されている場合、パフォーマンスに伴う対価（金銭）は、内発的動機づけを低下させません。概して言うと、内発的動機づけを妨げない対価を予測するのは容易ではないということです。それでもゲームで対価をデザインするときは、この概念を頭に入れておく必要があります。最低でもプレイヤーの進化には何らかのフィードバックを提供するようにしてください。

6.3.3 フロー理論

フローとは、内発的動機づけで始めた活動に完全に没頭して楽しんでいる状態を指します。これは、「人の体または心が自発的な労力によって極限まで引き上げられ、困難または価値のある何かを達成しようとする」最適経験です（チクセントミハイ、1990年、p3）。心理学者のミハイ・チクセントミハイによると、フローは幸福感への鍵であり、この最適経験を感じる体験をしているとき人は最も幸せだそうです。フローはある日突然やってくるものではありません。フローが起きるように意図的に努力する必要があるうえ、実際に起きても必ず幸福感が訪れるわけではありません。たとえば、（内発的動機づけによって）ギターを練習している場合、指先が痛くなったり、血がにじんだり、弾きたい曲を思うように弾けないなど、さまざまな辛い思いをすることになります。ただし、これらの障害を乗り越えて自身の成長を実感できたときは、この上なく良い気分になります。このように、決して楽ではないが難しすぎることもない壁を乗り越えることに夢中になっている間がフローです。あまりに夢中になるため、時がたつのを忘れ、不眠不休、飲まず食わずで取り組むこともあります（これも欲求がマズローの理論のような階層になっていないことを裏づけています）。このフローの状態では、内発的対価が得られるだけではなく、タスクに注意が集中するため学習プロセスが向上します。フローゾーン以外はおろそかになるので、家族が話しかけても気付きもしないかもしれません（注意に関する Chapter 5 で紹介した非注意性盲目です）。

フローの状態に達するには、スキルを身に付ければ何とか達成できるレベルのタスクに挑む必要があります。タスクには、明確な目標と、その目標に向かってパフォーマンスが向上しているという明らかなフィードバックもなくてはなりません。タスクに完全に集中しなくてはならないので、注意をそらすものは事前に取り除きます（一度フローゾーンに入ってしまえば、外部イベントによってゾーンから離されない限り、簡単に集中力を維持できます）。また、アクションを制御している、つまり自身の運命を支配しているという感覚も大切です。最後に、最適経験の状態に到達するには、タスクが自分にとって**意義あるもの**でなければなりません。

このフロー理論も、ゲーム開発に応用できます。特にゲームの難易度曲線を定めるときは大変役立つはずです。フロー理論は、どうすればより魅力的なゲームを開発できるかを開発者にアドバイスする際に使用する、ユーザー体験フレームワークの柱の1つ（**ゲームフロー**）を構成しています（Chapter 12参照）。

6.4 性格と個人的欲求

人の行動の多くは万人に共通する脳内プロセスで説明可能ですが、個人間には違いがあり、認知レベルでの内発的動機づけに影響してきます。本章の冒頭で触れたように、勢力動機、達成動機、親和動機という 3 つの潜在的動因の個人差は行動に影響します（6.1 の「潜在的動機づけと生物学的動因」参照）。個人差には認知レベルのものもあり、知能は固定されている（早くから決まっていんる）と思うか、それとも変えられる（努力次第で知能は高められる）と思うかで、動機づけが変わってくることがあります。知能が固定されていると考える人は、学習目標（能力の向上）よりもパフォーマンス目標（パフォーマンスに対してプラスの評価を得ようとする）を選択する傾向がありますが、これはおそらく学習目標には失敗というリスクがあり、能力不足が露呈する恐れがあるからでしょう。一方、知能は高められると考える人は、パフォーマンス目標よりも学習目標を選ぶ傾向があります（ウェックとレゲット、1988 年）。この結果（議論の余地はありますが）がとても興味深いのは、賢いというのは状態ではなく過程であると理解した子供の方が学習活動に積極的である点です。ここまでの内容からすでにご存知だと思いますが、脳は常に進化しているので、何においても努力さえすれば向上します。事実、IQ テストの成績は一定ではありません。子供の成績を褒めるときは、賢い点を伝える（「やったね、なんて賢い子なんだ！」など）のではなく、そこに至るまでの努力を認める（「頑張った甲斐があったね、よくやった！」など）ように心理学者たちが勧めているのは、こうした理由からです。

　個人差について話すときは、個性を指しているのが一般的です。ここ数十年で数多くの個性モデルが提唱されてきました。しかし、ここではゲーム開発に応用できることに絞って簡潔に説明したいので、最も広範に研究されている「ビッグファイブ」（特性 5 因子モデル）のみを紹介することにします。これらの性格の特性は、膨大なデータの中からパターンや相関変数を見つける、因子分析と呼ばれる統計テクニックを使って識別されたものです。ビッグファイブの研究では、多様な人々の生涯が何十年も調査されているので、データの信頼性はかなり高いと言えます。5 因子は、経験への開放性（Openness to experience）、誠実性（Conscientiousness）、外向性（Extraversion）、調和性（Agreeableness）、神経症傾向（Neuroticism）と定義され、それぞれ英語の頭文字をとって OCEAN と呼ばれています。これらの大まかな特性に、ほとんどの個性差が内包されています。個人をそれぞれの特性と比較することで、その人の個性を定義できます。たとえば、外向性のポイントが高い人は社交的で積極的、逆に低い人は打ち解けにくく静かだと判断されます。各特性の定義を簡単にまとめると次のようになります。

- **経験への開放性**
  この特性は、独創性と好奇心の強さを示すものです。ポイントが低い人は現実的で型にはまっていて、高い人は創造的で想像力があるとされます。

- **誠実性**
  この特性は、効率性と几帳面さを示すものです。ポイントが低い人は自然体で軽率なところがあり、高い人は几帳面で自発的であるとされます。

- **外向性**
  この特性は、社交性と精力の強さを示すものです。ポイントが低い人は打ち解けにくく静か、高い人は外交的で積極的であるとされます。

- **調和性**

  この特性は、友好性と思いやりを示すものです。ポイントが低い人は疑い深くてよそよそしく、高い人は信じやすく共感しやすいとされます。

- **神経症傾向**

  この特性は、感受性と神経質の度合いを示すものです。ポイントが低い人は感情が安定していて、高い人は怒ったり不安になりやすいとされます。

　この OCEAN モデルにはいくつかの制限があり（行動を正確に予測するものではないという点には特に注意が必要です）、万人の性格をカバーしているわけではありませんが、現時点ではこれが最も信頼度の高いモデルです。人の動機づけを考えるときは、必ず念頭に置くようにしてください。たとえば、経験への開放性のポイントが高い人は、低い人よりも、創造的なタスクを達成したいと強く動機づけられるかもしれません。最近の研究では、5 因子モデルがゲームの動機づけと一致するという意見もあり（ユ、2016 年）、たとえば外向性のポイントが高い人はゲーム尺度でのソーシャルプレイが相応に高くなるとのことです。こうした見解についてはさらに研究を重ねる必要がありますが、探究すべき面白い道であることは間違いありません。

6.5　ゲームへの応用

「動機づけがなければ行動は起きない、動機づけが強ければ注意が増す」という事実は、学習と記憶にとって極めて重大です。動機づけの研究では、外発的対価と内発的動機づけはパフォーマンスを向上させるが、外発的対価が得られなくなると内発的動機づけが低くなるということが実証されています。しかしこれは、タスクの状況の微妙な違いや、対価の持つ自己支配性で大きく変わってきます。少なくとも現時点では、内発的および外発的動機づけの影響も、それらがどう相互に作用し合っているかも明確になっていません。内発的動機づけ理論の実用価値をめぐっては今でも活発に議論されていますが（セラソリ他、2014年）、現在わかっている中で覚えておいてほしいことを以下に示します。

- どのような種類の対価も何もないよりは良い
- 簡単で繰り返しの多いタスクのパフォーマンスは、外発的対価によって向上させることができる。この場合、対価は明確にすべきであり、タスクの求める労力に応じてその価値を増大させる必要がある
- 集中力、投資、創造力などが必要となる複雑なタスクのパフォーマンスは、内発的動機づけによって向上する
- タスクに創造性、チームワーク、倫理行動などが伴う場合や、質が評価される場合は、外発的対価を明確にするべきでは**ない**
- タスクに対して内発的対価を感じられる方が一貫して有益であるとされているが、外発的対価がプラスに作用する場合もある
- タスクに対して内発的対価を感じられるようにするには、有能性、自律性、関係性の欲求を満たすようにする（自己決定理論）。タスクの意義や目的も重要になってくる

- フローとは内発的動機づけの最適経験である。容易ではないが難しすぎることもない明確な目標を持ち、有意義でやりがいのあるタスクを達成したときに到達できる
- 潜在的動機づけと個性は個人の欲求に影響する。性格のビッグファイブモデル（OCEAN）は現在のところ、個人の欲求を理解するうえで最も興味深く信頼度の高いモデルである

　人の動機づけの微妙な違いは簡単には把握できませんが、プレイヤーにゲームを楽しんでもらうには動機づけを理解することが大変重要です。しかし、ただでさえ身体リソースの多くを消費している脳は、できるだけ負荷を抑えようとする傾向があります。これが、動機づけがユーザー体験フレームワークの重要な柱を成している理由です。ユーザー体験フレームワークについては、Part IIのChapter 12「エンゲージアビリティ」で詳しく説明します。

　なお、本書は動機づけの上っ面をなでているにすぎないこと、そして動機づけにはさまざまな要素とその状況が影響することを忘れないでください。ここでもう1つ、**認知的不協和**と呼ばれる状態も意外な形で動機づけに影響することを紹介したいと思います。心理学者レオン・フェスティンガーは1957年に出版した著書の中で、人は矛盾する2つ以上の認知を抱えると（認知間の不協和）、不快感を覚え、不協和の状態を感じなくて済むように矛盾をなくそうとすると述べています。たとえば、人は喫煙が健康を害すると理解していてもタバコを吸いますが、この状態は認知不協和を生み出します。このとき、その行動を後付けで正当化して矛盾を解消しようとします。たとえば、喫煙は安らぎを与えてくれるからリスクを犯す価値があるなどと考えるのです。認知不協和を表す古い例としては、古代ギリシャの作家イソップによる寓話「**すっぱい葡萄**」があります。物語では、まずキツネが木に美味しそうな葡萄が実っているのを見つけます。キツネはなんとか葡萄を取ろうと跳び上がりますが、どうしても届かないので、しまいにはきっと酸っぱい葡萄だろうから食べない方がよいと決めつけます。このように、人は自分の決めたことや失敗を後付けで正当化し、認知不協和を感じないようにすることが多々あります。プレイヤーが困難に直面して失敗した場合も、そのゲームがお粗末でプレイするのに値しないと決めつけ、プレイをやめてしまうことがあるでしょう。このときプレイヤーの態度を責めるのはお門違いです（ユーザーは開発者に何の借りもありません。ユーザーは常に正しいのです）。責めるべきはそのゲームのデザインであり、相応に調整する必要があります。情熱を注ぎ込んで開発したゲームの素晴らしさを理解してもらえないのは辛いですし、簡単には受け入れられないかもしれません。しかし、開発者自身が認知的不協和を抱えて不安感を解消しようとすると、ユーザー離れにつながる可能性があるので注意してください。

6.6　意義の重要性に関するメモ

ゲームデザイナーのケイティ・サレンとエリック・ジマーマンは、「プレイするという行為には常に何らかの外発的理由があるが、同時に内発的動機づけも必ず存在する。ゲームをプレイすることの対価の一部は単純に遊ぶことであり、しばしばこれがメインの動機になる」と述べています（2004年、p332）。動機づけは簡単には理解できないこともあり、ゲームへの応用は明確ではありません。事実、ゲームをプレイするというのは自己目的的な行為であり、通常は内発的動機づけによるものであるうえ、ゲーム内の対価もほとんどの場合は内発的です（例外として、実際の金銭と結び付くゲーム内通貨

を使用した無料ゲームや、CGP Gamesが開発した「**Eve Online**」などのプレイヤーが経済を主導する
MMORPGがあります）。このため、あるゲームをプレイし、遊び続けてもらうための動機づけの方法
について、明確なガイドラインを示すのは困難です。しかし、ゲームのオンボーディング、ミッション、
対価などをデザインする際に忘れてはならない最も重要なことは、**意義**であると思います。

　意義は、目的、価値、影響力などを実際以上に大きく感じさせます（アリエリー、2016a）。たとえば
意義があると、関係を長期にわたって維持しやすくなったり、タスクをより効率的に行えるようになりま
す。重要な機能をプレイヤーに教えるチュートリアルをデザインするときは、なぜその機能が大切なの
か、その機能は彼らにとってどんな意義があるのかを自問しましょう。そうすれば、その機能を学ぶこ
とが、スキルを向上させたり（有能性）、自由な意思を持っていると感じたり（自律性）、ゲーム内で他者
と結び付く（関係性）うえで有意義であるということをプレイヤーに実感してもらえるはずです。同じこと
は、プレイヤーに設定する対価や目標にも言えます。30体のゾンビを倒して獲得できる対価は、ユー
ザーにとってどんな意義があるのでしょうか？　自分のことをスゴイと感じられるのでしょうか？　この
意義（「なぜ」）の使い方については、Chapter 12の動機づけのセクションで詳しく説明します。行動
の意義を高め、目的を実際よりも大きくする方法として、プレイヤーを特定のグループに参加させると
いうやり方もあります。たとえば、ゲーム内でギルドやクランに加わると、動機づけが特に高まります
が、これは自分だけのために何かを達成するのではなく、チームに貢献することにつながるからです。
「**フォーオナー**」（Ubisoft）や「**ポケモン GO**」（Niantic）といったチームを使ったゲームも同じ原理です。
プレイヤーは自分の味方となるチームを選択し、各プレイヤーの行動は意義を持ってチームに影響し
ます。最後に「**のびのび BOY**」（バンダイナムコエンターテイメント）の例を紹介しておきましょう。この
ゲームでは、プレイヤーは「Boy」という体が伸びるキャラクターを制御し、どれだけBoyを伸ばしたか
によってポイントを貯めていきます。これらのポイントはオンラインに送信され、累積的にすべてのプレ
イヤーに加算され、「Girl」と呼ばれるキャラクターを太陽系まで伸ばしていきます。たとえば、**Boy**プレ
イヤーは7年かけてGirlを地球から冥王星に到達させます。多くの場合、実際よりも大きな目的に貢
献することは非常に魅力的なので、タスクを達成しようとする動機づけにプラスの効果をもたらします。

7 情動

7.1 情動が認知を左右するとき.............. 67
7.2 情動が「騙す」とき 69
7.3 ゲームへの応用.................................... 71

情動が知覚、認知、行動に影響を及ぼすことはわかっていますが、情動を明確に定義するのは容易ではありません。簡単に言うと、情動とは生理的覚醒の状態を指します。その覚醒状態に関する認知を伴うこともあり(シャクターとシンガー、1962 年)、それが一般に「感情」と呼ばれるものです。たとえば、心拍数が上がると同時に筋肉が緊張し、掌に汗をかくという生理的状況(情動)は、略奪者などの敵を前にしたときの怖いという**感情**と結び付きます。人はよく、意識経験に焦点を当てて情動を語ります。「長い旅の末に大切な人と再会できたことは**幸せ**です」「リリースしたばかりのゲームにバグが多く、クレームがたくさん届いているから**怒って**います」「世界のあちこちで戦争が勃発し、大勢の人が行き場を失っていることを考えると**悲しく**なります」といったようにです。しかし情動は、さまざまな目的のために進化した多様なシステムによって、生理学的レベルで生成されるものです(ルドゥー、1996 年)。

　基本的に、情動とは進化の過程で人を動機付け、導いてきたものです。情動のおかげで、人は困難な環境の中でも生き残り、子孫を残すために適した行動を選択してきました。その意味で言うと、情動は本質的に動機でもあります(特定の行動を取るよう動機づけるからです)。たとえば、不安は注意の範囲にマイナスに作用し(イースターブルック、1959 年)、極めてストレスフルな状況では、注意を一点に集中する「トンネルビジョン」の状態につながることがあります。火災が発生したビルに閉じ込められたとき、トンネルビジョンの状態にいる人は周囲を注意深く見渡すのではなく、非常口を探すことだけに集中するというのが良い例です。人の持つ注意力が限られていることを踏まえると、緊急事態を乗り越えるために何をするべきかに集中できる緊急システムを持つことは、かなり妥当だと言えるでしょう。それぞれの情動は、変化、調整、対処を促す適応力を備えています。たとえば、「関心」(または好奇心)は、選択的注意を助けます。楽しさは経験に対して開放的にさせ、社交に前向きになるきっ

かけとなります。悲しみは認知および運動系の速度を低下させるので、トラブルの原因を慎重に探るときなどに役立ちます。怒りはエネルギーを高いレベルで結集して維持するため、攻撃的な行動につながることがあります。恐怖は、当然ながら、危険な状況から抜け出そうとする動機付けになります。こんな具合にリストはまだまだ続きます(イザードとアッカーマン、2000年)。

　情動は明らかに心に影響し、行動を左右します。一方、知覚や認知も情動を引き起こし、影響を及ぼします。評価理論によると、たとえばイベントに対する人の評価は、その評価に基づく情動反応を引き起こします。ですから情動反応には個人差があります(ラザルス、1991年)。マジックミラー越しに開発中のゲームに興じる複数のプレイヤーを観察し、プレイ中の表情をカメラで撮影しているとしましょう。顔の表情だけを見れば、全員が退屈しているように見え、あなたは不安を覚えるかもしれません。彼らの表情から、ゲームの出来がひどいように感じてしまうのです。しかし、あなたの横にいるユーザー調査員の反応は逆です。プレイヤーがユーザー体験の重大問題に遭遇していないだけでなく、表情(無表情)から彼らがゲームに没頭していることがわかるので、とても満足そうにしています。つまり同じイベント(プレイヤーの表情)でも、その人の評価次第で、引き起こされる情動は変わってくるのです。ですから私は、テストプレイでプレイヤーの表情を重視しません。ゲームに対して明らかに喜びを表すことは少ないので、ゲーム開発者が不安に感じることがあるからです。それでも人の表情の研究は興味深いものです。人には最低でも5つの表情があり(6つという意見もあります)、それぞれ特定の感情を表していると世界的に認識されているという点ではなおさらです。心理学の大学教授だったポール・エクマンは、6つの基本的な情動である**恐れ**、**怒り**、**嫌悪**、**悲しみ**、**喜び**、**驚き**には、共通の表情があると述べました(1972年)。これらの表情は確かに共通かもしれませんが、人によってその表情が出やすい人もいればそうでない人もいるうえ、文化的背景が表情に影響することもわかっています。たとえば、アメリカ人と日本人にそれぞれ個室でストレスを誘発する映画を観てもらう実験では(被験者には内緒で撮影しています)、両者は同じタイミングで同じような負の情動を示す表情をします。しかし、白衣を着た実験者が部屋に入ると、アメリカ人よりも日本人の被験者の方が、負の情動を示す表情を隠し、ポジティブな表情になることが多くなります。この実験からは、どちらも映画に対して基本的に同じ感情を抱いているものの、他者がそばにいる状況では、日本人の方が容易に表情を制御できることがわかります(エクマン、1999年)。つまり、顔の表情だけでプレイヤーの気持ちを判断するのは、微表情を測定できるように精密にデザインされた実験プロトコルでもない限り危険です。そうした環境は簡単に用意できるものでもありません。

　情動は、認知抜きでも存在し、認知の前に生じたり、認知に影響を与えることもあります。認知と情動の関係はとても複雑ですが(心理全般に言えます)、善かれ悪しかれ、ここで情動の認知への影響について私たちが(たとえほんの僅かでも)何を知っているかを検証していきたいと思います。ただし、いつものように、情動や認知から何が起こるのかを厳密に特定したり、現時点で解明されている情動システムの仕組みや認知との相互作用を細かく紹介するようなことはしません。あくまでもデザイン目標の達成という視点から、大局的に論じます。

7.1 情動が認知を左右するとき

情動は環境にどう対処するかを左右するものなので、学習や生存には不可欠です。情動が先にあって動機付けをもたらすのか(恐怖から逃げるなど)、動機付けによって生じたイベントのフィードバックとして情動が起きるのか(欲求を満たした後に幸福感を感じるなど)については、議論の余地があります。動機付けが生存に欠かせないことから(食料を探したり敵を避けるための行動を決定します)、動機付けが先だと主張する人もいます。この観点からは、認知、社会との関わり、情動はすべて動機付けのために存在していることになります(バウマイスター、2016年)。しかし、この論争は本書のテーマから少し外れています。どちらが先にしろ、覚えておいてほしいのは、人は情動で動くので、情動は生き抜くための行動および推察に対して効果的に作用するということです。そういう意味で、情動には適応力が備わっています。

7.1.1 大脳辺縁系の影響

デスクで作業しているとき、突然背後で大きな物音が聞こえたとします。たいてい後ろを振り返って音の原因を確認し、それが脅威かどうかを判断するでしょう。このとき、恐怖を感じて心拍数は上がり、意識が高まります。Chapter 4 で紹介したように、選択的注意は情報の処理に欠かせないので、この意識の高まりが感覚を鋭くして、作業記憶の要求を支え、結果としてそのイベントの長期記憶をより強固なものにします。筋肉にはエネルギーが集結し、命をかけて逃げ出さなくてはならない場合に備えていつでも動けるようになります。この一連の流れは、主に脳の大脳辺縁系によるものです。

現時点では、大脳辺縁系にどのような構造が属するのかに関して、すべての研究者が納得するような定義付けは存在しません。中には、情動のシステムと定義される大脳辺縁系は存在しないと唱える人もいます(ルドゥー、1996年)。しかし、視床下部、海馬、扁桃体などが情動と関係していることは多くの研究者が同意するところで、これらの部位はいずれも大脳辺縁系の一部とみなされています。闘うか逃げるかという状況では、脳内でどんなことが起きるのでしょうか? まず、感覚が外の世界で起きている情報を視床などの皮質および皮質下に伝達します。視床は「ハブ」のように機能して、情報を視床下部や扁桃体などの領域に流します。次に、視床下部が内分泌腺を調節して、生成されたアドレナリン(エピネフリンとも呼ばれます)、ノルアドレナリン(ノルエピネフリン)、コルチゾールなどのホルモンが、警戒心を高めて筋肉を緊張させるといった目的のために心拍数、瞳孔の開き具合、血糖値などを変化させます。扁桃体は海馬と連携して、記憶内の古いイベントと比較しながら入力情報と状況を識別し、この新しいイベントを貯蔵するのを助けます。一般的に、何らかの情動が含まれていて扁桃体との関連が強い(つまり扁桃体の活動を伴う)ほど、その情報は強く記憶に残るそうです。ただし、「フラッシュバルブ記憶」という考え方(非常に情動的なイベントが起きると脳が鮮明な「スナップショット」のようなものを撮ること)は少し大げさであろうと言われています。情動的なイベントであれば、その中の1つか2つのエピソードは正確に覚えているかもしれませんが、それはただイベント全体の記憶の正確さに**自信がある**だけであり、ほかの記憶と同様に歪められている可能性があります(Chapter 4「記憶」を参照してください)。いずれにしろ、大脳辺縁系は、認知に影響する皮質領域に対して何らかの制御機能を持っており(注意の範囲や向きを変えるなど)、結果として行動に影響を及ぼします。

7.1.2 ソマティック・マーカー仮説

　何らかの本能的な感覚が自分の行動に影響するのを体験したことはありませんか？　たとえば、締め切りが刻々と迫っているのに、なぜか作業を後回しにしてしまったときのことを思い出してください。（私の言っている意味がわかりますよね）。ゲーマーの脳について執筆を進めなくてはならないとわかっていながら、ソファに腰掛けて「**オーバーウォッチ**」をプレイしようか考えているとき（このゲームだけと自分に言い聞かせながら）、胃の辺りが重くなったりねじれたような感覚になりませんでしか？　おそらくその不快な感覚が、最終的に作業に向かう動機付けになったのだと思います（不快さを解消するためにです）。また、課題を終わらせたときに軽やかな気持ちになったことはありませんか？　文字通り「肩の荷が下りた」ような感覚です。神経科学者のアントニオ・ダマシオは、これらの情動を、特定の行動後に続くマイナス（またはプラス）の結果に注意を向かわせる**ソマティック・マーカー**であるとの仮説を立てました（ダマシオ、1994 年）。つまりソマティック・マーカーは、マイナスの結果につながる選択肢を排除し、長期的に見て有益な選択をするよう人を導いてくれるのです。しかし正直なところ、ソマティック・マーカーの警笛がはっきり聞こえても、悪い選択肢を必ず排除できるわけではありません。酒の一杯でも飲めば、そうした感情を押さえ込み、容易に忘れることができます（そして「**オーバーウォッチ**」のマッチ終了後には「プレイオブザゲーム」に興奮するのです）。ダマシオによると、「勘」と「直感」はこうしたソマティック・マーカーから発生します。つまり直観力の高さは、特定のイベントの前後に生じた情動に関連して、過去にいかにうまく推察し、どんな判断をしたかで変わってくるのです。これが、自分の専門分野では直観が働く理由です。

　ソマティック・マーカー仮説によると、情動は意思決定において重要な役割を果たします。事実、前頭前野の損傷が原因で情動と感情に障害がある患者は、推察力そのものはあるにも関わらず、今後の成り行きに対して鈍感で（危険を冒しやすい）、価値判断力が劣っています。このような人たちは、社会規範または長期的な影響を考えずに、直ちに対価が得られるものを選ぶ傾向があります。たとえば、クライアント確保という目先の対価のために、親友の宿敵とビジネス取引を成立させたりします。たったそれだけのことで友人を失ってはいけないということを察知できないのです。前頭前野腹内側部に両側性病変を抱える患者もこのような愚かな行動に出ることがあります。彼らにとっては道徳的な判断や意外な成り行きを理解するのが困難です。通説に反しますが、情動は必ずしも合理的な判断を妨げるわけではありません。多くの場合、情動は、道徳的な結果につながる決断をしたり、代償／恩恵が似通っている2つ以上の選択肢から選択するのを助けます。たとえばランチを決めるときは、同じ価格で同じように美味しいイタリアンと和食のどちらにするのか永遠に迷い続けるのではなく、直感で決められます（「今日は和食の**気分**かな」というようにです）。人はコンピュータではないので、決断しにくいからといって複雑な計算処理を実行するわけではありません。脳の注意力や作業記憶の容量が限られているので、人はよく直感に従います。ダマシオの説では、この直感はソマティック・マーカー（身体的変化から生じる情動）に由来するもので、前頭前野内の注意と作業記憶に影響を与えます。人が誤った判断を下すとき、情動は影響していないと言いたいのではありません。脳全般に通じることですが、白黒はっきりさせることはできないのです。

7.2 情動が「騙す」とき

情動、特に恐怖は、刺激に対して無意識に人を反応させるものであり、生き残るうえで大切です。誰かがオモチャのクモを投げてきた場合、即座にそれを払おうするでしょうが、それは情動システムによる無意識の反応です。まずは安全第一です。危険だと感じたものは、後で(認知によって)安全だとわかったとしても、避けた方がよいという判断です。しかし、状況によってはこうした無意識の反応を抑制しなくてはならないこともあります。たとえば、交通量の多い街中を運転していたとします。交差点の手前で後ろの車がぴったり寄せてきて急いでいる様子だったので、信号が青になったところでアクセルを踏み込もうとしますが、その瞬間、子供がそのまま道路を横切るような勢いで走ってくる姿が目に入ります。結局その子は交差点でちゃんと止まり、信号が変わるのを待つのですが、あなたは急ブレーキを踏むかハンドルを切って、子供にぶつからないようにしようと咄嗟に考えたはずです。これは危険に対する無意識の反応です。しかし、このケースではその行動が、後続車を巻き込んだ事故を誘発した可能性があります。子供を傷付けたくないという思いはもっともですが、勘違いだったでは済みません。これが、私たちが情動に「任せきり」にならず、状況におけるリスクを正確に判断し、無意識の反応を制御できるよう冷静でいなければならない理由です(これは前頭前野で管理されるようです)。ただしジョゼフ・ルドゥーによれば、扁桃体が皮質に与える影響は、皮質が扁桃体に与える影響よりも大きいそうです(1996年)。ホラー映画を見た後は、生理学的な覚醒が作り話から誘発されたものだと自分を納得させようとしても、なかなか寝つけないものですが、これで説明がつきます。

　人は情動を、知覚と注意を伴うボトムアップの流れと、状況に関する事前知識や期待、判断(評価)などを伴うトップダウンの流れの両方から経験します(オクスナー他、2009年)。たとえば、地下室でマムシに遭遇すると恐怖を経験し(ボトムアップ処理)、配偶者の誕生日を忘れたときは罪悪感を経験するでしょう(トップダウン処理)。興味深いのは、いったん情動が生じると(ボトムアップとトップダウンのいずれでも)、もともとその情動をもたらした要素とは無関係の状況に対しても、その評価に情動が影響するという点です。いったん情動が駆り立てられると、その情動を引き起こした要素だけでなく、経験全体へと情動が広がるのです。さらに、私たちは情動の源を誤認しがちです。ドナルド・ダットンとアーサー・アロンが1974年に行った実験では、高所への恐怖によって引き起こされた生理学的な情動が、異性に対する恋愛感情によるものと誤認される場合があることが明らかになりました。この実験では、恐怖を感じさせない橋の上(頑丈な橋)または恐怖を感じさせる橋の上(渓谷に渡された吊り橋)で、男性の被験者が魅力的な女性からインタビューされます。被験者の男性たちは、投影法による性格検査の質問に答えていきます。そしてインタビュー終了後、女性の実験者は被験者に対して、何か質問があれば電話するようにと電話番号を渡します(またはそのような内容を伝えます)。恐怖を感じさせない橋の上でインタビューを受けた被験者よりも、恐怖を感じさせる橋の被験者の方が、明らかに物語のテーマが恋愛的なものに偏ったうえ、後日女性に連絡した人数も上回りました。これは、吊り橋(恐怖につながる)から生じた生理学的な情動が、女性に魅了されたことによる恋愛的なものと誤認されたということです。プレイヤーも、ゲームとは関係ない何かに情動を刺激され、ゲームに対する感情を誤認することがあります。たとえば、低いフレームレートや長い読み込み時間、頻繁に出るポップアップ広告に辟易しているのを、ゲームプレイそのものにイライラしていると誤認するかもしれません。同様に、プレイヤー同士のマッチに勝ったことが嬉しいあまり、負けたときよりもゲームに対する

好感度が高まることもあります。いったん特定の情動が生じると、それは知覚に影響を及ぼします。さらに驚くべきことに、この効果はプラセボ効果にも見られます。たとえば、女性のセミヌード写真を見た人が、心拍数が上がったという偽りの情報を伝えられると、その写真に魅せられたことが心拍数上昇の原因だと判断しますが、実際は写真を見て興奮したわけではないのです（ヴェイリン、1966年）。

　シェフは、味だけでなく、盛り付け（見た目）も料理には大切なことがわかっています。事実、同じコーヒーでも、砂糖やクリームが素敵な容器で提供された方が、発泡スチロールの容器で提供されるよりも美味しく感じます（アリエリー、2008年）。期待の高まりは（最後にひどく裏切られない限り）、評価にプラスの効果をもたらします。同じように、情報の伝え方も人の評価に影響し、特に何らかの損失を思わせる内容では顕著です。たとえば、使用していない家電製品のコンセントを抜けば100ドル得すると伝えるよりも、コンセントを抜かずにスイッチを切るだけでは年間約100ドルも損をすると伝えた方が、情報の影響力が強くなります。額は同じでも、得すると言うよりも損すると言った方が重く受け止められるからです。これは損失回避と呼ばれる現象です（カーネマンとトベルスキー、1984年）。人は損をすることをとても嫌がるのです。たとえば、次のような質問をされたとします。

1. 10%の確率で95ドル獲得でき、90%の確率で5ドル失うようなギャンブルは受け入れられますか？
2. 10%の確率で100ドル獲得でき、90%の確率で何も獲得できない宝くじに5ドル払いますか？

　いずれの質問も勝率と金額の損得という点では同じですが、5ドルを損失としてではなく、支払いと捉えることで痛みが和らぐことから、2つ目の質問を受け入れる人の方が多くなります。また、人は不公平に対して強い情動反応を示すので、その影響からよりコストのかかる選択肢を選ぶことあります。2人のプレイヤーがお金の分配を巡ってやり取りする最後通牒ゲームは、この現象を端的に表しています。1人目のプレイヤー（提案者）が最初に合計金額を手にし、それを2人目のプレイヤー（応答者）とどう分配するかを決めて提案します。応答者が提案者の決定を受け入れれば、提案通りの配分でお金が支払われます。しかし、応答者が提案を拒否した場合、いずれのプレイヤーもお金を受け取ることができません。結果は文化的な背景によっても違ってきますが、一般的に応答者は配分に不公平さを感じると拒否する傾向があります。公平な配分は半分ずつです。提案者が自分への配分をより多くした場合（7対3など）、通常、応答者は提案者の不公平さを認めてまでお金を受け取りたくないと考えます（オーステルベーク他、2004年、メタ分析）。何もないより30%のお金を受け取れた方がよいので、この反応は理にかなっていると言えません。それでも不公平感が強いあまり、2人とも何も得られないとしても、提案者だけが得するのは許せないのです。もう1つの例として、現在の給料にまったく不満がなかったのに、経験と職責が自分と同レベル（または自分以下！）の同僚の方が給料を多くもらっていると知った途端、不満を感じるというのがあります。このように、不公平さは強力な情動トリガとなるのです。文明の歴史に興味がある方であれば、恐ろしい暴力行為の多くが貧困よりも不公平さに起因していることをご存知でしょう。不条理な貧富の差がローマ帝国を滅亡させたのは有名な話です。グローバル社会で平和と調和を保つには、富める者と貧しい者の不平等を緩和するのが大切なのは、こうした理由からです。残念なことに、この歴史の教訓に関する忘却曲線は下がる一方のようです。

不合理な行動をすべて情動のせいにするのはフェアではありません。人は推察において多くの構造的過ちを犯すものであり、ダニエル・カーネマンは 2011 年にエイモス・トベルスキーと行った詳細な研究結果をまとめて、「これらの過ちの原因は、情動による思考不良ではなく、認知の仕組み設計にあると結論付けられる」と強調しています。それでもなお、情動によるバイアスは人に誤った判断をさせたり、無意識のうちに不適当な反応をさせることがある点を忘れてはいけません。

7.3　ゲームへの応用

情動については、誰もが思うところがあるはずです。人はいつも自分の気持ちを伝えようとします。幸せでいたいと思っています。本や映画、ゲームでは、架空の物語を通じて特定の情動を感じようとします。恋愛に夢中になっている場合も、大切な人の死を悲しみ悼む場合も、人の感じ方は一様ではありません。ここでは情動のロマンチックな面について語りませんでしたが、それが重要でないからではなく（重要です！）、情動を支える部分はまだ十分に解明されていないからです。それに、行動により熱中させるには物語やキャラクターへの情動的思い入れが重要だということをわざわざ思い起こさせる必要もないでしょう。私はまた、オキシトシン（「愛情ホルモン」とも呼ばれます）が放出される状況を作り出して社会的交流を高める方法や、ドーパミンを放出させてプレイヤーを没頭させる方法にも触れませんでした。これらに言及しなかったのは、実際に私たちが脳について理解していることと比べると、こうした観点の多くが単純化された誇張だからです（ルイス＝エヴァンズ、2013 年、ドーパミンとゲームについての概要）。ハグなどでオキシトシンが分泌されること、何かを欲するとドーパミンが放出されるのは事実ですが、だからといってその仕組みが解明されているわけではありません。前にも述べましたが、脳内プロセスのような複雑なものを過度に単純化した話は真に受けないでください。特に化学物質関連には慎重になりましょう。これが、本書での情動に関する説明を現実的なものに限った理由です。現時点で解明されている範囲で、情動について覚えておくべき主なポイントは以下の通りです。

- 情動は動機付けを促進する。人の手引きとなり、生存を可能にする（そう期待される）
- 情動は、意識を高め、焦点を鮮明にし、危険な状況をはじめとする多様な状況で迅速に反応できるようにすることで、認知を強化する
- 情動は、状況の知覚、認知、行動に影響することで、推察力を低下させることがある
- 認知が情動に影響することがある（状況の評価など）
- 情動は、状況の知覚、認知、行動に影響することで、認知力を低下させることがある
- 見た目、期待、損失回避、不公平は、状況に対する評価や意思決定に対して情動がバイアスをかける例である
- 情動の原因は誤認されることがある
- 情動は、その原因となった要素だけでなく、経験全体へと広がる

ゲームへの応用で重要なのは、プレイヤーを導き喜ばせるには、情動の使用が欠かせないという点です。安全なのか、または危険な状態なのかをプレイヤーに知らせるのに音楽を使用できます（アクションゲームの多くは、プレイヤーが探索モードの場面と敵に襲われそうな場面で音楽を変えています）。効果音を使用しても、条件づけによって脅威、失敗、成功などを示せます（任天堂が開発した「**ゼルダの伝説**」シリーズでは、聞き応えのある効果音が使われています）。アートディレクションもプレイ

ヤーのゲームに対する全体的な評価に影響し、これにはメニューやユーザーインターフェイスのデザインなども含まれます。ゲームの感覚、つまりシステムとのちょっとしたやり取りで得られる満足感なども評価に影響してきます（動機づけと同じように、情動もPart IIで説明するユーザー体験フレームワークの柱です。ゲームへの応用についてはChapter 12で詳しく説明します）。

　情動に関するもう1つの留意点は、ゲームが誘発するであろう情動をすべて把握しておく必要があることです。情動は、ゲームプレイとは関係ないところから生じた情動を含め、ゲームに対する全体的評価に大きく影響します。たとえばユーザビリティに問題があると、プレイヤーはゲームプレイそのものにイライラしていると誤認して、（最悪のケースでは）怒ってプレイをやめることもあります。マルチプレイヤーゲームをデザインする際は、負けたプレイヤーはあまり良い気分がしないので、その原因がゲームシステムそのものにあるといった誤認や、不公平な扱いを受けたといった重大な誤認が生じないように注意してください。負けたという事実を呑むだけでも辛いのに、屈辱感や不公平感が感じられるとダメージはさらに大きくなります。ゲーム自体は公平だとしても、プレイヤーが負けた理由を理解できなければ、その負けは不公平な感じがするものです。また、有害な行動に注意することも大切です。一部のプレイヤーの無礼な行為は、大勢のプレイヤーがゲームから離れる原因となります。「金を出せば勝てる」と感じられるようなゲームも、競い合う環境においては不公平感が出るので避けてください。最後に、経験が浅いプレイヤーでも何かに優れていると感じられるようにゲームをデザインしましょう。たとえば、「**クラッシュ・オブ・クラン**」（Supercell）では、リーグごとにリーダーボードが分かれています。絶対的なベストプレイヤーは世界に1人しかいないので、ほかのプレイヤーは不本意に思うわけですが、「**クラッシュ・オブ・クラン**」ではリーグ内のベストプレイヤーになることはできるので、これが大勢のプレイヤーにポジティブな情動をもたらします。もう1つの例として、「**オーバーウォッチ**」では、各マッチ後に「プレイオブザゲーム」として1人のプレイヤーを称えます。このゲームが特に上手でなくても、マッチ内で一回でも見事なアクションをしたら、勝敗に関係なく称えてもらえるのです。このゲームではまた、前回の自分のプレイからの上達具合を統計で確認できます（対戦プレイヤーとの比較ではありません）。このように、マッチに勝てなかったとしても、何らかのポジティブな情動を与えられるようにしましょう。認知的再評価を利用して、プレイヤーがネガティブな情動をコントロールできるようにするのも効果的な方法です（グロス、2007年）。この再評価は状況への感じ方を修正できるので、プレイヤーのネガティブな感情をプラスに向けられるかもしれません。たとえば、チームの負けを大きな赤字で示してプレイヤーを余計に落胆させるのではなく、今回は負けたが次は勝つかもしれないと励ましたり、勝ったチームより優れていた点を強調したり、前回のプレイより上達したことを示すことをお勧めします。

　ここまでで、脳が環境を理解するときの主な脳内プロセスをおおよそ理解していただけたと思います。次は、学習の阻害要因や促進要因をみてきましょう。

8

学習原理

8.1 行動心理学の原理...............................73　　8.3 構成主義の原理....................................76

8.2 認知心理学の原理...............................75　　8.4 ゲームへの応用....................................77

脳の限界と、脳が情報をどのように処理して学習するかを理解すれば、学習しやすい環境を効率的にデザインできるようになります。これまで行動パラダイム、認知パラダイム、構成主義パラダイムなど、いくつかの学習アプローチが開発されてきました。それぞれにメリット、制限、原理があります。後から開発されたパラダイムや原理が先に開発されたものに取って代わるのではなく、それぞれが学習の異なる側面に焦点を当てている点に留意してください。

8.1 行動心理学の原理

20世紀前半における学習アプローチを支配していたのは行動主義者で、彼らは道具的学習と外発的強化学習に焦点を当てていました(ソーンダイク、1913年およびパブロフ、1927年およびスキナー、1974年)。彼らは意図的にかもしれませんが、学習時に「ブラックボックス」内で起こっていること(人の脳内プロセスなど)には目を向けず、環境イベントや目に見える挙動、つまり入力と出力に注目しました。つまり行動主義者が観察したのは、刺激と反応の関係と、環境がどのように学習を形成するかです。刺激と反応間の関係で学習したことは条件づけと呼ばれ、ほぼ全体的に潜在学習と記憶を伴います(無意識と手続き的)。ここでは、古典的条件づけ(受動的に発生します)とオペラント条件づけ(個々のアクションを必要とします)に分けて説明します。

8.1.1 古典的条件づけ

古典的条件づけとは、2つのイベント(または刺激)の連続発生が繰り返されることで、それらのイベントが対になり(連合学習)、最初の刺激が2つ目の刺激を予測させるという条件反応が生まれることです。古典的条件づけの典型例は、有名なパブロフの犬の実験です(このことから「パブロフ型条件づけ」とも呼ばれます)。生理学者パブロフは、自分の飼い犬にえさを与える前に毎回ベルを鳴らしました。これを繰り返していくうちに、犬はベルとえさが対になっていることを学び、ベルを条件とした反応をするようになります。つまり、ベルが鳴っただけで、よだれを垂らしてえさを待ちかまえるようになったのです。犬がえさを前にしてよだれを垂らすのは当然ですが、ここではベルが**条件づけられた**刺激となり、えさがまだ見えていないのに**条件反応**(よだれ)が起きています。犬と同じように、人も古典的条件づけを通じて多くの行動を学びます。たとえば、頭の中でレモンのことを考えてください(ライムでもかまいません)。レモンと聞いただけで唾液が出てくるかもしれません。なぜなら今までの皆さんの経験から、レモンと酸味が対になっているからです。事実、レモンは唾液を分泌させる性質を持った刺激物です。口の渇きを癒したければ、レモンをかじっていることを想像すればよいのです。ゲームの例でいえば、「**メタルギアソリッド**」(コナミデジタルエンタテインメント)で敵に気付かれるたびになる「警告」音は、プレーヤーに意識を高めて戦うか逃げるかの判断をさせるという条件反応を引き起こす条件刺激です。「**アサシン クリード II**」(Ubisoft)で宝物や文字などと対になったチャイム音も、同じような効果を持つ例です。しだいにその音を聞くだけで宝物を連想するようになり、これは宝物が見つからなくても続きます。つまり、条件反応によって、対価に対する意識と期待が高まっているのです。

8.1.2 オペラント条件づけ

道具的学習とも呼ばれるオペラント条件づけとは、報酬や罰を使って行動を修正するプロセスのことです。オペラント条件づけの研究はソーンダイクによって始められ(1913 年)、後にバラス・フレデリック・スキナーによって広く知られるところとなりました(スキナー、1974 年)。簡単にまとめると、オペラント条件づけは、あるイベントと、適切なアクションを起こしたときに別のイベントが生じる確率との関係を(繰り返しを通じて)学習することです。スキナーが実験でよく使用したのが、今では「スキナー箱」と呼ばれるオペラント条件づけ箱です。エサ入れとレバーが備え付けられたこの箱の中に動物(通常はネズミか鳩)が入ります。ある特定の刺激が起きたときに(光や音など)中の動物(ネズミなど)がレバーを押すと、えさ入れにえさが出てきます。古典的条件づけと同じように、条件刺激(音)とポジティブな強化因子(えさという対価)がありますが、オペラント条件づけでは、条件反応はネズミの行動(レバーを押す)、つまり行動の変化をもたらします。ある実験では、ネズミの反応が間違っていたり反応がなかったとき、(罰として)スキナー箱の底に電流が流れるようにしたものもありました。

スキナーが行った数々の実験では、さまざまな基本的な行動ルールが示されました(アレッシィととトロリップ、2001 年)。

1. 正の強化(対価)は、行動を起こす頻度を増やすことにつながる(レバーを押してえさが得られたことで、ネズミがレバーを押す回数が増える)

2. 行動が罰の回避につながる場合も(負の強化と呼ぶ)、行動を繰り返す頻度が高まる(レバーを押すことで電気ショックを回避できる)

3. 正の弱化は、その行動を起こす頻度を減らすことにつながる(レバーを押すことで電気ショックを受けると、ネズミはレバーを押さないようになる)。行動を起こす頻度の低下は、何か好ましくないことが加えらるのではなく、良いことが取り除かれるという負の弱化(ボタンを押すとえさがケージからなくなるなど)でも起きる

4. 対価によって頻度が増えていた行動は、対価が消えると(レバーを押してもえさが供給されなくなる)、頻度が減る(消去)

5. 常に対価が得られる行動の頻度は急激に上昇するが、対価が除かれると同じように急激に下降する

6. 変率間隔(ランダムな応答回数後)で与えられる対価は、最も効率的に行動を喚起する。人がギャンブルをやめられなくなる原因もここにある

　道具的学習には間違いなく多くのメリットがあり、20 世紀における教育、軍隊、労働環境で広く使用されています。しかし一方で、このパラダイムでは学習の目に見えない側面(注意や記憶など)が考慮されておらず、熱烈な行動主義者が好ましくない副作用を見逃しているという批判の声も少なくありません。たとえば、罰はストレスや敵対心を誘発し、結果的に学習意欲を損ねることがあるうえ(ガレア他、2015 年(運動学習における維持力への罰の影響)、フォーゲルとシュワーブ、2016 年(教室でのストレスの影響))、ストレスや不安は人の健康にも害を及ぼす可能性があります(ネズミも人も同様です)。ゲームのオンボーディングをデザインする際は、この点に注意しなければなりません。プレイヤーが不適当なことをしたときにネガティブなフィードバックを与えるのは重要ですが(最初の障害となる渓谷でジャンプし損ねた場合など)、学習中に罰を与えるのは避けるようにしてください(そのまま落ちて死んでしまうのではなく、すぐに登り返してやり直せるようにするなど)。もちろん、ゲームにとってチャレンジは欠かせません。私が言いたいのは、プレイヤーを死なせてはいけないということではなく、プレイヤーが新しい仕組みを覚えている段階、特にプレイヤーがまだ慣れていないゲームの冒頭では、配慮する必要があるということです(ゲームが無料でプレイできる場合はなおさらです)。

8.2 認知心理学の原理

20 世紀も後半に入ると、「ブラックボックス」を開けてその中で何が起こっているのかを理解したいという心理学者の欲求が高まり、認知心理学が浸透していきます。認知心理学とは、もうご存知だとは思いますが、知覚、注意、記憶、動機づけといった脳内プロセスに重点を置いた分野です。本書のPart Iでは、認知心理学の原理をテーマに、脳がどのように情報を処理して学習するのか、それにはどんな要因が関係してくるのかを説明してきました。ですからこのセクションでは、その原理について説明するのは省きます。学習における認知心理学の原理をめぐり肝心なのは、より効果的な学習環境をデザインするには心の制限を考慮するということです。

　そんな中、1 つだけ触れておきたいのが学習転移に関する問題です。私たちは、ある特定の脈略の中で学習したものは、別の状況にも容易に転移できると考えがちです。市場に数多く出回っているいわゆる脳を鍛えるゲームは、すべてこれを前提にしています。マルチメディアの脈略で学習したことは現実にも応用できるという考えです。しかし、実際にはそうとは言えないことも多く、特に教育関係者にとっては克服すべき大きな課題となっています(ブラムバーグ、2014 年)。

8.2　認知心理学の原理　　　　75

8.3 構成主義の原理

発達心理学者のジャン・ピアジェは、構成主義理論の世界では最も有名な学者の1人として、子供たちが環境との関わりの中でどのように知識を**構成**していくのかを研究しました(ピアジェ、1937年)。幼児を対象に実験を行った後年の研究者たちは、子供たちが対象物の物理的または数値的属性を学ぶというように、知覚を通じて環境を深く学習できると提唱しましたが(ベイラージョン他、1985年およびウィン、1992年)、環境を操作することが子供の思考や学習を助けるのは間違いないようです(レヴィン他、1992年)。構成主義理論学者たちによると、人は行動によって知識を能動的に構成することで学習し、環境はファシリテーター(または障害物)として機能するそうです。つまり能動的な学習プロセスに重点が置かれており、情報処理のレベルが深いほど保持力が高まるという作業記憶の仕組みを思い出すと(クレイクとロックハート、1972年)、これは理にかなっています。学習者は、(教育者またはゲームなどのデザインされた学習環境から)成否を伝えるフィードバックが即座にある限り、探求、発見、経験をしようという気持ちになります。このアプローチは、意図的学習(詰め込み教育の反対です)や意義の重要性も裏付けています。

ピアジェの構成主義理論に触発された数学者であり教育者でもあるシーモア・パパートは、**構成主義的**アプローチでの学習を唱え、学習者が具体的かつ意義ある状況で題材を経験することが学習を効率化させると主張しました。パパートが理論を展開し始めたのは1960年代ということもあり、その経験にコンピュータを使うことができました。私のように古い世代の人間であれば、子供たちがコンピュータをプログラムできるLogo言語を覚えているかもしれません。Logoは、亀の絵を使っていることで有名な言語です。仮想カーソル(亀)を自由なアプローチで制御でき、目的は描くことです。子供たちは、自分が描きたいものを亀に描かせる方法を見つけるために、幾何学を経験することになりました。たとえば、家を描きたいのであれば、まず亀に正方形の描き方を教える必要があります。子供たちは失敗や成功を通じて、4つの同じ長さの辺と4つの直角を持つという正方形特有の性質を学習しました。正方形を描くには、図8.1のように「Repeat 4 [forward 50 right 90]」と亀に指示しなければなりません。

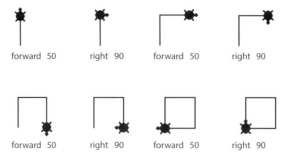

図 8.1
Logo タートルグラフィックス © Logo Foundation. (提供:Logo Foundation、ニューヨーク市)。

「知識がはっきりした個人的な目的のために獲得される」、なぜなら「子供はその知識を使って目的を果たすからだ」というやり方を通じて、幾何学は子供たちの頭の中に入っていきました。この単純な幾何学の例は、パパートのアイデアや実験のほんの一部にすぎません。要約すれば、パパートは、コ

ンピュータが人を教育するのではなく(残念なことに、「ゲーミフィケーション」や「シリアスゲーム」など
の開発ではこのアプローチが多く使用されています)、子供たちが自身にとって**意義ある**ことのやり方
をコンピュータに教えることで**学習する**のを可能にしたのです。

　遊び心のある経験を通じた学習および発達アプローチは、デザイン思考における反復プロセスを思
い起こさせます。IDEO(アップルの最初のマウスに関わった製品デザイン開発会社)の創設者の1人
であるデビッド・ケリーは、「賢明な試行錯誤」をデザインに欠かせない重要なプロセスと位置づけて
います(ケリー、2001年)。早く失敗すればそれだけ早く成功するということです。

8.4　ゲームへの応用：意義あることをして学習する

ここまでの話をまとめると、学習に関して覚えておくべき重要な特性は次の通りです。

- 条件づけとは、繰り返される刺激と反応の関連づけによる学習タイプである。条件づけが行
  動を要する場合は、オペラントまたは道具的条件づけと呼ばれる。条件づけには、特に正
  の強化が欠かせない。潜在学習が伴う場合、条件づけは特に強力である
- 変率間隔で得られる対価(正の強化)は、その行動への関わりを引き出し、持続させるのに
  最も効率的である
- 認知心理学の原理を学習に応用するときは、より効果的な学習環境をデザインするために
  心の制限を考慮する(知覚、注意、記憶、動機づけ、情動)
- 構成主義の原理によると、人は行動することで知識を構成していく。学習環境はファシリテー
  ターまたは障害物として機能する
- 知識を構成するとき、情報の処理レベルが深いほど保持力が高まる
- 構成主義的アプローチによれば、人は脈略の中で目的(意義)を持って行動をすることで効
  率的に学習できる

　学習について覚えておくべきことが1点だけあるとすれば、誰かに効率的に何かを教えるうえでは、
ユーザーに(その状況の中で)目的(意義)を持って操作をしてもらうことが、特に*インタラクティブメディ
ア*においては重要だということです。つまり、ゲームの仕組みをプレイヤーに教えるには、単にゲーム
をフリーズさせて仕組みを解説するチュートリアルテキストを表示するよりも、彼らがその新しい行動を
必要と感じ、学びたいと思うような状況(レベルアップや対価獲得など)を整えた方がずっと効率的な
のです。たとえば、ファーストパーソンシューティングゲームの「**Far Cry 3 Blood Dragon**」(Ubisoft)には、
よくないプレイを茶化した思わず笑ってしまうようなチュートリアルがあります。しかしこのゲームでは、
プレイヤーはゲームの仕組みや機能の大半を、プレイ中に表示される膨大なチュートリアルテキストで
学習および実践しながら覚えることになっています(こうしたチュートリアルの目的は、プレイの拙さで
ハードコアプレイヤーの笑いを誘うことです)。チュートリアルテキストが次から次へとポップアップ表示
され、集中学習になるため全部を覚えるのは不可能です。情報が時間的に分散している方が、学習
効率は高いのです(Chapter 4の記憶の分散効果を思い出してください)。市販のゲームは、こうした
集中的な学習 - 実践型のオンボーディングから、実際に操作しながら覚える分散学習に移行する傾
向にあります。それでも学習の意義が十分に伝わっていなければ、学習したことを実践しようとする動

機づけ、そのタスクに向けられる注意力、ひいては記憶の強さに悪影響が出ます。たとえば、プレイヤーに新しく入手した手榴弾を放り投げて試してもらうにしても、何の脅威も標的もない中では意味がありません。それよりも、プレイヤーが意義が感じられる状況や、ストレスや圧迫感のない程度に情動を伴う状況で、何かを教えた方がずっと効率的です。たとえば、「**フォートナイト**」(Epic Games)の冒頭では、図8.2で示すように、プレイヤーは地下の洞窟にいますが、そこから抜け出して世界を探索するには、ある時点で階段の作り方を覚えなくてはなりません（地上に宝箱は見えているので、これがプレイヤーの注意を引き付け、中身を知りたいという情動を駆り立てることになっています）。もう1つの例としては、比較的安全ながらもストレスを少し感じる状況でプレイヤーにシューティングを教えるというのがあります。ゾンビが低い壁の向こう側にいて、彼らを倒すためにプレイヤーは銃の撃ち方を学びます。ゾンビが壁を突破するかもしれないという脅威があるので（壁は今にも壊れそうに見えます）、プレイヤーはタスクに集中できますが、過剰なストレスはかからない（ゾンビはプレイヤーに向かってこない）はずです（年齢の低いプレイヤーは、大人よりもストレスへの耐性が低いので、この状況に圧倒されてしまう可能性もあります）。別の例として、任天堂の「**スーパーマリオギャラクシー**」（その他の多くのマリオシリーズも含む）では冒頭でプレイヤーがウサギを追いかけなくてはなりません。ウサギを追いかけるという状況にはいくつかゲーム開発者の目的があるわけですが、学習という面では、当時としては新しい三次元空間でのナビゲーションという少々ストレスのかかるものです（ウサギは冷やかすことはあっても脅威ではありません）。一方、プレイヤーのナビゲーションスキルのレベルによってウサギを捕まえるまでの時間に差はありますが、短時間で捕まえらなくてもペナルティー（死）は受けません。「**アンチャーテッド 黄金刀と消えた船団**」(Naughty Dog)では、崖から落ちそうな列車にぶら下がっているところからゲームが始まるので、ナビゲーションの仕組みを覚えることの意義がプレイヤーにはっきりと伝わります。このオープニングで唯一問題なのは、プレイヤーが早く学習しないと本当のペナルティーを受けるところです。オープニングシーンで死んでしまう可能性もあるのです。最後に「**World of Warcraft**」での例を紹介しましょう。このゲームでは、水に入ることが必須となるクエストに直面したとき、プレイヤーは泳ぎ方を学習します。

図8.2
フォートナイトベータ版 © 2017、Epic Games, Inc.（提供：Epic Games, Inc.、ノースカロライナ州ケーリー）

実行しながら有意義に学習できる環境を整えるには、間違いなく制作側に多大な労力がかかりますが、ゲームのプレイ方法を覚えるのは完全にユーザー体験なので、レベルデザインの一部として検討する必要があります。しかし現実には、その体験が生じるたびに理想の学習環境を整える（クエストまたはマップ全体をデザインするなど）ほどのリソースはゲーム開発者側にありません。それは非現実的なのです。時間や資金が足りなくなるのは毎度のことで、納期に合わせるために、ゲームの質が犠牲にならないよう願いながら膨大な作業を短時間でこなしている実情です。この点を踏まえると、プレイヤーに教える必要があるものに優先順位を付け、それぞれの学習難易度を経験値から予測することが必須となってきます（独創的なゲームの仕組みは一般的なものよりも覚えるのに時間がかかります）。Chapter 13でも説明するように、こうした優先順位を付けたリストは、初期段階にオンボーディング体験のプランを立てたり、関連する制作タスクを開発チームと計画するのに役立ちます。特にマルチプレイヤーゲームのオンボーディングはなるべく簡潔でなくてはならないので、オンボーディングプランを事前に立てることが大切です。スキルが未熟な初心者プレイヤーは、最初のプレイヤー対プレイヤー（PvP）マッチで完敗してネガティブな経験をする可能性があります（いつも均衡したマッチメイクに頼れるとは限りません）。

　もちろん、ゲームのプレイ方法を学習してマスターすることだけが優れたユーザー体験ではありませんが、ここが体験の出発点となり、その後の展開における大きな部分を構成します。学習の背後に横たわる脳内プロセスを理解することは、ゲームのユーザビリティを向上させるのにも役立ちます。ユーザー体験をより直感的なもの、つまり学習しやすいものにする極意は、不必要な摩擦（戸惑いなど）を取り除くことにあるのですから。

8.4　ゲームへの応用：意義あることをして学習する

9

脳を理解する
教訓

9.1 知覚	82	9.4 動機づけ	83
9.2 記憶	83	9.5 情動	84
9.3 注意	83	9.6 学習の原理	84

人間の脳には約千億の神経細胞があり、それぞれが最大1万の他の神経細胞とつながっていることから、その研究はとても複雑なものになります。分かっているのは、脳は情報を処理し、計算的な特性を持っているものの、コンピュータとはまったく異なるということです。脳は、実際には情報の「処理」「符号化」「貯蔵」を行いません。人の脳はコンピュータほど高速で信頼性の高いものではありませんが、コンピュータでは限られている接続数が脳では数兆にも及びます。神経細胞ネットワークは、特定の脳内「プロセス」を担う個々のモジュールにはっきり分かれおらず、知覚、記憶、または動機づけを専門に扱う独立したシステムは存在しません。人は慎重かつ客観的に環境を分析したり、完璧にイベントを記憶することはなく、知覚して「符号化」することで情報を構成し、後に思い出すことでその情報を再構成します。人は手っ取り早い方法に飛びついたり、結論を急いだり、経験則に頼る傾向があります。戦うか逃げるかの決断を瞬時に下さねばならないときは、あらゆる可能性を慎重に計算するよりも、経験則から判断した方がたいてい成功するうえに効率的だからです。少なくともサバンナの時代はそうでした。スティーブン・ピンカーが主張したように（1997年）、人の心は自然選択によって形作られた適応の結果ですが、だからと言って、人の知覚、思考、感じ方がすべて生物学的に適応したものであるわけではありません。そのうえ、現在私たちが暮らしている環境は、脳が進化を遂げた時代とは大きく異なります。人の脳は、人類を月に送ることを可能にしたり大量殺りくのための武器を開発をするなど、優れた臓器であることは疑いの余地がありません。しかし、人の脳にはかなりの制限があり、おそらくこれが、賢い人工知能や「自然計算」の助けなしでは物事の仕組みを完全に理解することができない原因でしょう。

正確とは言えませんが、私たちの制限された心で脳の仕組みを理解するにはコンピュータメタ ファーが役立ちます。「処理（プロセス）」や「貯蔵（ストレージ）」といった言葉を使うのもこのアプローチ によるもので、脳について判明している数少ない内容が伝わりやすくなります。ただし忘れないで欲し いのは、人の脳には多くの制限があり、日々の暮らしの中ではそのことをほとんど意識していないとい うことです。さらに困ったことに、自分たちの能力を過大評価する傾向もあります。プレイヤーの中に は、チュートリアルなどなくてもプレイ方法はわかると思い込んでいる人もいますが、通常はうまくいか ず、自分の情けないパフォーマンスに憤ってプレイをやめてしまいます。同様に、ゲーム開発者側が自 分の能力を過大評価することもあります。豊富な経験を持っていたり、1つ前にリリースしたゲームが 成功していると、プレイヤーが喜ぶものや適切なオンボーディングがわかっているような気になるので す。このような知識バイアスを持った開発者は、新規プレイヤーがゲームをどう感じるかを正確に予測 できません。ほとんどの場合、優れたユーザー体験を構築するのは難しいという理由で自分をごまか し、認知的不協和から現実逃避に走ってしまいます。「心理学のたわごとはいらない、自分はゲーム の作り方をわかっている」というようにです。皆さんも例外ではありません。しかし、ほとんどの開発者 は、ゲーマーの脳を意識することで、時間と相当な労力を節約することができます。

　ここで、覚えておくべきことを簡単にまとめておきましょう。情報の「処理」と学習は、刺激を知覚する ことから始まり、最終的にシナプスの修正、つまり記憶の変化で終わります。一般に、その刺激に対す る注意力の度合いが、その刺激に関する記憶の保持力を決定します。動機づけと情動という2つの 因子も学習の質に影響します。最後に、学習原理を適用することで（他の因子に影響します）、「処理」 全体の質を向上させることができます。

9.1　知覚

知覚は、主観的な心の構成概念です。私たちは世界をありのままに知覚するわけではなく、同じ入力 でも人によって感じ方は違うことがあります。知覚は、目の錯覚やゲシュタルトの法則以上に、事前知 識やその入力を知覚した状況、期待によってバイアスがかかっています。ゲームに応用できることを 以下に示します。

- ターゲットユーザーと彼らの事前知識、それに期待を把握しておく
- ターゲットユーザーによるゲームのテストプレイを定期的に行う
- イコノグラフィーをテストする
- 必要に応じてゲシュタルトの法則を使用する
- アフォーダンスを使う
- 視覚イメージと心的回転を理解する
- ウェーバー・フェヒナーの法則のバイアスに注意する

9.2 記憶

記憶とは、以前に符号化して貯蔵した情報を(再構成して)取り出すことを意味します。記憶は、感覚記憶(知覚の一部)、作業記憶、長期記憶の3つに分けられます。作業記憶は、スペース(約3項目)と時間(数分)が限定され、注意力を必要とします。特にマルチタスクでは、作業記憶はすぐにいっぱいになってしまいます。長期記憶は、顕在記憶(陳述的情報)と潜在記憶(手続き的情報)で構成されます。忘却曲線の影響を受けるのがこの記憶です。ゲームに応用できることを以下に示します。

- 記憶への負荷を軽減する
- 学習項目に優先順位を付ける
- 学習時間を分散させる(分散効果)
- 情報を繰り返し提示する
- リマインダーを提供する

9.3 注意

注意は、スポットライトを当てたように特定の入力の処理に集中し、その他を排除するため、非注意性盲目という現象を引き起こすことがあります。注意は作業記憶に大きな影響力を持ち、結果として学習にも影響します。人が持つ注意力はとても少ないので、多くの場合、分割注意(マルチタスク)は効率的ではありません。ゲームに応用できることを以下に示します。

- マジシャンのようにプレイヤーの注意を関連する要素に向けさせる
- プレイヤーが負担に感じるような過度の認知負荷は避ける
- 特にオンボーディングに重要なタスクの場合は、マルチタスクが必要な状況を避ける
- 重要な情報を伝えるときは、1つの感覚だけ(視覚など)に頼らないようにする

9.4 動機づけ

動機づけはあらゆる行動の起点となります。現時点では、動因や行動に対する人の動機づけに関して統一された理論はありません。本書では、動機づけを潜在的動機付け(生物学的動因)、外発的動機づけ(学習性動因)、内発的動機づけ(認知的欲求)、性格(個人的欲求)の4種類に分けて紹介しています。ゲームに応用できることを以下に示します(ほかにもChapter 12で紹介します)。

- 目標を明確にし、目標に対して意味のある対価を提供する
- 対価の種類(継続的か断続的)と異なる種類の断続的対価を把握し、集中しやすいプレイヤーの行動を予測できるようにする。
- ゲームのゴールとは直接関係のない不定期な対価を使う(たとえば、ゲームの世界で見つけた宝箱を開けるときなど)。
- 傾向情報やプレイヤーの戦略などを定期的に提供する。
- タスクに対してプレイヤーが内発的対価を感じられるように、有能感、自律性、関係性(自己決定理論)の欲求を満たすようにする。

- 簡単過ぎずかつ難し過ぎない意味のある挑戦によってフローゾーンに入るのは内発的動機付けである。つまり、難易度曲線はこの原理に従って調整する必要がある。
- OCEANを使って個々のニーズを把握する。
- 意味に焦点を当てて動機付けを強化する。意味とは、目的、価値、影響力などを、ときには実際以上に大きく感じるということである。

9.5　情動

情動とは、生理的覚醒の状態を指し感情と結び付くこともあります。情動は、私たちの知覚と認知に影響を及ぼし、行動を左右するものとなります。認知を強化することがある一方で推理力を下げることもあります。ゲームに応用できることには次のようなものが含まれます(Chapter 12 でもいくつかの例を紹介しています)。

- 情動を使ってプレイヤーを動かし喜ばせる。
- 不公平さを感じさせないように最大限の注意を払う。
- ゲームの感覚をより洗練されたものにする。
- 操作性における問題を避ける。

9.6　学習の原理

行動パラダイム、認知パラダイム、構成主義パラダイムといういくつかの学習アプローチが開発されています。行動パラダイムでは、刺激と反応の関係と環境がどのように学習を形成するかを観察します。学習には、古典的条件付け(受動的な関連付け学習)とオペラント条件付け(適正なアクションを必要とする)があります。報酬と罰は条件付けには欠かせないものとなります。認知パラダイムはメンタル処理と人の制限を重視したものです。構成主義パラダイムは、人が環境とのやり取りを通じて知識を構成していくことを前提にしています。ゲームに応用できることを以下に示します(Chapter 12 ではこれ以外のことも紹介します)。

- プレイヤーに的確に対価を提供する
- 新しい仕組みを学習しているプレイヤーへの罰は避ける
- 認知科学の知識を使って、知覚、注意、記憶、動機づけ、情動における人の能力と制限を考慮した学習環境を作成する
- プレイヤーがその状況で目的(意義)を持って行動をすることで学習できるようにする
- 処理レベルが深いほど記憶力が高まるので、重要な情報は深いレベルで処理されるようにする

PART II
ゲームのためのUX
フレームワーク

10

ゲームユーザー体験
概要

10.1 UXの略史	88	10.3 ゲームUXの定義	94
10.2 UXの誤解を解く	89		

ユーザー体験(UX)は、ゲーム業界ではかなり新しい分野ですが、最近では理解が進んでメリットが知られるようになった結果、関心が高まってきています。2000年代半ば、私は玩具業界で働いていたのですが(乳幼児向けの教育ゲームを開発していました)、当時は製品の使用体験がユーザー(子供たち)にとってどれほど教育的で楽しいかということより、玩具を購入する人(親)を満足させることが重視されていました。玩具は、お金を払う人(大人)と使う人が異なっているのが普通です。2008年に私はゲーム業界に転身し、Ubisoft本社(フランス)で働くようになりました。認知科学をどう生かせばより優れたゲームを作れるのかに関心が高まっていた頃です。Ubisoftでは、当時すでに、テストプレイラボやユーザー調査が開発サイクルに組み込まれていました。外部プレイヤーとともに開発中のゲームをテストし、ゲームをリリースする前に問題を特定して修正するのに役立てていました。数人の認知人間工学の専門家がデザイナーやエンジニアと協力し、インターフェイスの操作でユーザーが体験する可能性のある問題を予測していました。しかし、ユーザー体験という概念は実際にはまだ存在していませんでした。ゲームはわかりやすく(ゲームのユーザビリティ)、楽しくなければならないという明確な認識はありましたが、形式化はされていませんでした。もちろん、多くの開発者や研究者が、ユーザビリティ、プレイアビリティ、ゲームフロー、プレイヤーが感じる楽しさ、楽しさの要素といった新しい概念を個別に取り入れており、中には先進的なスタジオもありました。しかし、ゲームユーザー体験とは何かについての包括的な定義はなく、開発プロセス自体に統合できるUXフレームワークは確立されていませんでした。

2017年、Game Developers Conference(年に1度開かれるゲームプロフェッショナル向けの最大規模の集会)でUX Summitが初めて開催され、ユーザー体験が正式に紹介されました。1990年代

にドン・ノーマンがUXの概念を広めたことを考えると(ノーマン他、1995年)、この分野がついにゲーム業界で認められつつあるというのは非常にワクワクすることです。しかし、この業界では UX は比較的新しく、ゲーム開発における定義、フレームワークおよび実践を明確化するまでにはまだ長い道のりがあります。本書の Part II では、その目標に向けた私個人の試みを紹介します。Ubisoft 本社、Ubisoft Montreal、LucasArts、Epic Games で長年ともに仕事をしたゲーム開発者たちのお墨付きをもらったものばかりです。本題に入る前に、ゲーム業界での UX の進化とその最初の一歩を理解するため、ユーザー体験の歴史を簡単に見てみましょう。

10.1 UXの略史

ユーザー体験という分野の中核にあるのが、認知科学や研究方法論の知識をもとに、エンドユーザーが製品とやりとりする方法およびその相互作用を通じて誘発される情動や行動について考慮することです。使用する人間に合わせて製品を形にすることで、作り手が意図したとおりの体験を対象ユーザーに提供することを目標としています。人をデザインプロセスの中心に据えたこのアプローチ(人間中心型デザイン)は、第二次世界大戦中に盛んになったと考えられているヒューマンファクターおよび人間工学に根ざしています。当時は兵器、特に戦闘機の操作は難しく、これらの操作で犯した致命的な誤りによって人は命を落とすことさえあると指摘されていました。これらの問題を緩和するため、心理学者たちが軍に雇われるようになりました。当時の機械は、主にエンジニアリングを促進するよう設計されており、それを操作して仕組みを理解するには長時間の訓練が必要でした。しかし、熟練したパイロットが相次いで飛行機を墜落させたことから(制御構成の問題、フィッツとジョン、1947 年)、認識に変化がみられました。十分な訓練を受けた操縦士に非があるのではなく、人間の誤りを助長するコックピットの設計に非があるのではないかと考えられるようになったのです。操縦装置の位置が飛行機によって異なっていたため、操縦士にとって脱出レバーとスロットルレバー、着陸装置とフラップハンドルなどを見分けるのは困難でした。これは、ゲームを切り替えたときに新しいコントローラマッピングに慣れなくてはならないのと同じです。ただしゲームの場合は、間違ったとしてもこれほど重大な結果にはなりませんが。これ以降、機械は人間の能力、パフォーマンス、限界を念頭に置いて設計されるようになりました。これがヒューマンファクターや人間工学に関連する分野が正式に生まれた背景であり、その焦点は軍隊の安全対策から、労働者および消費者のための人間中心型テクノロジーへと移っていきました。

　人間工学はさまざまな分野の研究から成り立っています。たとえば、肉体的人間工学は人間の身体構造や機械操作中の身体疲労に関連しており、認知的人間工学は本書の Part I で見たような脳内プロセス(知覚、注意、記憶など)に関連しています。1980 年代にコンピュータが人々の生活に入ってきたとき、ヒューマンコンピュータインタラクション(HCI)という新しいヒューマンファクターが生まれました。HCI によって、人間とコンピュータ化されたインターフェイスの相互作用を向上するための法則や原則が確立され、改良されてきました。最もよく知られているのは、フィッツの法則とヒック・ハイマンの法則の2つです(マッケンジー、2013 年)。フィッツの法則では、ターゲットまでの距離とターゲットのサイズに基づいて、人がターゲットに到達する(ターゲットをタッチしたり、それにカーソルを合わせる)のに必要な時間を数学的に予測できます(フィッツ、1954年)。たとえば、ユーザーインターフェイス

(UI)上の小さいボタンをクリックするのは、大きいボタンをクリックするよりも長い時間がかかり、2つのボタンの距離が近すぎると、間違ったボタンをクリックするリスクが高くなります。また、ボタンが画面の隅にある場合、カーソルは画面の端を超えず、ボタンを通過することがないため、より簡単にクリックできます。こうした理由から、Mac(アップル)のアプリケーションメニューは、アプリケーションウィンドウにアタッチされず、常に画面上部に表示されています。カーソルが画面の端で停止するため、ターゲットに「無限」の高さを持たせることができます。カーソルが行きすぎるリスクがないため、ターゲットに接近するスピードを減速する必要はありません。ターゲットが端に沿って配置されている方が素早くカーソルを合わせられます。フィッツの法則はUIやインタラクションデザインで、デザイナーがユーザーに行わせたいアクションの実行を促すために広く使用されています。ヒック・ハイマンの法則(またはヒックの法則)は、表示されている選択肢の数が多いほど、ユーザーが決定を下すまでの時間が対数的に増加すると仮定しています。この法則は、デザイナーが複雑なUIを避けるべき根拠の1つとなっています。ゲームプレイそのものとは無関係のフラストレーションをプレイヤーたちに感じさせないためには(インターフェイスでプレイヤーを混乱させることがゲームの一環である場合は除きます)、HCIの法則にしたがってゲームのUI、HUD、メニューをデザインすることが大切です。

HCIは、インターフェイスをより使いやすいもの、快適に使えるものにすることに主に関係していますが、人々が製品によって得る総合的な体験(製品について話を聞く、店頭やオンラインで見る、購入する、箱を開けたりアプリケーションを起動する、製品を使用する、ほかの人と製品について話す、カスタマーサービスに連絡するなど)については考慮しません。デザイナーであるドン・ノーマンが1990年代に、もの、サービス、Webサイト、アプリケーション、ゲームといった特定の製品で人が得る体験全般を説明するために、UXの概念を導入したのはこのためです。「優れたデザイナーは心地よい体験を生む」とノーマンは言います(2013年)。本書でこれから考えていくユーザー体験もこれと同じアプローチですが、ゲームデザインにとっての意義という点に焦点を絞って説明したいと思います。ゲームUXには、ゲームの使いやすさ(ユーザビリティ)だけでなく、さまざまなプレイヤー体験(情動、動機づけ、没入、楽しさ、フロー状態)が必要です。戦時中の「生か死か」という問題への対処として始まったものが、今では、デザインにおいて急成長している最大分野の1つになりました。ユーザー体験は、人が使用するほぼすべての製品、システム、サービスのデザインの指標になり得ます。

10.2 UXの誤解を解く

ゲームのユーザー体験とは、ゲーム開発に認知科学の知識と科学的手法を用いることを意味します。多くのゲームスタジオにとって馴染みのないことなので、いくらか抵抗が生まれる可能性があります。わりと最近まで、ゲーム業界には肩書に「UX」と付くポジションはありませんでしたが、このUXの侵略は今、広がりつつあります。新しいプロセスを導入するときによくあることですが、ベテランのプロフェッショナルの間に不安や疑念が生じる場合があります。その結果、UXのプロフェッショナル(インタラクションデザイナーからユーザー調査員まで)は、UXについての誤解に直面する可能性があります。開発チームにUXや認知心理学を推奨した私自身の経験を振り返ってみると、解かなくてはならなかった誤解は主に5つありました(ホデント、2015年)。その誤解を1つずつ説明していきます。

10.2.1 誤解1：UXによってデザイン意図が歪められ、ゲームが簡単になる

ゲーム開発者は、UXを検討すると、ゲームからチャレンジがなくなって、簡単なゲームになってしまうのではないかと強く懸念しがちです。面白いことに、心理学とUXに関する研修で私がよく受ける質問は、「**ダークソウル**」(FromSoftware)のようなゲームはどうすればUXの侵略を切り抜けれられるのかというものです。どういうわけか、UXの実践はゲームを平坦化、標準化するスチームローラーとして認識されています。UXの目的は、開発者のビジョンの実現を手助けすることであり、デザイン意図を歪ませることでないので、この誤解には本当にいつも驚かされます。対象プレイヤーがハードコアゲーマーで、プレイヤーに体験させたいことが(言わば)苦痛であったとしても、UXの実践はそのサディスティックな目標の達成に間違いなく役立ちます！　たとえば、サバイバルホラーゲーム「**バイオハザード**」(カプコン)のテストプレイをユーザー調査員が行うとしましょう。あるときプレイヤーがクローゼットを開くと、そこに隠れていたゾンビが襲い掛かってきます。ほとんどのプレイヤーは隙を突かれ、反射的に後ろに下がってゾンビから離れるようとします。しかし、レベルデザイナーが置いたテーブルが邪魔で後退できません(図10.1)。この結果、多くのプレイヤーはテーブルの周りを必死で動き回ります。ほとんどがゾンビに傷を負わされ、死んでしまうこともあります。UXがゲームを簡単にしてしまうのであれば、プレイヤーを苛立たせるテーブルは取り除くべきだという報告をユーザー調査員は開発チームにするでしょう。しかし、ホラーゲームの意図は人々を恐怖に陥れることです。パニックはこの場合、誘発したい情動ですから、テーブルはデザイン意図に沿っており、UXの問題とはみなされません。それどころか、この場面については肯定的な報告が開発チームにされるはずです。

　では、開発チームの目標が、パブリッシングチームや上層部の目標とは**異なる場合はどうなるでしょうか**。たとえば、開発者の目標が次の「**ソウル**」ゲームをデザインすることであるのに対し、スタジオは幅広いプレイヤーに訴求する主流派のF2P(フリートゥプレイ)ゲームを望んでいるようなケースです。その場合、UXの推奨事項は、デザイン目標だけでなくビジネス目標にもかなうものにして、両者の意図をくまねばなりません。そうしないと、ビジネス目標ばかりを重視したフィードバックになってしまい、ゲームチームが不満を募らせる可能性があります。この不満も理解できますが、責めるべきはUXプラクティショナーではありません。チーム内やスタジオ全体で優先事項が一致していないことや、コミュニケーション不足に問題があります。優れたUXプラクティショナーは乗っ取りをたくらむ侵略者ではなく、自分の意図を押し付けたりはしません。平和をもたらし、人々を助けるための存在です。

図10.1
「**バイオハザード**」(PlayStation) カプコン、1996年発売（画像提供：カプコン、大阪市）

10.2.2　誤解2：UXによって創造性が制限される

多くの開発者はゲームを芸術の一形態と考えており（これには私も賛成です）、科学はアートディレクションに干渉すべきではないという意見もあります。パブロ・ピカソだって作品にUXプロセスを使用したことはありませんからね。ゲームは通常、アーティスト（アートディレクター、グラフィックデザイナー、ミュージシャン、作家など）から構成されるチームで開発されます。アートはゲームに欠かせないものであり、情動反応を生み出すという点では特にそうです（これについてはChapter 12で説明します）。しかし、科学と芸術は実際には素晴らしいパートナーです（たとえば、物理学の知識は写真家や撮影技師に有益ですし、知覚の数学的法則に関する知識は画家にとって有益です）。ゲームは芸術の一形態であり、**インタラクティブな体験**です。人からの入力があって初めて内容が明らかになります。したがって、アートディレクションがHCIの法則やユーザビリティの原則に反すると、プレイヤーが存分にはゲーム（つまりアート）を体験できなくなる可能性があり、アートにとっても逆効果です。Epic Gamesの最高技術責任者であるキム・リブレリが以下のエッセーで述べているように、UXはコンテンツを微調整するためのツールとして使用できます。アーティストは技術的および物理的な制約の中で取り組まねばなりませんが、インタラクティブな体験を作成するときは人の制限も考慮しなければなりません。もちろん、M. C. エッシャーやサルバドール・ダリのように、あえてそこを楽しむことも可能です。ホラーゲームでは、敵のキャラクターを見つけづらいようにデザインするのは理にかなっていますが、ゴルフゲームでボールに緑のテクスチャを使うのはユーザビリティに反しています。ボールを見つけることはゲームの課題ではないからです。映画制作者、作家、俳優であるオーソン・ウェルズは、「アートの敵は制限がないことである」と言ったことで知られています。UXプラクティショナーがチームの創造性を邪魔することはありません。アーティストが考慮すべき制約（人の心の制限）を明らかにするだけです。これらの制限は、皆さんの創造性をいっそう刺激するはずです。

キム・リブレリ（Epic Games の最高技術責任者）

UXは創造性の敵ではない

私は 20 年以上にわたって、ゲームと映画の両方の分野で娯楽作品を作ってきました。私の経験から言うと、楽しんでもらうために最も重要なのは理解です。これまで、この理解する力は、クリエイティブ業界で成功した者たちが生まれながらに持った才能であると考えられてきました。しかし、偉大なクリエイティブディレクターのほとんどは、外部の人たちからフィードバックをもらいながら、視聴者の視点に自分自身を投影しています。このとき彼らは、ユーザー体験（UX）について考え、どうすれば消費者に意図を伝えられるのかを熟考しているのです。

アーティストは、創造的な純粋さを理由に自分のアイデアに執着しがちです。しかし、視聴者やプレイヤーを犠牲にしているのであれば、それは自己満足にすぎません。UX 分析は、消費者の製品に対する反応について、偏見のない科学的見解を得るためのツールです。これは信頼性が高く、コンテンツの微調整にもほとんど影響しないことが実証されています。

UX テストにはコストがかかります。不要なフィードバックがとりとめもなく生まれないよう、コンテンツが正しい開発状態にあることを確認する必要があります。また、何に対してフィードバックがほしいかに応じて、質問の内容を慎重に考えねばなりません。プロジェクトが完成に近づくにつれ、ユーザーがそのプロジェクトの表面部分全体にどう反応するかを理解するのが重要になってきます。

何百万ドルもの予算を費やして、わざと売れないゲームを制作する人はいません。UX テストは、コミュニケーション不足に陥りがちなクリエイティブチームと上層部が平行線をたどらないですむための重要なツールです。UX フィードバックは厳しいこともありますが、成功を収めるためには、製品のターゲットユーザーを思い出すことが大切です。

10.2.3 誤解 3：UX は参考意見にすぎない

ゲーム制作は、たいてい大勢のプロフェッショナルが連携して進めます。スタジオ規模が大きくなると、ゲーム開発チームは開発チーム内だけでなく、マーケティングチーム、パブリッシングチーム、上層部、プレイヤーなど、より多数の意見に耳を傾けなければなりません。このため、UX のフィードバックは、ゲームチームが対処すべき一意見にすぎないと認識されることがあります。自分をデザイナーと思い込んでいる人があまりに多いから、デザイナーは特に警戒しているのかもしれません。リチャード・バートル（2009 年）が指摘したように、ゲーム開発者（役員、エンジニア、アーティスト）も、ジャーナリストも、プレイヤーも、皆自分はデザイナーだと勘違いしています。ゲームの仕組みやシステム、追加または削除すべきもの、マップのバランスが悪い理由などについて、彼らは延々とゲームデザイナーやレベルデザイナーに意見を出してきます。これまで生きてきた経験から自分は心理学がわかっていると大勢の人が勘違いするように、ユーザーとしてのオブジェクト、アプリケーション、ゲームの経験から、彼らはデザインをわかっていると勘違いしてしまうのです。ゲームデザイナー以外の人はゲームデザインについてフィードバックを提供してはいけないという意味ではありませんが、この現象に身構えてしまうデザイナーもいます。アーティストも同じような問題に遭遇します。物語や漫画、映画を楽しんでいるのだか

ら、自分はアートをわかっていると勘違いする人が少なからずいるためです。エンジニアに関しては、プログラミングが理解できるかどうかは誰でもわかることなので、この問題に悩まされる人は多くありません。しかし、エンジニアには別の問題があります。プログラミングを修正する大変さを理解してくれる人がほとんどいないという状況です。

　一般的に、ほとんどのゲーム開発者は、すでに受け取った以上（普通はたくさんあります！）のフィードバックは求めません。このため UX プラクティショナーは、「意見島」に現れた新参者として見られることがあります。しかし、開発者の不安を和らげるために冗談でよく言うのですが、UX プラクティショナーは意見を述べてはいません。UX プラクティショナーが提供するのは、専門知識とデータ（使用できる場合）に基づく分析です。UX は、認知科学の知識と科学的手法を使用して、プレイヤーの体験に想定外の悪影響を及ぼす問題を特定したり予測するための分野です。標準化された研究プロトコルを通じて仮説をテストすることが目的です。なかなか問題が見つからないケースもあるうえ、ゲームや体験はそれぞれ違っているため、正解に到達できない場合もあります。ヒューマンファクターの原則と認知心理学を用いた人間中心型のデザインアプローチを用いる場合であっても、デザインにイテレーションは欠かせないでしょう。それでも、UX テスト、専門家のレビュー、データ分析に基づく UX のフィードバックを「単なる参考意見」として処理すべきではありません。正しく提供された UX のフィードバックは、多様なルートから届くフィードバックの中で最も偏りがなく、中立的だからです。自分の立場を理解し、デザイン目標とビジネス目標を明確に把握した UX プラクティショナーは、極めて客観的なフィードバックを提供します。

10.2.4　誤解 4：UX は単なる常識である

ゲーム開発者が経験豊富で優秀であれば、UX のフィードバックの中では、彼らがすでに予期していた問題が取り上げられるはずです。熟練したデザイナーは、経験を通して直感を磨き、認知心理学と HCI の原則を実感としてわかっているからです（その知識を形式化できるかどうかは関係ありません）。それに UX プラクティショナーが理解している原則の多くは、実際には「ユニバーサル」デザインの原則です（リドウェル他、2010 年）。しかし、指摘されて初めて明らかになる問題もあります。**後知恵バイアス**と呼ばれる認知バイアスのため、自分はその問題がわかっていたと考えがちですが、実際にはその問題が提示される前は不確実だったはずです。また、多くのゲームは、「常識」問題を含んだままリリースされます。そうした事態になるのは、必ずしも開発者がその常識に欠けているからではありません。開発者はゲームを知りすぎているせいで、新しいプレイヤーがゲームをどう知覚するのか予測できず、明らかな問題を見落とすことがあります。問題を認識していたとしても、慣れてしまって問題の存在を忘れてしまうこともあるでしょう。また、ほかの優先事項への対応に追われて、その問題を修正する時間がない場合もあるのです。これが、リリース後のゲームが、特に開発中の状況を知らない人たちから批判されやすい理由です。一方でこれは、常識思われる問題がさまざまな理由で見逃されている事実の裏付けでもあります。

　しかし、ほとんどの UX の推奨事項は常識ではありません。Part I で見たように、人間の脳には知覚的、認知的、社会的なバイアスがかかっており、開発者とプレイヤーの両方に影響しています。あらゆる分野の研究者が非常に標準化されたプロトコルを使って仮説を検証するのにはもっともな理由

があります。人は何かを見落したり、実際に起きていることを誤解しやすいからです。適切なUXプロセスに従えば、ゲームにあるたいていの問題を特定できます。それに、プレイヤーの体験への影響度合いと、影響を受けるゲームの機能の重要性に基づいて、そうした問題に優先順位を付けることもできます。たとえば、プレイヤーに影響するが、難所の突破に必要な主要機能とは関係のない問題よりも、プレイヤーにそれほど深刻な悪影響は与えないものの（通常、ある時点でプレイヤーはこれを理解します）、ゲームの柱となる中核機能に影響する問題の方が、優先順位が高くなります。さらにUXでは、問題の出どころも特定しやすいので、取り組むべき問題を正確に見つけられます。ドン・ノーマン(2013年)が指摘したように、問題は通常、整然とまとまった形では現れません。問題は見つけ出す必要があるのです。

10.2.5　誤解5：UXを考慮するための時間や資金がない

ゲームを作るのは大変です。ほとんどの場合、開発者は期日どおりにゲームを出荷するのに十分な余裕はありません。時間も、資金も、人手も足りないのです。残業したり、たくさんの機能をカットしたり、ゲームの品質を妥協することを余儀なくされています。国際ゲーム開発者協会が2015年のプレスリリースで明らかにしたところによると、ゲーム開発者の62%が残業しており、その半数近くは週60時間以上働いています。そのうえ、ゲームの開発やマーケティングにも多大なコストがかかります。このため、新しいプロセスの導入や人材の採用は、事態をいっそう複雑にすると考えられています。しかし、UXプロセスへの投資は、適切な「投資」です。重大なUXの問題を含むゲームを出荷すれば、ゲームへの損害は計り知れないものになるでしょう。現在の市場には競合するゲームがいくつもあり、プレイヤーはどのゲームを時間とお金を費やすかを自由に選べることを考えると、これは明らかです。ゲームストアのインターフェイスを操作する際のちょっとしたユーザビリティの問題でさえ、プレイヤーのショッピングフローに影響し、収益に大きなインパクトを与える恐れがあるのです。ほとんどのスタジオは、徹底した品質保証(QA)テストを行っており、ゲームの発売前に重大なバグを修正できます。同じように、ゲームのユーザー体験も考慮し、プレイヤーに影響を与える重大な問題を特定して修正すれば、ゲームを成功へと近づけることができます。さらに、開発サイクルの早期のインタラクション内でUXプロセスを実施すれば、ドキュメントやインタラクティブなプロトタイプを入手次第すぐに問題を特定できるので、機能をゲームエンジンに実装した後に行う場合と比べると、ずっと低コストかつ迅速に問題を修正できます。実装済みの機能についても、完全に作り込んで磨き上げる**前に**変更した方が低コストでしょう。もちろん、プロトタイプですべてをテストできるわけではありませんし、クローズドベータ版でしか効率的にテストできないゲームもあります。しかし、早い段階で多くの問題を取り除けば、開発サイクルの後半ではシステムやゲームバランスの問題に取り組む時間を増やすことができます。UXを検討するための資金を心配するのではなく、UXを検討しなかった場合に生じるコストを考えてください。

10.3　ゲームUXの定義

「ユーザー体験」という言葉は、さまざまな観点を説明できます。前に述べたように、この言葉はドン・ノーマンによる造語で、製品、Web、アプリケーション、サービスでユーザーが得られる全体的な体験を意味します。この概念に基づけば、ゲームのユーザー体験には、ゲームがプレイヤーに与える**あらゆる**体験が含まれます。ゲームについて話を聞く、トレーラーを見る、ゲームのWebサイトにアクセスす

る、ゲームをダウンロードしインストールする、メニューを通じてゲームを操作しプレイする、更新をインストールする、カスタマーサービスに問い合わせる、フォーラムで交流する、友人に紹介するなど、すべてがユーザー体験です。ゲームUXを向上するには、あらゆる側面を考慮しなければなりませんが、本書ではプレイヤーがゲームそのものを操作するときの体験に絞って説明したいと思います。

　ゲームだけについて考えた場合、現時点では、ゲームUXの定義についてのコンセンサスはありません。ユーザー体験はゲームのやりやすさだけを説明するものだと言う開発者もいます。この場合、**プレイヤー**体験はゲームの楽しさや情動的側面に関するものと定義されます（ラッザロ、2008年）。私自身のゲームUXに関する見方はより包括的です。ソフトウェアの使い心地はどうか、その体験はどれほど魅力的かなど、ユーザー体験を広い意味で考えるイスビスターとシャッファー（2008年）の定義に一致しています。UXの説明として「ユーザー調査」という言葉を使用する開発者もいますが、私にとってユーザー調査はゲームUXを評価するためのツールまたは方法であり、単なる1つの歯車です（重要ではありますが）。ともに働くゲーム開発者がゲームUXの定義に関して同意してさえいれば、ゲームUXを定義するベストな方法というのはありません。私自身のゲームUXの定義は、Ubisoft、LucasArts、Epic Gamesのゲーム開発者とコラボレーションしたり、ゲーム業界カンファレンスでディスカッションをしながら確立してきたものです。ゲームUXに関して私のアプローチが最善だと言うつもりはありませんが、私にとっては、同僚とコラボレーションを図る際の効率的で実用的なフレームワークになっています。私のフレームワークは科学的知識に基づいていますが、学術的な意味でのテストはしていません。ゲーム開発の慣習に由来しています。このため、今でも私は自分のアプローチを見直し続けており、この業界で働いている限りそれは続くことでしょう。

　ゲームUXへの私の実践的なアプローチは、メニューの操作から、プレイ中およびプレイ後の情動や動機づけまで、プレイヤーがゲームそのものから得られる体験全体を考慮することです。システムイメージを認識し、操作し、考え、視覚的および聴覚的な美しさを賞賛するというプレイヤーの体験だけでなく、プレイヤーが認知的および情動的にどれだけゲームに没頭しているか、プレイを続ける動機、プレイ後にどんな体験を覚えているかなども考えます。この定義を踏まえると、ゲームUXには考慮すべき主な要素が2つあります。それは、ユーザビリティと「エンゲージアビリティ」です。ゲームの**ユーザビリティ**は、使いやすさ、プレイヤーがゲームインターフェイスを操作する方法、およびその操作に対する満足感に関するものです。**エンゲージアビリティ**は、ゲームがどれほど楽しく、プレイヤーを没頭させ（エンゲージ）、情動を駆り立てるものであるかを表すより曖昧な概念です。私は以前はこの概念を「ゲームフロー」と呼んでいましたが、人によってこの言葉の持つ意味合いは違うので注意が必要です（Chapter 12章で説明するように、私はゲームフローという言葉をより限定的な意味で使用しています）。「エンゲージアビリティ」という言葉は確かに少し大げさなので、なぜこんなもったいぶった言葉を使うのだろうと疑問に思うかもしれません。私がこの言葉を気に入っている理由は2つあります。1つ目として、「楽しさ」や「フロー」という言葉は曖昧ですが、「エンゲージメント」という概念に対しては、開発者とゲーマーを問わず多くの人々が同じような認識を持っている点が挙げられます。プレイヤーがゲームプレイに**エンゲージ**しているということは、プレイを気に入っている、プレイを続けたがっている、体験によって情動が駆り立てられている、プレイに没頭している、臨場感を感じている、そしておそらく楽しんでいることを意味します（「楽しさ」の意味は人によって違うかもしれませんが）。では、なぜ単に

「エンゲージメント」と呼ばないのでしょうか。これは難しい質問で、はっきり答えられる自信はありません。しかし、ここに第2の理由があります。「エンゲージアビリティ」に「アビリティ」という接尾辞を付けることで、ゲームにどの程度エンゲージできるかという意味を持たせているのです。「ユーザビリティ」が、ゲームをどの程度適切に使用できるかについて表しているのと同じです。皆さんにも共感してもらえると嬉しいです。

　まとめると、ゲームのユーザー体験とは、プレイヤーがゲームをどのように知覚し理解するか、どのようにゲームを操作するか、その操作を通じてもたらされる情動や没頭を意味します。そこで考慮されるのは、次の2つの章で説明するゲームのユーザビリティとエンゲージアビリティです。注意してほしいのですが、ゲームUXについて論じた本書の対象読者は、ゲーム開発を担当するデザイナー、アーティスト、エンジニア、QAテスター、プロデューサーだけではありません。マーケティングやパブリッシングチーム、上層部の方々にも読んでほしいと思っています。ユーザー調査員やUXプラクティショナーといった人たちは、UXについて本書に書かれている内容よりも深い知識を持っていることでしょう。つまり本書がゲームUXをテーマとする目的は、さまざまな職種や意見間の橋渡しをし、開発に携わる全員が一丸となってプレイヤーのユーザー体験を向上できるようにすることなのです。これまでに文書化された、主にUXプラクティショナーに役立つ研究や理論、枠組みを、余すところなく要約したいとは考えていません（これらのトピックの概要についてはベルンハウプト、2010年、ハートソンとパイラ、2012年を参照）。残念なことに、学者や研究者からのメッセージは、結論や推奨が理解しにくかったり、「偉そう」に感じられることから、うまく伝わらないことがあります。UXプラクティショナーが目指すのは、素晴らしい体験を生み出すための手助けをすることであり、「ユーザビリティの見張り番」と呼ばれることではありません。私は実際にそう呼ばれていたことがありますが、そんな風に同僚に思われたら悲しいですよ。効果的なコラボレーションは、メッセージを適切に伝え、自分に親しみを持ってもらうことから始まります。Part IIでは、認知科学について論じたPart Iと同じように、現在のゲームのUXの知識と慣習を単純化してまとめることで、幅広いゲーム開発者が適用しやすいフレームワークを構築します。場合によっては微妙なニュアンスを省いたり、ヒューマンファクター心理学の用語ではなく、ゲーム開発者に馴染みのある用語を使用することもあります。私がUXを推奨し、その概念を広めるのにこれほど熱心なのは、ユーザー体験は、他者にガイダンスやツールを提供するUXのプロだけでなく、開発チーム（およびスタジオ）の全員が関心を持つべきことだからです。UXについては、スタジオ全体で認識を共有することが重要です。

11

ユーザビリティ

11.1 ソフトウェアとゲームにおけるユーザビリティヒューリスティック 98

11.2 ゲーム UX におけるユーザビリティの 7 つの柱 102

イスビスターとシャッファー（2008 年）によれば、ゲーム（またはソフトウェア）を使えるようにするということは、「記憶、知覚、注意における人間の制限に注意を払うこと、起こり得るエラーを予測してそれに備えること、ソフトウェアを使用する人の期待や能力と連動すること」を意味するそうです。ユーザビリティとは、システムイメージ（ユーザーが知覚し、相互作用するもの）が、システムの意図や使用方法に関する情報を明確に伝えられているかどうかを検討することです。ゲームをプレイするのは人間であるため、ゲーム開発者は人間の能力と制限を考慮してゲームのユーザビリティを確保しなければなりません。だからといって、ユーザー体験に関する主な誤解についての説明で見たように（Chapter 10 参照）、ゲームを簡単にすればよいということではありません。システムイメージで人間の知覚、認知、動機づけが考慮されていない場合に発生する、望ましくない不要なフラストレーションを取り除くことが大切です。

　ユーザビリティは優れたユーザー体験を提供するための第一歩です。ゲームで簡単なタスクを理解できなかったり、達成するのに苦労すると、極端な場合にはプレイヤーがゲームをやめてしまうほどの障壁となります。少なくとも、ユーザビリティに問題のあるゲームではプレイヤーがときにイライラし、ゲームの機能を見つけて楽しんだりすることができなくなります。最悪の場合、素晴らしいゲームであってもまったくプレイしてもらえなくなってしまいます。とても革新的なゲームであれば、爆発的に人気が出たり、友人が皆プレイしていたりするため、プレイヤーは余分な労力を払ってでもイライラを克服し、重大なユーザビリティの問題を切り抜けることもあるでしょう。しかし、それは極めてまれな事例なので、当てにしない方がよいと思います。たとえば「**マインクラフト**」（Mojang）は、リリース時にはほかのゲームにないユニークでディープな創造的体験を提供していたため、いくつかユーザビリティの問題があっ

97

たもののやり過ごすことができました。しかし、後続のゲームは革新性に欠けるため、それほどうまくはいかないでしょう。無料ゲームの場合、ユーザビリティはさらに重要になります。前もって料金を支払う必要がないゲームではプレイに対する思い入れが小さいので、ユーザビリティは初期の没頭度やプレイの継続に影響します。プレイヤーはちょっと苛立っただけで、最初の数分でプレイをやめることもあるのです。プレイヤーがストア内のアイテムを購入する理由や方法を理解していない場合、収益にも大打撃となります。念のために言いますが、今話しているのはヘッドアップディスプレイ（HUD）のアイコンの意味がわからない、武器がなかなか装備できない、理由がわからないまま死んでしまうなど、**意図されていない**フラストレーションのことです。当然ながら、意図的にデザインされたゲームプレの課題は当てはまりません。

11.1 ソフトウェアとゲームにおけるユーザビリティヒューリスティック

UXプラクティショナーはよく、使いやすいインターフェイスはユーザーにとって「透過的」なものであると言います。しかし、この考え方は、特にゲームのHUDに関しては誤解されることがあります。HUDを完全に取り除くことがプレイヤーの没入感を増すと考えるゲーム開発者もいますが、「ヘッドアップディスプレイ」があることでユーザーは重要な情報を覚えたり、調べたりしなくてすむという逆の効果もあるのです。不格好で悪目立ちするHUDは確かに避けるべきです（HUDを状況依存にするなど）。しかし、完全に取り除いてしまうと、プレイヤーは必要な情報を得るためにメニューを開かなければならず、ゲーム世界から出なくてはならなくなり、より多くの摩擦や認知負荷が生まれる恐れがあります。もちろん、HUDを使用せず、ゲーム世界の中で直接情報を与えられ、それがプレイヤーにとって快適であればそれに越したことはありません。このテクニックは「ダイジェティック」インターフェイスと呼ばれ、没入感とスマートさを向上させることができます。しかし、注意してほしいのは、これを上手に作る方がはるかに難しいということです。ゲーム世界と一貫性があると同時に、明快で知覚しやすいダイジェティックユーザーインターフェイス（UI）を作成する方法は確立されていません。効率的でスマートなダイジェティックUIの例として、**「デッドスペース」**（Visceral Games）のヘルスシステムがあります。大部分のサードパーソンアクションゲームと異なり、**「デッドスペース」**のヘルスバーはHUDの隅やヒーローキャラクターの下には表示されません。キャラクターモデル自体に統合されています（図11.1）。ゲーム世界は全体的にかなり暗いですが、ヘルスゲージは明るいため目立ちます。このため認識しやすく、アクションゲームのプレイヤーのほとんどはレティクルがある画面の中心を見続けることから、HUD（周辺視野）上にある場合よりもすばやく十字線に近いヘルスゲージをとらえられます。よく使用されるダイジェティックインターフェイスのもう1つの例は、武器モデルの上に表示される弾数です。多くのファーストパーソンシューティングゲームでこうした表示方法が採用されていますが、通常これはHUD上に表示される弾数に代わるものではありません。HUD上の表示は（武器モデルと違って）動かず、プレイヤーに必要な追加情報（残弾数など）を提供するため、やはり必要です。

　つまり、UIを透過的にするということは、HUDを取り除くという意味ではありません。プレイヤーを圧倒したり混乱させることなく、メニュー、HUD、ゲーム世界、ゲーム内のあらゆる要素を通して、適切なタイミングで有益な情報を提供することを意味します。たとえば、運転したことのない車をレンタル

98　　　　　　　　　　　　　　　　　　　　　　　Chapter 11：ユーザビリティ

した場合を想像してください。期待する体験は運転ですから、読みやすいダッシュボードやわかりやすい操作方法(エンジンを始動する、フロントガラスのワイパーをオンにするなど)が必要です。特に苦労することなく必要な情報(スピードメーター、燃料計など)を見つけられたり、車を操作できる場合、車のインターフェイスは透過的であると言えます。しかしインターフェイスはやはりそこにあり、あなたの手助けをしています。ただ邪魔にならないだけです。これが**透過的**であるということです。ユーザーは自分の目標達成に必要なインターフェイスについては考えることさえありません。インターフェイスが使いづらいと、それが邪魔であることに気が付きストレスになります。ゲームのユーザビリティもこれと同じです。プレイヤーに提供したい体験の邪魔になるものをなくし、不要な摩擦(混乱をもたらすもの)を取り除かなければなりません。もちろん、このようなユーザビリティの問題すべてがユーザーに発見されるわけではありません。プレイヤーは理由もわからないままシステムとのインタラクションに苛立つこともありますし、フラストレーションの原因を見誤ることもあります。プレイヤーはデザイナーではないので、フォーラムで不平を言うときなども、自分が遭遇したユーザビリティの問題の原因がわかっていないことがあるのです。摩擦の原因を正確に検出するには、テストプレイなどの UX テスト中に、ゲームを操作するプレイヤーの動作を観察および分析します。テスト中のプレイヤーには、自宅にいるかのように解説なしでゲームをプレイしてもらいます。結局のところユーザー体験はエンドユーザーに関わるものなので、UX テスト、HCI 専門家によるユーザビリティ評価、およびユーザー調査のすべてが、ゲームのユーザー体験を向上するのに重要です(Chapter 13 参照)。**プレイヤーたち**が体験したことを検証し、フラストレーションの原因を分析しなければなりません。開発サイクルではイテレーションが重要であるため、デザイン、実装、テストのループが必須となります。しかし、ユーザビリティの指針をあらかじめ考慮してインターフェイスやインタラクションをデザインすれば、有利なスタートを切ることができます。

図 11.1
「デッドスペース」(Visceral Games) © 2008 Electronic Arts. (提供:Electronic Arts.)

優れたユーザビリティを確保することは、人とコンピュータ間のインタラクション分野の中心的要素です。1990年代、Webやソフトウェアのインターフェイスを使いやすくするためには何が重要かを定めたガイドラインが制定されました。これらのガイドラインはヒューリスティックまたは経験則と呼ばれ、製品やソフトウェアのユーザビリティを評価するのに役立ちます。こうしたガイドラインを利用すると、摩擦の原因を特定したり、ユーザ調査員からの報告をよく理解できるため、貴重な時間の節約やよくある間違いの防止、問題の予測と効率的な修正が可能になります。ユーザビリティヒューリスティックは、専門家にユーザビリティ評価の指標を与えることを目的としており、デザイン標準とは異なりますが、これらの経験則を念頭に置いておくと便利です。ゲームをデザインするとき、どのようなユーザビリティの問題が一般に見られるのかを把握しやすくなります。

最もよく使用されるソフトウェアおよびWebデザイン向けのヒューリスティックは、HCIの専門家でありユーザビリティコンサルタントであるヤコブ・ニールセンによってまとめられたものです（1994年）。それより前の1990年、ニールセンはロルフ・モリックとともに、インタラクションデザインのための10のヒューリスティック（一般原則）を提唱しました（ニールセンとモリック、1990年）。これらについては、Nielsen Norman Group のWebサイト（https://www.nngroup.com/）で参照できます。10のユーザビリティヒューリスティックは以下のように説明されています。

1. **システム状態の視認性**：システムは、実行可能なアクションに関する情報をユーザーに伝える必要があります（シグニファイア）。ユーザーはシステムとやり取りした後、その意図が認められたことを示す迅速かつ適切なフィードバックを受け取らなければなりません（間違いがない場合）。たとえば、エレベーターでは階数を記したボタンが、どこを押せば目的階に行けるのかを示しています。ユーザビリティが確保されている例では、ボタンが押されると、そのボタンを点灯するなどの方法でユーザーにすぐにフィードバックを提供します。フィードバックがなければ混乱やストレスが生じるかもしれません。この例では、点灯というフィードバックがない場合、ボタンを何度もグイグイ押すことになるでしょう。同様に、再生ボタンがクリックされたときには、ゲームがロード中であることを伝えるフィードバックが必要です。

2. **システムを現実世界に合わせる**：システムは、ターゲットプレイヤーが慣れ親しんだ言語や概念を使用して情報を伝えなくてはなりません。また、現実世界のものに例えることも必要です。たとえば、コンピュータのインターフェイスでは「フォルダ」の中にファイルを編成するという現実世界の概念を用いることで、ユーザーがシステムの仕組みを理解しやすくなっています。ゲームでは、プレイヤーインベントリはよくバックパックに例えられます。

3. **ユーザーの制御と自由**：たとえばオンラインで買い物しているときなど、ユーザーは間違えたり、気が変わったりすることがあります。この場合、ユーザーの制御と自由の実現とは、ショッピングカート内の商品の数を元に戻したり変更できるようすることや、商品を簡単に削除できるようにすることです。同様に、プレイヤーにも心変わりを許可し、可能な場合は元に戻せるようにすることが大切です。

4. **一貫性と標準化**：使い慣れた単語、アイコン、アクションを用いると、ユーザーはシステムの仕組みを理解しやすくなります。このため、プラットフォームの慣例に従うことが重要です。たとえば、検索機能は伝統的に虫眼鏡のアイコンで表されます。これは慣例となっており、

ユーザーはすでに理解していると考えられます。ゲームでは、たとえば PlayStation 4 の○（丸）ボタンは、一般にメニュー操作時に選択したり実行するために使用されます（逆に西欧諸国ではキャンセルしたり戻るという設定）。

5. **エラーを防ぐ**：システムは、ユーザーのエラーを防ぐようデザインしなければなりません。たとえば、変更を保存せずにファイルを閉じるなど、損失の原因となるようなアクションをユーザーが実行しようとした場合、システムで確認を求める必要があります。プレイヤーが貴重なアイテムをサルベージしようとしたら（そこからクラフト資源を入手するためなど）、それが間違いではないか確認を求めます。

6. **記憶よりも見た目のわかりやすさ**：ユーザーの記憶への負荷を最小にするため、オブジェクト、アクション、オプションは見える状態にしておくことが重要です。ユーザーがシステムとのやり取りを続ける中、情報を記憶しなくても済むようにしなければなりません。たとえば、メニューを操作するとき、ユーザーは Web サイトやアプリケーション内での自分の位置を常に把握できていなくてはなりません（「パンくずリスト」と呼ばれます）。同様に、特定の状況で押す必要のあるボタンのラベル（記号）だけを表示するよりも、コントローラー全体の画像を表示して該当のボタンを強調表示した方が、プレイヤーはボタンの位置を思い出さなくて済むので有効です。

7. **柔軟性と効率性**：ユーザーがオプションを追加または削除したり、インターフェイスをカスタマイズできるようにすることで、体験を変更できるようにします。たとえば検索エンジンでは、エキスパートユーザーが検索にフィルタを追加するためのオプションが用意されています。ゲームでは、コントロールの再マッピングを可能にすると、ユーザビリティとアクセシビリティが向上します。

8. **最小限で美しいデザイン**：無関係で気をそらすような情報はすべて取り除きます。余分な情報はノイズになるため、ユーザーが関連のある情報を特定し、それに集中できるようフィルタリングできなくてはなりません。Google 検索エンジンのデフォルトページはミニマルデザインの良い例です。ゲームでも同じです。HUD やメニュー、特にホーム画面からは不要な情報をすべて取り除きます。

9. **ユーザーによるエラー認識、診断、回復をサポートする**：エラーメッセージでは、平易な言葉で正確に問題を説明し、解決策を提示します。たとえば、「お探しの Web ページで『404 エラー』が生成されました」ではなく、「申し訳ありませんが、お探しのページが見つかりません」のように誰にでも分かる表現を使用し、それから解決策を示すことをお勧めします。同様に、プレイヤーが弾薬が切れているのに銃を撃とうとしている場合、うるさい音を鳴らすだけでは不十分です。サウンドエフェクトに加えて、「弾切れ！」などのテキストを表示します。

10. **ヘルプとドキュメント**：ドキュメントなしでもシステムを使用できなくてはなりませんが、ユーザーのニーズに応じて効果的でわかりやすいヘルプを提供することも重要です。一般に、円に囲まれた疑問符で表される状況依存のヘルプでは、必要に応じてより詳しい情報を確認できます。ゲームはマニュアルなしでもプレイできるべきですが、それまでゲームで表示されたすべてのツールチップを専用スペースに集め、プレイヤーが忘れた際は見られるようにすると効果的です。

ヒューリスティックを使用してゲームを評価するという考え方は、早くも1980年に取り入れられましたが（マローン、1980年）、ゲームのヒューリスティックが本当に盛んになったのは2000年代に入ってからです（フェデロフ（2002年）、デザビア他（2004年）、シャッファー（2007年）、ライティネン（2008年））。以下にゲームヒューリスティックの例を挙げます。

- コントロールをカスタマイズ可能にし、業界標準の設定をデフォルトにする（フェデロフ、2002年）。
- ユーザーコントロールを表示するフィードバックを即座に提供する（フェデロフ、2002年）。
- フラストレーションにならない程度にプレイヤーにプレッシャーをかけるようゲームを調整する（フェデロフ、2002年）。
- 目標を明確にする。プレイを通じて短期の目標と全体の目標を提示する（デザビア他、2004年）。
- ゲームは、能力を高めたり（パワーアップ）、カスタマイズ性を拡張することで、プレイヤーをより深くゲームに没入させる対価を与えるべきである（デザビア他、2004年）。
- プレイヤーはゲームプレイの一環としてストーリーを発見する（デザビア他、2004年）。
- 大きいテキストブロックは避ける（シャッファー、2007年）。
- プレイヤーには自分がコントロールしているという感覚が必要である。脅威や機会に反応するには時間と情報がなければならない（シャッファー、2007年）。
- プレイヤーがすぐに行き詰まったり、戸惑ったりしないようにする（シャッファー、2007年）
- ユーザーインターフェイスは、ゲーム内とゲーム間で一貫している必要がある（ライティネン、2008年）。
- ゲームで使用される用語や言語はわかりやすいものにする（ライティネン、2008年）。
- ユーザーインターフェイスは、プレイヤーがゲームプレイの一環ではない失敗を犯さないで済むようにデザインする（ライティネン、2008年）。

　皆さんがUXプラクティショナーで、ゲームヒューリスティックをまだよく知らないという場合には、より詳しく学ぶことをお勧めします。しかし、これらのヒューリスティックの目的は、開発チームと共通の言語を確立したり、覚えやすいガイドラインを提供することではありません。ユーザー調査員によるゲームのユーザビリティ評価を支援することが目的です。次のセクションでは、ヒューリスティックとデザインのガイドラインを取り混ぜ、ゲーム開発者になじみのある単語を使用して、ゲームユーザビリティの7つの柱を提案します。

11.2　ゲームUXにおけるユーザビリティの7つの柱

ここでは、ユーザビリティヒューリスティックとデザインの原則を組み合わせ、私の経験から優れたゲームユーザビリティの実現に役立つと思われる主要な柱について説明します。Ubisoftの開発者がまとめたユーザビリティトレーニングセッションは私の思考プロセスにインスピレーションをもたらしましたが、これらの柱はその影響を強く受けています。細かいところまでは説明していませんが、心に留めておくべき概要としては十分でしょう。システムとのインタラクションによってもたらされる情動など、慣例的にユーザビリティに関連付けられていた要素の一部は本書のChapter 12「エンゲージアビリティ」で

考察します。繰り返しますが、この柱のリストの主な目的は、ゲーム UX に関心を持ったすべての開発者がその向上に携われるよう、ゲームスタジオ内で共通の言語とフレームワークを促進することです。

11.2.1 サインとフィードバック

この柱は、ヤコブ・ニールセン(1994 年)による「システム状態の視認性」ヒューリスティックに似ています。しかし、私が一緒に仕事をしたゲーム開発者は誰もこのような言葉は使っていませんでした。代わりによく使われるのは、「キュー」「サイン」「フィードバック」です。ゲームのサインは、ゲーム内で起きていることをプレイヤーに知らせたり(情報サイン)、プレイヤーに特定のアクションを実行するよう促す(招待サイン)、すべての視覚的、聴覚的、触覚的なキューを指します。サインは固有の意味を持っており、解読したプレイヤーに特定の情報を伝えます。記号論では、サインは特定の形態(記号表現)と意味(記号内容)を持ちます。しかし、ゲーム開発でのサイン(キュー)は主に、**機能**を伝える特定の**形態**を持つものを指します(この後の「形態は機能に従う」の柱を参照してください)。フィードバックは、プレイヤーのアクションに対して知覚可能なシステムの反応を提供するタイプのサインです。

- **情報サイン**

  情報サインは、システムの状態をプレイヤーに知らせます。たとえば、緑色のバーや赤いハートで表されるキャラクターのヘルスレベルが HUD 上に(ダイジェティックサインの場合は直接キャラクターモデル上に)表示されます。HUD は多数の情報サインで構成され、スタミナレベル、弾薬レベル、装備中の武器、現在のスコア、マップ上の現在位置、使用可能な能力、一時的に使用できない能力などをプレイヤーに伝えます。情報サインは容易に知覚できなくてはなりませんが、ゲーム内で起こっている主なアクションを邪魔したり、プレイヤーの注意をそらすようではいけません。情報サインのほとんどが、プレイヤーの周辺視野である HUD に置かれるのはそのためです。フロントエンドメニューも多数の情報サインで構成されています。キャラクター、装備、スキルなどが主にテキストで説明され、プレイヤーがゲームを詳しく理解して決定を下す際に役立ちます(次はスキル A と B のどちらを買うべきかなど)。

- **招待サイン**

  招待サインは、プレイヤーに特定のアクションを促すことを目的としています。たとえば、ノンプレイヤーキャラクター(NPC)の上に黄色の感嘆符を表示することで、プレイヤーに NPC と対話するよう促します。ゲームの招待サインは、プレイヤーの動作を決定し、そこに導くようにデザインします。たいていの場合、招待サインはプレイヤーの注意を引く必要があるため、ゲーム世界とのコントラストが際立つようにします。例外として、意図的に目立たないものを招待サインとして使用する場合もあります。たとえば、**「ゼルダの伝説 神々のトライフォース」**(任天堂)では、壁に目立たない亀裂を作ることで、その壁が破壊可能であることを示しています。情報サインの中には、そのサインが表す状態にすぐに注意を引く必要がある場合、招待サインに変わるものもあります。たとえば、プレイヤーのヘルスレベルが低くなったとき、ヘルスバーを赤くして点滅させることで、プレイヤーにヘルスを回復するよう促すことができます(回復ポーションを使うか、時間経過で回復される場合は戦闘から逃げ出すなど)。

- **フィードバック**

    フィードバックは、プレイヤーのアクションに対するシステムの反応をプレイヤーに知らせるためのサインです。プレイヤーがコントローラーを使用してアバターを前進させているときに表示されるアバターのアニメーションなどが、フィードバックの例です。また、プレイヤーが銃を撃つたびに減っていく、HUD上または武器モデル上の弾数もフィードバックです。すべてのプレイヤーのアクションに対して即座に適切なフィードバックを提供し、そのアクションの結果を知らせることが大切です。たとえば、「**鉄拳**」シリーズ（バンダイナムコエンターテイメント）などの戦闘ゲームでは、プレイヤーが敵を攻撃し、当たったときに表示される視覚効果が1つのフィードバックになっています。このフィードバックによって、プレイヤーは攻撃の効果を確認できます。攻撃で敵にダメージがあれば派手なオレンジ色の視覚効果（図11.2）が表示され、攻撃がかわされた場合は白いハローが表示されます。プレイヤーが無効なアクションを行おうとしたときも、フィードバックが重要になります。たとえば、無効なボタンが押されたら、短いサウンドエフェクトなどのちょっとしたフィードバックを返します。これにより、そのアクションが無効であることを伝え、プレイヤーがそのボタンを使い続けるのを防げます。また、プレイヤーが一時的に使用できない能力を使用したときも、フィードバックを提供します。この場合、フィードバックはより目立たせ、そのアクションを実行できない理由がプレイヤーにわかるようにするとよいでしょう（HUD上で回復中の能力を点滅させたり、レティクルの下に「まだ使えない！」などのポップアップテキストを追加します）。

図11.2
TEKKEN™ 7 & ©2017 BANDAI NAMCO Entertainment Inc.（提供：バンダイナムコエンターテイメント株式会社、東京）

　ゲーム内のすべての機能および起こり得るインタラクションに、サインやフィードバックを関連付ける必要があります。このため、機能、メカニクス、武器の動作（十字線上のサインとフィードバックを含む）、キャラクターの動作などが決まり次第、サインとフィードバックについて考えることが重要です。要素に関連付けるサインとフィードバックを早期にリストしておけば、UIデザイナー、アーティスト、サウンドデザイナーは適切なアセットを準備し始めることができます。また、すべてのサインがプレイヤーによって適切に解読（理解）されているかどうか、ユーザー調査員が後で検証する際にも役立ちます。適切な

サインとフィードバックを提供すると、プレイヤーはゲーム世界やUIを知覚したり操作しながら、ゲームルールを理解できます。また、チュートリアルテキストを減らすことも可能です。招待サインが正しく機能していれば（プレイヤーにオブジェクトとのやり取りを促すなど）、次に何をすべきかを示すテキストは不要になるからです。これに対し、サインやフィードバックが不足していたり、わかりにくいと（次の柱である「明瞭さ」を参照）、混乱や不満を招く可能性があります。「サインとフィードバック」は優れたゲームユーザビリティの中心となる柱です。

11.2.2 明瞭さ

明瞭さは、ゲーム内のすべてのサインおよびフィードバックを、知覚という点で（コントラスト、使用されるフォント、情報階層など）プレイヤーが理解できるかどうかに関係します。プレイヤーにある要素とのやり取りするよう促すサインで、背景に対するコントラストが不十分である場合、プレイヤーが気付かない可能性が高くなります。このため、知覚性が高いことがサインとフィードバックの明瞭さには不可欠です。たとえば、使用するフォントは読みやすいものにします。創造的で芸術性が高いけれど読みにくいフォントよりも、「退屈」だけど読みやすい古典的なフォントを使った方がよいのです。もちろん、芸術的でユニークで、かつゲームで読みやすいフォントを作成できるなら、そうしてください！ ただし、そのフォントの有効性を実証するのは必ずしも容易ではありません。見落としがちな一部のプレイヤー（ディスレクシアのプレイヤーなど）だけが読みにくさを感じることもあれば、評価できないほど影響が小さいこともあるからです（読むことはできるが、読みやすいフォントに比べると読むのに時間がかかるなど）。フォントにはガイドラインが存在し、すぐに見つけることができます。たとえば、**サンセリフ**フォントを使用する、フォントの数やフォントの色数を最小限（3つ以下）にする、アルファベットの場合、大文字だけを使用した長いテキストを避ける（すべての大文字のテキストは短い見出しに適しています）、テキストと背景に適度なコントラストを作成する（テキストをゲーム世界に直接配置せず、コントラストのあるオーバーレイの上に配置します）、適切なテキストサイズを使用するといった推奨事項があります。キャラクタークラス、能力、スキル、装備の選択など、プレイヤーが重要な決定を下さなくてはならないインターフェイスでは、テキストの読みやすさが特に大切です。また、デザイナーはアイテムの説明文を長くしすぎる傾向があります。良質のストーリーは体験に情動を加えますが（Chapter 12 参照）、プレイヤーの決定を支援する方が大切です。決定が（単なる装飾ではなく）戦略に関するものである場合はなおさらです。クラス、武器、能力の主な特徴や利点の説明は箇条書きにしてください。長い文章だと大半のプレイヤーに読んでもらえません。情報を整理して、複数のアイテムを容易に比較できるようにします（図 11.3 の「**ディアブロ III**」（Blizzard）の例を参照してください）。インフォグラフィックをうまく利用すると、情報が一目で把握しやすくなります。たとえばバーを使用すれば、武器が得意な攻撃とあまり得意でない攻撃を明確に示すことが可能です。図 11.4 の「**ファークライ 4**」の例では、注目している武器が攻撃力と携帯性には優れているものの、精度、射程、発射レートにはあまり優れていないことが簡単にわかります。

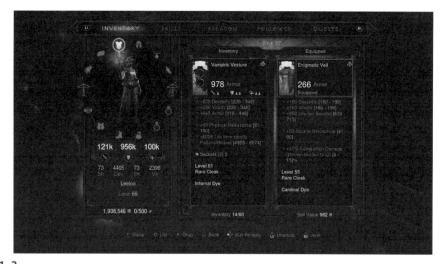

図 11.3
ディアブロ III (Blizzard)。Diablo® III. (提供：Blizzard Entertainment)

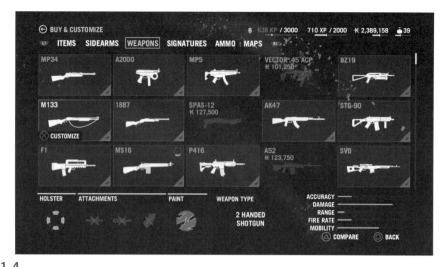

図 11.4
ファークライ 4 (Ubisoft)（提供：Ubisoft、© 2014. All Rights Reserved.）

　Chapter 3 で説明したゲシュタルトの知覚の法則は、ゲームインターフェイスを明瞭にするためのガイドラインとしても有効です。前に述べましたが、これらの法則は、人の心が環境をどのように知覚し整理するかを説明したものです。たとえば、ゲシュタルトの近接の法則によると、互いに近い要素は同一グループに属しているものとして解釈されます。ゲシュタルトの法則を応用すれば、プレイヤーが正しく理解できるようにゲームインターフェイスを整えることができます。Chapter 3 では、「**ファークライ 4**」のフロントエンドメニューにあるスキルアイコン間の間隔を変更した方が、プレイヤーが情報を正しく認識し、解読しやすくなる例を紹介しました。はっきり知覚できないことがゲームの課題の一環である場合はもちろん除きますが、ゲーム内のすべてのイコノグラフィーをわかりやすく明快なものすることが大切です（つまり多重安定性を避けます）。

サインの明瞭さを考えるときは、古典的なヒューマンファクターである信号検出理論も踏まえる必要
があります。信号検出理論は、あらゆる推察と意思決定が、ある程度の不確実さが存在する中で行
われることを前提としています。この理論は、散らかったテーブルから鍵を見つけたり、マーティン・ハ
ンドフォードの**「ウォーリーをさがせ」**でウォーリーを見つけるなど、ノイズの中から関連する情報を検出
することについて説明したものです。では、シューティングゲームの敵の検出を例に考えてみましょう。
ゲーム世界に対する敵キャラクターのコントラストが不十分な場合、プレイヤーがその敵を見つけるの
は難しくなります（もちろん意図的にそうすることもあります）。ゲームプレイの一環として、プレイヤーの
知覚を試したいような場合は、不確実さのレベルを高めます（マクラフリン、2016年）。たとえば、ゲー
ム環境に敵に似た要素（色や全体的な形が同じもの）を追加して「誤認」を誘えば、プレイヤーに敵で
はないオブジェクトを誤射させることができます。ただし、プレイヤーの注意をゲームの特定のサイン
に向ける必要がある場合は、そのサインが見落とされないよう、ゲーム環境で簡単に見つけられるよ
うにしなければなりません。その例の1つに、私が「赤色過剰」と呼んでいるものがあります。赤は血
液の色であり、警告や危険を示すのに伝統的に使われている色です。ゲームでは受けたダメージや
脅威を表すためによく使用されます。また、コントラストが十分であれば目立ちやすい色でもあります。
しかし、ゲームに赤の要素がいくつもあると、赤のサインを加えても目立ちません。周囲の環境に
溶け込んで見つけにくくなります（無関係の赤の「ノイズ」が悪目立ちし、目的の赤のサインがすぐには
見つからないのです）。ファーストパーソンシューティングゲームの**「アンリアルトーナメント3」**（Unreal
Tournament 3、Epic Games）では、プレイヤーが赤チームにいる場合、スコア、ヘルスレベル、弾数
など、HUDの大部分が赤色になります。ダメージを受けると、画面の周辺も赤になります。この赤い
「ノイズ」によって、攻撃がどこから来るかを示すレティクルの周囲の赤い矢印サインに、プレイヤーは
気付きづらくなったり、注目しづらくなります。しかし、敵に攻撃される前に素早く反応して敵を倒した
いプレイヤーにとって、これは最も関連性の高い情報です（図11.5）。私のこの主張は、ユーザー調査
ラボではなかなか検証できません。しかし、この赤色過剰現象には、特に初心者プレイヤーの気を散
らす効果があるのではないかと私は疑っています。また、赤チームのプレイヤーが前の一戦で青チー
ムに所属し、赤い動くものを撃つよう訓練されていた場合、青チームの敵を検出するまでの時間が数
ミリ秒長くなるのではないかと思います。競争力の高いプレイヤーだと、この数ミリ秒の反応時間の差
が敵に有利に働く可能性があります。これは、Chapter 5で述べたストループ効果（インクの色と文字
の色が一致しない場合、その色の名前を言い当てるまでの時間が長くなります）と少し似ています。赤
の敵を撃つという反射行動を抑えて、赤のキャラクターを味方とみなさなければならないからです。こ
うした理由から、私は重要なサイン（迫っている脅威、傷ついていること、ヘルスレベルが低いことな
どを知らせるサイン）以外は赤色を控えるようお勧めしています。敵（敵の輪郭線やヘルスバー）には
オレンジも使えます。

図 11.5
Unreal Tournament 3 © 2007, Epic Games, Inc.（提供：Epic Games, Inc.、ノースカロライナ州ケーリー）

　知覚は主観的であることを忘れないでください（Chapter 3 参照）。このため、ゲーム内のすべてのサインやフィードバックは、あなたの意図するゲームプレイを明確にするものでなくてはいけません。注意力は非常に限られているため（Chapter 5 参照）、あなたの意図する関連情報にプレイヤーが注目しやすいようにする必要があります。また、プレイヤーの作業記憶を圧倒しないよう、伝える情報すべてに優先順位を付けます（Chapter 4 参照）。たとえば、マルチプレイヤーゲームでの戦闘中、すべてのキャラクターのあらゆる要素に関するサインとフィードバックを表示したら、たちまち理解不能になるでしょう。このため、どのサウンドや視覚効果を優先するか（通常はプレイヤーにダメージがあったことを知らせるものを優先します）、同時に多数のことが発生した場合は何を無視するかを決めておきます。同様に、カットできるアニメーション、サウンド、会話も決めます（プレイヤーが移動を開始した場合はリロードアニメーションをカットする、プレイヤーの近くで手榴弾が突然爆発した場合は 2 次的な会話をカットするなど）。現実世界でも、音源分離（どのサウンドがどのオブジェクトに属しているかを特定すること）は視覚的な区分けよりずっと困難ですから（マクダーモット、2009 年）、ステレオからサウンドが聞こえるゲームではいっそう聴覚的な区分けは難しくなります。しかし、Dolby® Surround 7.1 サウンドシステムを使用している場合は、問題は軽いかもしれません。サウンドエフェクトに優先順位を付けることは、プレイヤーにゲーム内で起きていることを理解させるうえで大切です。サウンドデザイナーと仲良くなって、デザインの意図をしっかり伝えるようにしてください（この点を強調するのは、サウンドデザイナーが蚊帳の外に置かれていて、後から追いつかねばならないといった事例が多々あるためです）。次のセクションでは、オーディオディレクターのトム・バイブルによる、ユーザー体験を向上するためのサウンドデザインの例を示します。

トム・バイブル（フリーランスオーディオディレクター、
サウンドデザイナー、作曲家）

サウンドデザインとユーザー体験

ジョージ・ルーカスはかつて、「体験の50％はオーディオが占める」と言いました。オーディオは
それ自体が1つの感覚入力タイプであるため、ユーザー体験に強力に作用します。脳がオー
ディオを処理する速度は、ほかの感覚を処理する速度よりずっと速いので、無意識のユーザー
反応に直接働きかけることができます。音楽はプレイヤーに対して強力な情動効果をもたらす
ことが知られており、サウンドデザインもこれに劣らず重要です。

　サウンドデザインでユーザー体験を向上する方法はいくつかあります。1つ目は、プレイヤー
のアクションに対して明確なユーザーフィードバックを提供することです。自分の入力がアク
ションの成功（または失敗）につながったかどうかをプレイヤーが直感的にわかるよう、サウン
ドを通じてアクションをうまく伝えることが大切です。シンプルな例が、仮想現実（VR）でのオ
ブジェクトを拾うアクションです。**「ロボリコール」**（Epic Games）では、プレイヤーがオブジェク
トを拾えると、サウンドが再生され白いリングが広がります。これは体験の中心的なアクション
であり、プレイヤーの視点から頻繁に発生します。時計のカチカチという音に続いて、白いリン
グが広がるアニメーションに合わせたサウンドが再生されます。これによりプレイヤーは、この
視覚的に同期されたサウンドを、オブジェクトを手に取ることができるという感覚に結び付けま
す。数分これを繰り返せば、シンプルな聴覚フィードバックは無意識のものとなり、このアクショ
ンに毎回視覚的なフィードバックを提供する必要はなくなります。

　2番目の方法は、プレイヤーのサウンドに対する期待に応えることです。たとえばVRでは、
プレイヤーが別の空間にいるように感じる没入体験を提供することが目的です。このために
は、現実世界のサウンドの効果をシミュレートして、それらしく「感じる」オーディオにしなければ
なりません。これを怠ると、プレイヤーは何かが違うと思いながら、それが何であるかわからな
い、不気味の谷現象に陥る可能性があります。また、プレイヤーのこれまでの体験に基づいて、
彼らの期待に沿ったサウンドを作成する必要もあります。ゲームを数多くプレイしてきた人は、
あるコミュニケーション方法に対して、ある特定のサウンドを期待する傾向があります。たとえ
ば、しゃべらないロボットの発声を作成する場合、人間のような話し方をさせることで、そのキャ
ラクターの気持ちや意図を伝えようとします。これをうまく行っている例がR2-D2の音声で、キャ
ラクターの発言を感情レベルで伝えています。これには文化的な影響があることに注意してく
ださい。たとえば米国の話し方のパターンは、日本のものとは大きく異なります。また、映画な
ど、ほかのメディアの影響によって、現実世界では聞こえない音でも作成した方がよい場合が
あります。その良い例が銃声です。銃声は基本的に軽い音ですが、映画やゲームでは、実際
の銃声を録音したものにかなり手を加えて、力強さや満足感が感じられるようにしています。

　オーディオに関するユーザー体験の最も重要な要素でありながらも、軽視されがちな要素は
ミックスです。ミックスが優れていないと、サウンドデザインが破綻する可能性があります。VR
では、自然に感じられ、音響物理学のルールに従った体験が求められるため、クリアなミック
スの作成が特に困難です。バランスをよくするには、ミックスのさまざまな要素に効果的に優先

順位を付けて(ボリュームを上げ下げして)、最も重要なサウンドをいつも強調するようにします。このとき、ミックスの変化が目立たないようすることが大切です。**「ロボリコール」**はその良い例です。あるカテゴリのサウンドが再生されると、ほかのサウンドは「ダッキング」されます(つまり音量を絞られます)。無秩序な音を整理するには、サウンドを「非常に低い」から「非常に高い」まで重要度別に分類します。たとえば、「高い重要度」に分類されたサウンドを再生するときは、「中程度の重要度」のサウンドを小さく、「低い重要度」のサウンドをさらに小さくしますが、「非常に高い重要度」のサウンドはそのままにします。

効果的なサウンドデザインを作るには、プレイヤーやオーディオのプロたちからフィードバックを受け取り、試行錯誤を重ねる必要があります。オーディオの受け止め方はとても主観的なため、サウンドの意味をプレイヤーが理解しているかどうかをテストプレイで確認することが不可欠です。インタラクティブなオーディオではこのイテレーションプロセスが特に重要になります。なぜなら開発者側が想定したようにプレイヤーがオーディオデザインを解釈し、それに反応するとは限らないからです。

11.2.3 形態は機能に従う

この原則はもともとモダニズム建築に関連しています。ゲームデザインに当てはめると、ゲームで使用される任意のキャラクター、アイコン、シンボルの形(形態)はその意味(機能)をどう伝えるか、ということを意味します。インダストリアルデザインでは、「アフォーダンス」という似たような概念が使用されます。Chapter 3 で説明したように、アフォーダンスは「モノの特性とそのモノの使用方法を決定する行為者の能力の関係」(ノーマン、2013年)と見なされます。たとえば、取っ手のあるモノ(コーヒーカップなど)は、片手で掴んで持ち上げることができます。これは、ハンドルが掴むことをアフォード(提供)しているということです。同様に、ゲーム要素の視覚表現でも、インタラクション方法が直感的にわかるようにする必要があります。たとえば、緑の十字が描かれたボックス(形態)で表されたアイテムは、そのアイテムを拾い上げるとヘルスが補充される(機能)ことをプレイヤーに伝えています。また、プレイヤーは盾を持っていない敵より、盾を持っている敵キャラクター(形態)の方が倒しにくい(機能)と予想するでしょう。アフォーダンスのさまざまなタイプについては Chapter 13 で説明します。アーティストに覚えておいてほしいのは、アセットはプレイヤーが理解できるものに限られること、そして美術的なガイドとして**「形態は機能に従う」**を使用しなければならないということです。つまり、「デザインのどの側面が成功に不可欠なのか」を問わなくてはなりません(リドウェル他、2010年)。ここでの成功とは、形態をベースとして各要素が何を表し、どう使用すればよいか(またはその動作をどう予測するか)をプレイヤーが理解できることを意味します。ゲームプレイ上の理由からこの柱に従わない場合もありますが、この柱に忠実であるほど、より多くのプレイヤーがゲームを直感的に進められるようになるはずです。サインとフィードバックのセクションで述べたように、形態を通じて機能が伝えられているために、プレイヤーを特定のアクションを実行するよう明確に促せるサインがあれば、複数言語へのローカライズが必要となる(プレイヤーにとっても)面倒なチュートリアルテキストが不要になります。場合によっては、「形態が機能に従う」がゲームプレイに欠かせないこともあります。プレイヤーが形態からチームメイトや敵の役割を素早く正確に特定しなければならないマルチプレイヤーゲームがその好例です。たと

えば、「**チームフォートレス2**」(Valve)のキャラクターはシルエットだけで容易に区別可能で、近くにいるキャラクターがどんなロール(機能)を持っているかわかるので、プレイヤーはアクションを協調させやすくなります(図11.6を参照)。

図11.6
「チームフォートレス2」のキャラクターシルエット © 2007–2017 Valve Corporation.(提供：Valve Corporation、ワシントン州ベルビュー)

　「形態は機能に従う」を実現にするには、2つの条件が必要です。要素そのものの形態に曖昧なところがなく、明確に特定できること(前述の「明瞭さ」のセクションを参照してください)、そして機能を正確に伝えることです。たとえば、レーダーコーンを表すはずのアイコンが一切れのピザとして認識されてしまうなら、アイコンを少し調整しなければなりません。これに対し、形態が正しく認識されているのに、プレイヤーが機能を誤解する場合は、使用している比喩や例えがうまく機能していないことを意味します。たとえば、ズーム(機能)を表すのに、虫眼鏡(形態)のアイコンをデザインするとします。プレイヤーはアイコンの形態は正しく認識するかもしれませんが(つまり虫眼鏡と認識できます)、その機能をズームではなく検索だと誤解する可能性があるのです。重要なアイコン(またはキャラクターやアイテムなど)の形態と機能は簡単にテストできます。1ページに1つのアイコンを載せたアンケートを作成し(順序はランダムです)、プレイヤーの代表者にそのアイコンが何に見えるか(形態)、それからアイコンが表す機能(機能)は何だと思うかを答えてもらいます。ビジュアルデザインの一部(または全体)が正しく認識されていないのか、それともアイコンは適切に認識されているが、機能が正確に伝えられていないのかを判断することができます。小さいアイコンでは確かに伝えるのも難しいことがあります。かなり特殊で複雑になり得るロールプレイングゲームの機能ではなおさらそうです。しかし、プレイヤーがアイコンの意味を学習しなければならないとしても、そう悲観することはありません。問題なのは、アイコンが誤解を招くものである場合です。たとえば、大半のプレイヤーがアイコンが表す機能を間違って解釈するなら、そのアイコンは却下して別の形態を試さねばなりません。アイコンの意味がわからないことよりも、誤解していたことを自ら気付くことの方に、プレイヤーは強い苛立ちを感じます。要素の形態から機能がはっきりわからなければ、プレイヤーは試しに使ってみようという気持ちになります。だまされたと感じるよりもずっとましです。

11.2　ゲームUXにおけるユーザビリティの7つの柱

「形態は機能に従う」という柱は、当然ながらイコノグラフィーだけでなく、キャラクター、アイテム、環境のデザインにとっても大切です。いずれの場合も、直感的にわかれば学習する必要がないので、できるだけ形態を通じて機能が伝わるようにしてください。結果として認知負荷を最小化できます(この後の「負荷の最小化」を参照してください)。これができない場合でも、少なくともプレイヤーの期待は欺かないようにします(いつものように、プレイヤーを欺くのがゲームの意図である場合は除きます)。誤ったアフォーダンスは、要素が間違ったことをアフォードするので非常にストレスになります。たとえば、ゲーム世界のある領域が探索可能なように見えるにもかかわらず(つまり探索がアフォードされています)、実際には見えない壁がアバターの進行を妨げているとしたら、プレイヤーはイライラするでしょう。また、登る動作をアフォードしているのに(壁のはしごなど)、実際にはそうできない要素もその一例です。知覚は主観的であることを忘れないでください。デザインについて皆さんが知覚するものと、プレイヤーが知覚するものは必ずしも同じではありません。重要なビジュアルデザインやオーディオデザインについてはテストを行い、意図したとおりに認識されるかどうか、本来伝えたいことが正確に伝わっているかどうかをチェックする必要があります。また、人は知識の呪いに縛られていることも忘れないでください。ゲームを内部まで把握している皆さんにとっては当たり前のことでも、経験の浅いプレイヤーにとっては当たり前ではないことがあるのです。

11.2.4 一貫性

ゲームにおけるサイン、フィードバック、コントロール、インターフェイス、メニューナビゲーション、ワールドルール、全体的な規則は一貫していなければなりません。たとえば、ドアを開けられるようにするなら、すべてのドアを開けられるようにします。あるタイプのドアだけを開けられるようにする場合は、システムの動作にプレイヤーが混乱しないよう、視覚的に分ける必要があります。2つの要素が同じような形態をしていと、プレイヤーはこれらが同じ機能、つまり同等の動作を持っていると期待します。逆に、2つの要素が異なる形態をしていれば、プレイヤーはそれらが異なる機能、つまり異なる動作を持っていると考えます。システムが一貫していれば、プレイヤーは学習したルールを似たようなアイテムに適用できるようになります。たとえば、銃弾の量は限られており、補充の必要があることを学んだプレイヤーは、弓矢などの新たに獲得した飛び道具にも同様の動作を期待します。しかし、矢が壊れたり消えたりしなければ、敵を倒した後に矢を取り返せると期待するかもしれません。そのため、弾が無限にある新しいタイプの飛び道具を導入したい場合は、ブーメランなど弾を使用しない完全に異なるタイプの武器にした方がよいでしょう。異なる機能は異なる形態で伝えるべきです。そうしないと、プレイヤーはあるサインを別のサインと混同し、その結果、機能を誤解してミスを犯す可能性があります。たとえば、ゲームに昼夜のサイクルがあり、時計を使ってゲーム世界での時間を伝えているとします。この場合、ミッション達成に残された時間を示すカウントダウンがこの時計にそっくりだったら、混乱の原因になるでしょう。同じような機能は一貫して同じような形態にすべきですが、機能が異なる場合は似ていない形態を使用して、混乱を避けることが大切です。

コントロールの一貫性も重要です。ゲームをコントロールするための手や指の動きの学習が、潜在記憶(動作に結びついているため「マッスルメモリー」とも呼ばれます)に大きく依存するゲームでは、その一貫性が欠かせません。プレイヤーは、初めはコントローラーマッピングの情報(PS4コントローラーでは「×を押してジャンプ」など)を学習しますが、ゲームが進行して同じアクションを繰り返し行うと、

112　　　　　　　　　　　　　　　　　　　　　　　Chapter 11：ユーザビリティ

手続き情報を意識しなくても、親指が勝手に動いて正確に×ボタンを押せるようになります。Chapter 4で見たように、手続き情報は練習によって自動的になり、忘れにくくなります（自転車の乗り方はいったんマスターすれば長期間忘れないのと同じです）。このため、状況が異なっていても機能の面で類似している場合には、コントローラーマッピングを変更してはなりません。たとえば、アバターが乗っている馬を走らせるには、アバターをダッシュさせるのと同じボタンを使用した方がよいでしょう。同様に、フロントエンドメニューやアバターのインベントリ内でのナビゲーションなど、インターフェイスの操作もゲーム全体で統一させる必要があります。ただし、正確なデザイン意図がある場合には、ゲーム内での一貫性を破ってもかまいません。たとえば「**アンチャーテッド3**」（Naughty Dog）では、プレイヤーが沈みかけて傾いた船にいるとき、コントロールも傾けられます。このためカメラではまっすぐに見える方向に進む場合も、アナログスティックを左に動かさなくてはならないことがあります。このシーケンスでは、カメラとコントロールの一貫性を破ることで、（驚きと）難しさを意図的に加えています。

　ゲーム間の一貫性も重要です。ゲームの決まりに慣れたプレイヤーたちのオンボーディングが容易になります。たとえば、多くのアクションゲームで、狙う、撃つ、ダッシュする、ジャンプする、しゃがむ、リロードするという動作に同じボタンセットが使用されています。これとは違うコントローラーマッピングを採用すると、プレイヤーはなかなか習得できないのでフラストレーションを感じます。コントロールにここまで苦労したくないと、ゲームをやめてしまうプレイヤーも出てきます。それでも妥当な理由があって慣例を破るのはかまいません。しかし、プレイヤーが慣れるまでに時間がかかることは想定しておきましょう。たとえば「**スケート**」（Electronic Arts）のコントローラーマッピングは、過去に発表されたスケートボードゲームで使用されている規則に従っていません。このゲームでは、フェイスボタンを使って技を行うのではなく、アナログスティックのみを使用する「フリック」コントロールが導入されています。このように慣例を変更したのは、現実でもスケートボードに乗るプレイヤーに、足をボードに乗せたときのような筋肉の感覚を親指でも感じてもらうという、このゲームの中核的な柱のためでしょう（スケートボードに乗らない私には表現が難しいのですが）。

　ずっと米国で生活している人が数日間英国を訪れた場合、すぐには車の左側通行に慣れることができませんし、道路を渡るときもつい左から見てしまいます。ゲームも同じで、ストーリーが進んでも習慣はなかなか消えません。プレイヤーが慣れ親しんだゲーム規則を変えるときは、明確な意図が必要です。そうでない場合は、慣例に従うことをお勧めします。

11.2.5　負荷の最小化

プレイヤーの認知負荷（注意と記憶）と身体負荷（アクション実行に必要なボタンクリックの回数など）を考慮し、負荷を最小化することが大切です。例のごとく、それがゲームの課題の一貫である場合は除きます。

- **身体負荷の最小化**
  ゲームの中には、プレイヤーに汗をかかせることが目的のもの（「**ジャストダンス**」（Ubisoft）など）や、素早くリズミカルに正しいボタンを押すことが目的のもの（「**ギターヒーロー**」（Harmonix）など）もあります。しかし、身体的な課題が重要でないゲームもあります。この場合、筋肉痛や身体疲労を軽減するため、身体負荷を減らしが方がよいでしょう。たとえば、

ボタンを繰り返し押すのではなく、押したままでもプレイヤーをダッシュさせる(または馬を走らせる)ことができるゲームでは、プレイヤーの身体動作が少なくて済みます。ペースの速いゲームでは頻繁にアクションを実行するため(手榴弾を投げる、武器を交換する、新しい武器を装備するなど)、ボタンを押す回数が多すぎないかを確認する必要があります。

また、フィッツの法則を使用して、あるインタラクティブな領域から別のインタラクティブ領域に移動するのにかかる時間(つまり身体的な労力)を予測することもできます。これは、スタート地点からの距離とターゲットのサイズに基づいて、目的地に到着するまでにかかる時間を予測する人の動きのモデルです。たとえば、PCゲームでメニューを操作してアイテムを装備するとき、画面の左上にあるボタンをクリックしてアイテムを選択してから、右下のボタンをクリックして確定するとなると、最初のターゲットから別のターゲットに移動するのにかなりの時間と労力(より大きなジェスチャー)が必要となります。したがって身体負荷を軽くするには、ゲーム内の一般的なアクションを実行するのに必要なあらゆるジェスチャーに注意を払わねばなりません。

ゲーム機では、カーソルを動かすのではなくボタンを押すため、たいてい身体負荷は大したことありません(少なくともフロントエンドメニューでは)。ただし、メニューナビゲーションに仮想カーソルが使用されている場合は例外です。プレイヤーはアナログスティックを使用してカーソルを動かし、特定の領域に移動します(「**Destiny**」(Bungie)や「**No Man's Sky**」(Hello Games)など)。仮想カーソルの場合、プレイヤーの動作の大きさとカーソルの移動速度が比例しないこともあるため、身体負荷を考慮し、フィッツの法則を使用することが大切です。インタラクティブ領域の位置に配慮しないと、非常に遅い仮想カーソルを画面全体にドラッグするはめになり大変です。一般的には、スティックを一方向に押し切ると仮想カーソルはスピードアップし、インタラクティブな領域はプレイヤーが目的地に到達しやすいよう「くっつきやすく」なります(「エイムアシスト」と同じ原理です)。

モバイルデバイスでは、身体負荷は重要な懸案事項です。プレイヤーに携帯電話やタブレットをどう持たせるか(縦向きまたは横向き)、指でどのようなジェスチャーを行わせるかを考えなくてはなりません。プレイヤーがスマートフォンを縦に持ち、親指1本でプレイする場合、親指の反対側のすべてのインタラクティブ領域(プレイヤーが右利きであれば、画面の左上にあるボタンなど)にアクセスするには多大な時間と労力が必要になります。このため、これらの領域(画面の上部など)に配置するボタンは、プレイヤーがあまり使わないものにする必要があります(設定ボタンはたいてい画面の右上に配置します)。

プラットフォームとゲームのタイプによって、どのくらい身体負荷を考慮すればよいかは変わってきます。全体としては、できるだけ身体負荷を予測し、最小化するようにしてください。

- **認知負荷の最小化**
  Part Iで、人間の記憶力と注意力がいかに限られているかを説明しました。このため、あえて負荷をかけたい場合を除いては、ゲーム内のあらゆる要素で認知負荷を最小化する必要があります。Chapter 4で説明したように、「**アサシンクリード**」シリーズ(Ubisoft)では、可

能なアクションとそれに関連するコントロール（どのボタンを押すか）が常にHUDに表示されています（図4.7参照）。この表示のおかげでプレイヤーはどのボタンを押すかを考えずに済むので、認知負荷が軽減します。このゲームの開発者にとって、コントローラーマッピングを記憶することはゲーム体験の要ではありませんでした。彼らが重視したのは、プレイヤーが自由に走り、どこにでも登れ、ワクワクできることでした。アクションを行うたびに押すべきボタンを思い出さなくてはならないとしたら、ワクワクするどころではありません。ゲームデザインは選択と妥協です。認知負荷を課すところと軽減するところを決める必要があります。

もう1つの例は、HUD上でレーダーやミニマップを見るとき、頭の中で回転しなければならない場合です。ミニマップがプレイヤー中心（プレイヤーの位置に応じて回転する）でないと、プレイヤーはマップを頭の中で回転しなければならず、認知負荷が生じます。このため、一般にはミニマップは、プレイヤー中心が推奨されます。マップの場合はそれほど問題になりません。マップを開くとゲームが一時休止され、マップUIが画面全体に表示されるからです。ただし、プレイヤーがマップ上に通過点を追加できるようにし、マップが閉じられたらプレイヤーのレーダーに表示されるようにすることをお勧めします。プレイヤーは旅程を覚えておく必要がないので、記憶の負荷が軽減します。

UX専門家のスティーブ・クルーグは著書「**超明快Webユーザビリティ: ユーザに「考えさせない」デザインの法則**」で、認知負荷を高める要素はタスク実行を阻害すると明言しています。ゲームの場合、課題と関係ない情報を処理するための認知負荷のせいで、プレイヤーの注意がその課題からそれる可能性があります（フラストレーションの原因にもなります）。Chapter 5 で説明した認知負荷理論によれば、作業記憶の限界を超える認知力が必要になると、学習が妨げられます。このため、プレイヤーが主な仕組みやルールを学ぶオンボーディングの段階では、特に認知負荷に注意しなければなりません（スウェラー、1994年）。ただし、処理レベルが深いほど、記憶の保持力が高まることも忘れないでください。したがって、無関係な要素に対する認知負荷を軽減すると同時に、プレイヤーに学習させたい仕組みや機能は作業記憶で処理されるようにすることが大切です。最後に、フロー体験と呼ばれるレベルまでプレイヤーをアクティビティに没頭させるには、プレイヤーの気をそらすことなく課題のタスクに集中させる必要があります。つまり、負荷を最小化するという柱は、コア体験に直接関連しないタスクにのみ当てはまることを覚えておいてください。そうすれば、プレイヤーはコア体験により多くの認知力を割り当てられるようになります。（Chapter 12 の「ゲームフロー」を参照してください）。

11.2.6 エラーの回避と回復

プレイヤーはゲームで失敗すると、死んでしまいます。これは多くのゲーム体験の一部であり、課題が簡単すぎると、たいていクリアしても満足感は得られません（Chapter 12 の「ゲームフロー」を参照してください）。しかし、これはプレイヤーに寛容である必要はないという意味ではありません。意図に合っているのであれば、防いだ方がよいエラーもあります。また、特にエラーがゲーム体験にとってプラスにならないフラストレーションを引き起こす場合は、プレイヤーがそのエラーから回復できるようにし

ます。認知的不協和にも注意が必要です。プレイヤーはどこで失敗したのかを明確に理解できなければ、それが自分のせいとは考えない可能性があります。イソップ物語のキツネのように（Chapter 6 参照）、失敗への不快感を処理する手段としてゲームを責めるでしょう。ゲームを駄作と呼び、ゲームから離れるのです（失敗の痛みを感じ続けることがゲームを続ける動機にならない限り）。

- **エラーの回避**

  人の認知にはさまざまな限界があります。自分のすべての行動に絶えず注意を払うことも、直面したすべての情報を覚えておくこともできません。そのため、プレイヤーはエラーを犯します。ユーザーが犯し得るすべてのエラーを予測し、それらを回避するようデザインすることが、デザイナーとしての皆さんの仕事です。簡単な例を挙げましょう。フィッツの法則によると、「確認」と「キャンセル」といった逆の機能を持つ2つのボタンが非常に近くにある場合、ボタン同士が離れている場合よりも、プレイヤーが間違ったボタンをクリックする可能性が高まります。このため、損失の大きいアクション（ゲームのダウンロードを完了間近でキャンセルするなど）を間違って実行してしまいそうなボタンは、簡単には手が届かない位置まで遠ざけた方がよいでしょう。また、アクションが劇的な変化をもたらす場合や不可逆的である場合には、確認メッセージを追加します。たとえば「**World of Warcraft**」（Blizzard）では、キャラクターを削除するとき、プレイヤーが「DELETE」という単語を入力して確定します。このため、誤ってキャラクターを削除するというエラーはほとんど発生しません。全般的に、何かを破壊したり削除することに関連するアクションでは確認を求める（または回復を可能にする）ことが大切です。

  エラーはメニューでのみ発生するわけではありません。ゲーム世界においても、エラーを想定して回避できるようにする方法を考えることは可能です。たとえば、「**スーパーマリオギャラクシー**」（任天堂）では、敵の衝突判定が実際の3Dモデルよりも小さくなっています。このためプレイヤーはペナルティなしで敵に近付くことができます。こうしたディテールが考案されたのは、マリオからほかのオブジェクトやキャラクターまでの距離を推測するのが難しい場合があるからです。プラットフォーミングメカニクスを備えるゲームでは、キャラクターモデルの1ピクセルだけでもプラットフォームに当たれば安全にプラットホームに到達できるようすることで、エラーを防ぐことができます。クラフティングメカニクスを備えるゲームでは、プレイヤーが自分の装備している武器を特定して、作成すべき弾薬がわかるようにすることで、エラーの発生を回避できます。脳の仕組みを理解すれば（Part I）、プレイヤーが犯しそうなエラーを予測し、その発生を防ぐべきかどうかを考えられます。また、テストプレイで自然体でプレイしてもらい、プレイヤーがどんなことを発見し、どんな風に操作するかを観察すると、多くの人に共通するエラーも特定できます。人間の**能力**と**限界**を考慮してデザインすることを忘れないでください。プレイヤーが頻繁に同じエラーを犯すときは、その原因はそうしたエラーが起きやすいデザインにあると考えられます。熟練のパイロットであっても、飛行機のコックピットのデザインが悪ければ、致命的なミスを犯す可能性があるのです。マジックミラー越しにプレイヤーに文句を言ったり、こぶしを振り上げたりしても意味がありません。ターゲットプレイヤーに相当する人たちにテストプレイに参加してもらったのであれば、ゲーム発売後も大

半のプレイヤーが同じエラーを体験する可能性は高いです。プレイヤーに素晴らしい体験を提供したいなら、テストプレイヤーを尊重し、自分のデザインのどこにエラー原因があるのかを明らかにする必要があります。

そして最後に、プレイヤーが保存せずにゲームを終了してしまうことが決してないようにします。最近ではほとんどのゲームでプレイヤーの進行状況が自動保存されますが(エラー回避の代表的な例の1つです)、手動での保存が必要なものもあります。こうした場合、プレイヤーが進行状況を保存せずにゲームを終了できてはいけません。この保存操作はもはや一般的ではないので、特に注意が必要です(システムに保存スロットが1つしかなく、プレイヤーがそのスロットを上書きせずに、最後に保存した地点からやり直したい場合は除きます)。プレイヤーが前回までの進行を取り戻すのはとても大変ですし、大きなストレスを伴います。同様に、ゲームにチェックポイントがある場合、次のチェックポイントに達する前にゲームを終了したらどうなるかをプレイヤーに適切に伝える必要があります(最後のチェックポイントからどのくらい離れているかなどを示します)。またマルチプレイヤーゲームでは、進行中の戦闘を放棄したらどうなるかをプレイヤーに明確に伝えます。多くのゲームでは、戦闘を放棄したプレイヤーにペナルティが課されますが、ほかのプレイヤーに及ぶ影響については理解していないプレイヤーも存在するからです。ゲーム機を使ったゲームでは、プレイヤーはゲーム機をオフにすることでゲームを終了することがあります。プレイヤーは中断に対するメッセージ(禁止や警告)を見ない可能性があるので、次にプレイヤーがゲームを起動したときに警告を表示するなどを検討してください。

- **失敗からの回復**
  失敗してしまったけれどシステムで回復できたので安心した、という体験が皆さんにも何度かあるのではないでしょうか。「元に戻す」はうれしい機能ですよね! **「ブレイド」**(Braid、Number One)などのように「元に戻す」機能がゲームのコアメカニクスになっている場合以外は、この機能を搭載するのは必ずしも容易ではありません。しかし、プレイヤーがエラーを犯した(死んだ)地点に近いチェックポイントから再挑戦できるようにしても同様の効果があります。また、「元に戻す」ボタンを追加した方がよいケースもあります。たとえば、**「リーグ・オブ・レジェンド」**(Riot)では、プレイヤーは最後に行った売買を元に戻せます。後悔している決定を元に戻せるように、スキルツリーで消費したすべてのポイントをリセットできるようにした例もあります。

11.2.7 柔軟性

柔軟性とは、ゲーム設定でカスタマイズや調整ができることです。コントロールマッピング、フォントサイズ、色など、ゲームでカスタマイズできる項目が多いほど、身障者を含むより多くの人が遊べるゲームになります。知覚は主観的であることを思い出してください。自分には快適なUIに思えても(フォントサイズなど)、ほかのすべてのプレイヤーが同じように感じてくれるわけではありません(視覚障害のある人もいれば、字幕を読む必要がある人もいます)。男性の人口のおよそ8%に何らかの色覚異常があるため、これについても考慮が必要です。

コントロールに関しては、右利きの人と左利きの人がいるだけでなく、一時的な障害（手首の捻挫など）や恒久的な障害（関節リウマチなど）を持つ人もいます。提供する設定オプションの数が多いほど、アクセシビリティと全体的なユーザビリティが向上します。こうした柔軟性を提供する場合は、ゲームのカスタマイズ性がプレイヤーに伝わるようにしましょう。大半のプレイヤーは、メニューを詳しく見ずに再生ボタンを押してしまいます。たとえば「**アンチャーテッド 4**」（Naughty Dog）では、ゲームの初回起動時にアクセシビリティとカスタマイズのオプションをうまく提示しています。多数のオプション設定を提供するだけでなく、デフォルト設定に配慮することも重要です。ほとんどの人は面倒を嫌うため、オプション設定を変更しません。設定をいじるのはパワーユーザーだけでしょう。このため、デフォルト設定を決めるときは、主なターゲットプレイヤーを考慮してください（業界の標準と慣例を使用します）。皆が自分と同じように世界を体験しているわけではない、というのは忘れがちなことですが、柔軟性とアクセシビリティに優れたデザインは、プレイヤーに対して親切なだけではありません。潜在プレイヤーの規模を拡大できるため、ビジネス面で有効です。ゲームへのアクセシビリティの実装は、前もって考えておけばそれほど時間はかかりません。次のセクションでは、アクセシビリティが重要な理由と、それを簡単に達成できる理由について UX デザイナーのイアン・ハミルトンが説明します。また Web サイト（http://gameaccessibilityguidelines.com/）で、インクルーシブゲームデザインについての明確な指標も確認してください。

　柔軟性とは、プレイヤーが希望通りに難易度を決められるということでもあります。大きな課題に挑戦したいプレイヤーもいれば、ただ気楽に楽しみたいというプレイヤーもいます。ですから、ある程度プレイした後にロック解除されることになっている部分にも、プレイヤーが望むのであれば、アクセスできるようにした方が効果的です。これが特に必要なのは、パーティゲームです。パーティゲームでは、作為的で不要なストーリーを通してミニゲームを 1 つずつロック解除していく「ストーリーモード」が終わるまで、ミニゲームにアクセスできないことがあります（パーティーゲームの面白さは、ボードゲームのように好きな時間に好きな友人とプレイできる点にあります）。夜中に訪ねて来る友人たちと楽しい時間を過ごすためにパーティーゲームを購入したのに、アクセスできないゲームがあったらイライラします。特にプレイヤーが前もって料金を支払うゲームでは、ゲームのあらゆる側面をいつでも体験できるようにすべきです。ゲームを継続してプレイしてもらえるかどうかが心配であるなら、フラストレーションの少ないほかの仕組みを利用した方が賢明です（Chapter 12 の動機づけの柱を参照してください）。

　留意すべき最後の現象は「パレートの法則」です。「80：20 の法則」とも呼ばれ、システムの変動要素の 20% が結果の 80% をもたらしているという理論です。たとえば、製品機能の 20% が製品使用の 80% を占めています。つまり、ほとんどの人はゲームの機能の約 20% しか使っていないということです。このため、大部分のプレイヤー向けにデフォルト UI はシンプルにしておくことをお勧めします。ゲームの進行に不可欠なウィジェットだけを表示して（必要なときだけ）、パワーユーザーはオプションやアドオンを UI に追加できるようにします（「**World of Warcraft**」は柔軟な UI ウィジェットを提供している好例です）。

イアン・ハミルトン（アクセシビリティスペシャリスト兼UXデザイナー）

アクセシビリティは、さまざまな理由からゲーム業界にとって非常に重要な分野です。その1つは市場サイズです。政府資料によると、人口の約18%が何らかの障害を持っているそうです。ゲームに支障があるとは限りませんが、政府資料には含まれていない障害もあります。たとえば、色覚異常は男性の8%、難読症は米国成人の14%を占めています。開発者はこのビジネスチャンスを逃す手はありません。アクセシビリティが重要であるもう1つの理由は、人として受ける恩恵です。ゲームは、レクリエーション、文化、社会交流にアクセスする手段となります。これらは多くの人々が当たり前に思っていることですが、何らかの理由でアクセスが限られている場合、ゲームがその人のQOL（生活の質）を大きく向上できることがあります。

上記をはじめとする理由から、アクセシビリティの分野が発展し、加速しながら変化し続けているのは喜ばしいことです。業界としてはまだ道のりは長いですが、正しい方向に進んでいます。

難しいことではありません。開発の初期段階から検討を始め、ゲームを楽しんだりプレイするのを阻んでいる障壁を、運動、聴覚、発声、視覚、認知の能力に関連づけて特定します。ゲームを楽しくするための障壁は当然ながら必要です。それ以外の障壁に着目し、どうすれば不要な障壁を防いだり除外できるかを考えてください。

記号と色、テキストと音声など、複数の方法で情報を表したり、複数の難易度やカスタマイズできるコントロールといった柔軟性を提供すれば、たいていの障壁は解決可能です。早期からの検討で容易に多様なオプションを実装できますし、広範囲にわたる効果が得られます。小さくて扱いにくいインターフェイス要素は避けましょう。運動障害や視覚障害など、あらゆる種類の障害を持つ人々が楽しくプレイできるうえ、ガタガタ揺れるバスや直射日光の当たる場所でも快適にプレイできるようになります。優れた字幕を提供すれば、赤ちゃんが眠っているときはヘッドフォンなしでミュートでプレイ可能です。片手で操作できるコントロールなら、片腕の人や腕をけがしている人はもちろん、地下鉄の手すりにつかまりながら、バッグやビールを抱えながらでもプレイできます。マップ上ではアイコンと色を併用すると、使いやすさがさらに向上します。

アクセシビリティはあらゆる分野に関連していますが、その効果を発揮するうえで最大の責任と力を備えているのがユーザー体験（UX）です。UXは、あらゆるプレイヤーのニーズに向き合おうという姿勢がそのまま職種名に表れている唯一の専門分野です。「U」が意味するのは、「現在障害を持っていない一部のユーザー」だけではありません。専門家のレビュー、データ分析、ユーザー調査といった道具はすでにUXの武器庫の中にそろっています。専門家のレビューでUXのベストプラクティスに親しんでください。http://gameaccessibilityguidelines.comなどの無償のリソースでも学べます。

ゲームは世の中のためになる強力な力であり、UXはその素晴らしさを高め、伝えるという独特の立場にあります。私たちの役目は、そうしたUXを実現することです。

12

エンゲージアビリティ

12.1 ゲーム UX のエンゲージアビリティ
の3つの柱................................121

12.2 動機づけ................................123

12.3 情動................................137

12.4 ゲームフロー................................145

優れたゲームは一般に「面白い」と表現され、ゲームデザイナーはそれを目指して尽力します。ゲームデザイナーで教育者であるトレーシー・フラートンにとって、ゲームをデザインすることは、「プレイヤーが「面白い」とする課題、競争、インタラクションを巧みに組み合わせたもの」を作り出すことです(フラートン、2014年)。したがって、イテレーティブデザインの目標には、プレイヤーが楽しんでいるかどうかを検証することが含まれます(サレンとジマーマン、2004年)。問題は、何がゲームを「面白く」するのかがわかりにくいことです。ゲームデザイナーのジェシー・シェルが指摘するように、「ほぼすべてのゲームで面白さは望まれているが、その面白さは分析できないことがあります」(シェル、2008年)。たとえばゲームデザイナーのラフ・コスターは、「面白さ」を「学習の同義語」ととらえ、人の脳に快感を与え、退屈を追いやるものだと述べています(コスター、2004年)。一方、研究者ディロン・ロベルトは、「楽しさは人によってまったく異なる極めて個人的な活動である」と考えます(ディロン、2010年)。ゲームデザイナーのスコット・ロジャースが言うように、「面白さの問題は、ユーモアと同じで、完全に主観的であること」なのです(ロジャース、2014年)。

12.1 ゲーム UX のエンゲージアビリティの3つの柱

面白さに関して広く確立された理論や予測方法はまだないものの、プレイヤーの楽しさ、臨場感、没入感、ゲームフローなどを説明するモデルやフレームワークはいくつか提唱されています。これらのフレームワークは学術研究やゲーム開発の慣習に由来しており、容易に統合できるものではありません。私が開発者と一緒に仕事していて実践的に役立ったモデルの1つが、スウィーツァーとワイス(2005年)の**ゲームフロー**モデルです。スウィーツァーとワイスは、ゲームの最も重要な目標であるプレイヤー

の楽しさが、何が体験を楽しいものにし、人に幸福感を与えるかを説明した**フロー**（チクセントミハイ、1990年）の概念に似ていることを発見しました。この概念については Chapter 6 で触れましたが、本章の「ゲームフロー」でより詳しく説明します。簡単に言うと、ゲームフローは、フローの概念に沿ったユーザー体験のヒューリスティックを組み合わせ、ゲーム評価における楽しさのモデルを提案します。ゲームデザイナーの陳星漢（Thatgamecompany が開発したゲーム**「FlOw」**、**「Flowery」**、**「風ノ旅ビト」**をデザイン）によれば、優れたデザインのゲームは簡単すぎず難しすぎない課題によってプレイヤーをフローゾーンに引き込み、そこに留めます（陳、2007年）。

　ユーザビリティへのアプローチのように、面白さ、楽しさ、没入感のための理論とフレームワークをすべて網羅するつもりはありません。私が提示するのは、開発チームと共通の言語を話すのに役立った幅広い柱です。認知科学に基づくこれらの柱を把握すると、開発者が提供したいゲーム体験を守りながら、プレイヤーに没頭してプレイを継続してもらうには何が重要なのかを理解できるようになります。

　先述したユーザビリティの柱は、プレイヤーのフラストレーションの原因となり、「不信の一時的停止」を中断させる不要な障壁を取り除くためのフレームワークとなります。ユーザビリティの柱はゲームの使いやすさを焦点としているのに対し、エンゲージアビリティの柱はゲームの没頭度や没入レベルを焦点としています。ゲームのユーザビリティの方が間違いなく測定するのは簡単です。なぜなら確立されたヒューマンファクターの原理を使用して、プレイヤーが失敗したかどうかを観察し、プレイヤーがゲームについて理解しているか、すべきことがわかっているかをチェックできるからです。このためユーザー体験(UX)の実践では、ゲームの使いやすさを正確に予測できます。一方、プレイヤーの没頭度を評価するのは困難です。プレイヤーがどれだけ面白い体験をしているか（没入感、フロー）を**客観的に**測定するのは難しいうえ、その測定結果を踏まえても、ゲームの成功度を予測するのは容易ではないからです。プレイヤーにどれほど面白いかを尋ねることはできますが、自己評価には強いバイアスがかかっています。その時点までの面白さの尺度で、その後のゲームの成功や楽しさを正しく予測できるとは限りません。ユーザー調査の手法については Chapter 14 で説明しますが、成功度を測定する方法を常に念頭に置くのは大切なことです。特に無料ゲームの成功度を判断するのによく使用されるKPI(key performance indicators=重要業績評価指標)に、プレイヤーの継続率があります。アナリティクスとデータサイエンスについては Chapter 15 で触れますが、継続率とは主に、プレイヤーをどれだけの期間ゲームプレイに**没頭**させておけるかです。「エンゲージアビリティ」という概念が、成功を収める（そして楽しい）ゲームを作成するうえで重要なのはこのためです。

　この概念は完全なものではなく、これから紹介する「エンゲージアビリティの柱」は、エンゲージアビリティに影響する大まかな要因を特定し、客観的な測定をいくらか可能にしようという試みにすぎません。ゲームのエンゲージアビリティの強みと弱みを特定する大まかなガイドラインの提供を目的としたスタート地点であり、うまくいけばゲームのベータ段階において、開発者が問題を早期に解決し、アナリティクスデータを理解するのに役立つでしょう。動機づけなしでは行動も没頭もありえないため、**動機づけ**がエンゲージアビリティの核となる柱であり、これを**情動**と**ゲームフロー**の柱が支えます。

12.2 動機づけ

Chapter 6 では、人の動機づけについて現在わかっていることをなるべく正確かつ広範に説明しました。動機づけは、人の動因、欲求、欲望を満たそうとする原動力です。現時点では、動機づけについてコンセンサスや統一された理論はありませんが、各種欲求(生物学的欲求、学習性欲求、認知的欲求、個人的欲求)に関連して多様な動機づけ(主に潜在的、内発的、外発的)があることがわかっています。これらの動機づけが相互に作用し、人の知覚、認知、行動に影響を与えますが、その方法はまだはっきりとは解明されていません。性格や内外のコンテキスト(生物学的要素や環境)に応じて、何が動機づけとなるかは時と場合で異なります。このため、研究者も人の行動を容易に予測することはできません。特に、すべての変数を制御したり、入念に操作したりできない研究室の外では予測は困難を極めます。ゲームに関して言えば、ゲームデザイナーは環境を操作できますが、プレイヤーの生物学的欲求や個人的欲求を制御することはできません。しかし、個人的欲求を考慮することはできます。開発者にできるのは、プレイヤーの内発的動機づけを刺激するよう環境(ゲーム)をデザインすること、フィードバック、対価、罰の形で外発的動機づけを使用することです。このため、ゲーム業界では主として**外発的動機づけ**(タスク外で対価を得るために活動に従事する)と**内発的動機づけ**(タスク自体を目的として活動に従事する)を区別することで、ゲームの動機づけにアプローチしてきました。重要なのは、この区別がプレイヤーの心の中にあるということを理解することです。ある種のゲームプレイイベント(レベルアップ時に新しいスキルポイントを獲得するなど)は、内発的対価(有能性の高まりに対するフィードバック)と外発的対価(使用できるスキルポイント)の両方であるとみなされることがあります。さらに、ゲームは自己目的的な活動であると定義されるため、ゲーム内のすべての対価はたいてい活動そのものに関連しており(対価はゲーム内で使用されます)、本質的に内発的であると言えるでしょう。例外となるのは「シリアス」ゲームです。活動自体を楽しむためにプレイするのではなく、現実のメリット(体重を減らすなど)の達成や、価値のあるゲーム内通貨を使用して強力なプレイヤー主導の経済を築くことが目的であるからです。ゲームの動機づけに対するアプローチとして、内発的と外発的に二分する考え方が正しいとは言い切れませんが、開発者がよく使うわかりやすい区分であり、これに勝る考え方もないことから、本書ではこの区分を使用することにします。ただし、各種動機づけがどのように相互作用して人の行動に影響しているかは完全に解明されたわけではないので、以下の区分は安定性に欠けることに注意してください。

12.2.1 内発的動機づけ：有能性、自律性、関係性

内発的動機づけは、別のものを手に入れるための手段としてではなく、活動そのものを目的として活動を追求するときに発生します(Chapter 6 参照)。ゲーム開発における内発的動機づけのフレームワークとしてよく使われる考え方が、自己決定理論(SDT)です。この観点に基づくと、ゲームは有能性、自律性、関係性を高めたいという基本的な心理的欲求を満たすことを目標とすべきです(プシビルスキ他、2010 年)。有能性とは、スキルに長け、明確な目標に向かって進んでいるという感覚を指します。自律性の欲求は、自己表現のために意義ある選択肢と場所が用意されているという感覚に関係しています。関係性は、主にほかの人とのつながりを感じたいという欲求を指します。ゲームの中には、プレイヤーの有能性を重視したものもあります。たとえば、**「スーパーマリオブラザーズ」**(任天堂)は段階的に難易度が上がるため、プレイヤーはスキルを高め、ナビゲーション能力や反射神経を向

上する必要があります。また、実験を通じて自律性の要素を強調するゲームもあります(「**マインクラフト**」(Mojang)では、創造的な方法でゲーム世界を試すことができます)。関係性の欲求を満たす機能としては、協調的または競争的な目標を介して、つまり非同期的に、プレイヤー同士がリアルタイムで対話できるマルチプレイヤー機能があります。他者とつながりたいという欲求は、ゲームの意義と情動面に作用するプレイ不可能なキャラクターでも満たせる場合があります(「**Portal 2**」(Valve)のコンパニオンキューブのように無生物ながら情を感じさせるオブジェクトでも可能な場合がありますが、これはやや例外的です)。

- **有能性**

    プレイヤーの有能性への欲求を満たすには、自分にスキルがあるという感覚、制御感、進行感、習熟感をプレイヤーに与えることが大切です。このため、ゲームの短期目標だけでなく、中期および長期の目標(ゲームプレイの深さ)をプレイヤーに明確に伝えることが重要です。努力が無意味でないとわかれば、プレイヤーはゲームプレイにより力を注ぎ、没頭できるようになります。たとえば、「**ポケットモンスター**」シリーズ(任天堂)では、短期、中期、長期の目標が非常に明確です。プレイヤー(ポケモントレーナー)の目標は、次のバトルに勝ってポケモンを獲得し(短期目標)、「ジムリーダー」を破ってポケモンのレベルを上げ(中期目標)、すべてのポケモンを捕まえてその地方最強のトレーナーである「四天王」を打ち負かすことです(長期目標)。目標の達成がはっきりとした内発的対価となっていますが、たいていの目標は、外発的対価にも関連付けられています(自己目的的な活動の中で内発的対価と外発的報対価を明確に区別するのは困難ですが)。強い敵を倒すと、多くの場合、経験値、ゲーム内通貨、アイテムなどを獲得できます。ゲーム内のすべての機能や要素について、どうすれば意義ある目標を明確にプレイヤーに伝えられるかを考えなくてはなりません。ここでキーポイントになるのが「明確」と「意義ある」という部分です。

    目標が**意義ある**ものでなければならないのには大きい理由があります。それは、人があることにより注意を払い、より多くの認知力を割り当てられるようになるのは、それに注意すべき理由を明確に理解したときだからです。Chapter 5で見たように、注意力を作業記憶に割り当てることが、情報を深く処理して学習するうえで大切です。ゲームデザイナーは、UX プラクティショナーがわざわざ思い出させなくても、ゲームでは目標の設定が不可欠であるということを十分にわかっています。目標こそがゲームデザイナーの作品の要であるからです。しかし、プレイヤーが目標に出会ったとき、その目標設定がプレイヤーにとって十分意義あるものではない可能性はあります。たとえば、ゲームにおいて最も直接的に目標設定を表しているスキルツリーについて考えてみましょう。より大きいインベントリを持てるようになるスキル(より大きいバックパックなど)を早期からプレイヤーの目標とすることは、このスキルがまもなく非常に役立つことを知っているゲームデザイナーにとっては意義があります。しかし、多くのプレイヤー、特にゲームを始めたばかりのプレイヤーにとっては、視覚効果の高い強力な武器や、キャラクターが高くジャンプできたり飛んだりできる能力など、ドラマチックな効果を持つスキルを目標とした方が楽しいかもしれません。このようなスキルの方が、ゲームでの能力向上をイメージしやすいからです。もちろん、プレイヤーがインベントリの限界を感

じるようになれば、より大きいバックパックを求めることにも意義が出てきます。このため、スキルツリーをデザインして全体の目標を設定するときは、特定のアイテム（スキル、リソース、武器など）の獲得がプレイヤーの能力にどれほど意義があるかを必ず表現するようにします。さまざまな課題がある中で**何が**、**いつ**プレイヤーにとって意義あることなのかを検討するには、プレイヤーの立場に立ってください。プレイヤーはゲーム開発者ほどゲームに詳しくありません。このためプレイヤーが目標に出会ったその瞬間に、そこに真の意義を感じられなければ、プレイヤーはその目標そのものに魅力を感じることはないでしょう。たとえば、対価として貴重な資源がもらえるミッションをプレイヤーに提示する場合、プレイヤーがその資源の貴重さを把握していなかったり、その資源で役立つものが作れないのであれば、プレイヤーをやる気にさせることはできないのです。ある要素がゲームの本質にどれほど価値があるかではなく、プレイヤーがその価値をどのように**知覚**するかを考えてください（知覚は主観的であることを忘れてはいけません）。プレイヤーに意義があると知覚される目標を適切なタイミングで設定できれば、長期にわたり強力にプレイヤーを引き付けておくことができるでしょう。

もう１つ重要なのが、少なくともユーザーインターフェイス（UI）を通じて、目標に対するプレイヤーの達成度（プログレスバーなど）を明確に示すことです。目標が欠如していたり、プレイヤーにとって意義や価値ある目標ではないという理由からではなく、単に明確に示されていないという理由から、動機づけの問題が生じることは少なくありません。プレイヤーに与えるすべての目標に、優れたユーザビリティをデザインすることが不可欠です。たとえば、非常にかっこいいアクションを実行できる能力をスキルツリーで提供する場合、このスキルを表すアイコンはその機能と同様にかっこよく、形もできるだけその機能を表現したものにします。短いビデオクリップを追加して、実際の能力を見せてもよいでしょう。これにより、プレイヤーに能力の高まりをイメージさせ、その能力を獲得して実行できるようになりたいと思わせることができます。フロントエンドメニュー以外では、ゲーム世界でプレイヤーをじらすという方法もあります。たとえば、マルチプレイヤーゲームでほかのプレイヤーが魅力的なアイテムや能力を獲得したとき、その様子を魅力的に描き出せばプレイヤーの注意を引くことができます。「**World of Warcraft**」で歩き回るのが苦痛に感じ始めたとき、自分よりレベルの高いプレイヤーが苦労して手に入れた能力が見えることには、意義と明確さがあります。あるレベルで馬などに乗れる能力がもらえることが UI からは明確にわからなくても、実際にそれを見たプレイヤーは好奇心をそそられ、どうしたら自分も獲得できるか知ろうとするはずです。プレイヤーは獲得した能力を見せびらかすこともできるので、自分の優れた能力を見せたいという欲求も満たせます（もちろん、それも飛行生物に乗ったプレイヤーに遭遇するまでです）。シングルプレイヤーゲームでは、じらすことでやはり人間の内発的動機づけの要因である好奇心を刺激し、目標を明確にすることができます。プレイヤーをじらすのに特に長けているのが任天堂です。たとえば「**ゼルダの伝説 神々のトライフォース**」では、プレイヤーは特定の場所の横に爆弾を置いて、秘密の通路を開くことができます。しかし、普通の爆弾では破壊できない亀裂が入った特殊な壁も存在します（じらし）。その後ゲームでに新しいタイプの爆弾が出現したとき、なぜその特別な爆弾に意義があるのか、これをどう使えばよいか（大きい亀裂が入った壁に使用するなど）を明確に認識できます。同様に「**ゼルダの伝説 夢幻の砂時**

計」では、アクセスできないエリアの横にある杭に時々遭遇しますが、この時点ではカギ爪フックを持っていません。このため、プレイヤーはカギ爪フックを獲得したとき、その道具に意義があることや、これにより能力が増すことをすでに知っています。杭を登って以前は到達できなかったエリアに入れるようになるのです。鍵（先の例では特別な爆弾やカギ爪フック）を与える前に錠前（障害）を見せるという手法は、プレイヤーの目標を非常に明確かつ強力に設定できると同時に、成長感や好奇心を刺激します。このほかにも、プレイヤーが必要なレベルに達していないために入れないエリアや、入れるけれどもプレイヤーより格段に強い敵によってすぐに倒されてしまうエリアをゲーム内に作っておくという方法があります。早い段階でプレイヤーにこうしたエリアの存在を見せ、ここに入るには能力を上げなくてはならないことを示せば、目標が明確（場合によっては意義あるもの）になります。全体として、プレイヤーは必ず自分の目標を理解していなければなりません。獲得する意義のあるスキルやアイテム、これらによって能力がどう向上するか、そして特定のミッションを達成したときや特定のレベルに達したときに何が起きるかを、プレイヤーが認識しているかどうか確認してください。プレイヤーは短期、中期、長期の目標を理解しているでしょうか？ 特定のレベル、スキル、アイテムの獲得を楽しみにしており、それによって能力がどう向上するかを認識しているでしょうか？ そうでない場合は、目標が設定されていない（ゲームデザインの問題）、目標は設定されているがフロントエンドメニューまたはゲーム世界を通じて示されていない（ユーザビリティの問題：明瞭さ）、目標は認識されているが明確に理解されていない（ユーザビリティの問題：形態は機能に従う）、プレイヤーが能力向上の点で十分な意義を感じていない（エンゲージアビリティの問題）のいずれかの状態が発生しています。進行度については、どの目標が完了間近なのかについて明確なフィードバックを提供しましょう。これにより、プレイヤーは目標を達成するためにもう少しプレイしようという気になります。これまでの進行度やこれから達成する必要があることについて明確な情報を提供することは、有能性にとって非常に大切です。プレイヤーが新たに獲得した能力を使ったときに、アバターにかっこいいアニメーションをつけるなど、その瞬間のゲームの感覚を提供することも有能性を高める1つの方法ですが、ゲームの感覚については後ほど説明します。

目標は、達成という内発的対価に関連するだけでなく、外発的と認識される対価にもよく関連付けられます。たとえば、強い敵を倒すことは、プレイヤーの能力に対するフィードバックとなるため内発的対価ですが、多くの場合、ゲーム内通貨、経験値、アイテムといった対価にも関連付けられています。そうした対価はゲーム世界の中で関連し合っていて意義があるため、ゲームの内発的動機づけと外発的動機づけの間に明確な線を引くのは困難です。しかし、さまざまなタイプの対価について詳しく説明し、外発的動機づけが内発的動機づけに対して、どのような相対的影響を与える可能性があるかについては紹介したいと思います。全体として鍵となるのは、ゲーム内での目標に対する目的意識をプレイヤーに感じさせること、そして達成感も与えるために進行度について明確なフィードバックを提供することです。また、プレイヤーがゲーム内で有能性を得る**方法**を理解しているかどうかも考慮する必要があります。危険が迫っていることに気が付かない、またはゲームのルールを明確に理解していないことが原因で、脅威に適した能力を使用できずに死んだり、目的を達成しそこなった

プレイヤーは習熟感を得られません。ゲームをやめたり、怒りを感じることでしょう（プシビルスキ他、2014年）。有能性を感じさせるには、ユーザビリティと学習曲線が非常に重要です。ゲームのユーザビリティを軽視したり、チュートリアルの作成に手を抜けば、プレイヤーをゲームの世界に引き込んで制御感や習熟感を感じさせることはできないでしょう。マルチプレイヤーオンラインバトルアリーナゲーム（5対5）である**「Paragon」**（Epic Games）では、開発サイクルの早い段階でユーザー調査員がテストし、熟練プレイヤーを含む多くのプレイヤーが何度も塔（強力な障害物）のために死んでいることが判明しました。プレイヤーは、どのタイミングであれば狙われることなく敵の塔に近づけるのかを完全に理解しておらず（図12.1）、すぐに死んでいました。また、何がこの塔の「Aggro」を引き起こしているのか（塔エリアの中で敵ヒーローを傷つけると、塔から射撃される）も理解していませんでした。塔のAggroのルールがわからないことが、プレイヤーがゲームから離脱する最大要因となっていることが判明したのは、ゲームが正式公開され、データマイニングが可能になった後でした。塔で殺される回数が多いプレイヤーほど、ゲームをやめていました。注意すべき**理由**についてプレイヤーをじらした後は、有能性を得る**方法**がわかるよう入念にオンボーディングを作成しましょう。これはプレイヤー定着率に影響します。

図12.1
Paragon © 2016, Epic Games, Inc.（提供：Epic Games、ノースカロライナ州ケーリー）

- **自律性**

  プレイヤーの自律性の欲求を満たすには、意義ある選択を可能にし、自分の意志で行動しているという感覚を与えます。さらに、ゲームシステムを明確にして、制御感や目的意識を持てるようにします。プレイヤーにとって最も強力で意義ある選択の1つが創造性を表現することです。**「マインクラフト」**は、ゲームにおける典型的な自律性を示しています。この手続き的に生成されたゲームは深い体系的デザインを提供し、プレイヤーはほぼ制限なく実験したり製作できます。プレイヤーの自律性をサポートする手段には、アバターの外観、キャラクターの名前、基地の名前、バナーの選択など、ゲーム内の要素をカスタマイズできるよう

にする方法もあります。カスタマイズ用のオプションは多ければ多いほどよいでしょう。人には自分が着想に加わった製品を過大評価するという認知バイアスがあり(ノートン他、2012年)、これはスウェーデンの家具量販店にちなんで「イケア効果」と呼ばれています。つまり、プレイヤーはベースやアバターの作成に参加した場合、これらの要素に対してより大きい価値を感じると考えられます。もちろん、これらのカスタマイズはプレイヤーにとって意義あるものでなければなりません。あまり出現しないキャラクター（ゲームのカメラビューが一人称視点の場合など）の外観の調整に時間をかけても、これに見合う価値は感じられないでしょう。プレイヤーがエモートするときに三人称カメラビューに切り替えたり、戦闘中に素晴らしい動きをしたアバターのリプレイ機能を提供したりするなど、プレイヤーが自分のアバターを特定のタイミングで表示できる機能を追加できるのであれば意義があると言えます。

ロールプレイングゲーム（「**Skyrim**」など）やシミュレーションゲームは通常、個人的行為者性を提供します。こうしたゲームではプレイヤーの選択によって、特定の能力に特化したり（自分の目標の設定）、ゲームストーリーを変化させたり、環境を変えたりできるためです(シド・マイヤーの「**シヴィライゼーション**」やウィル・ライトの「**シムシティ**」など)。この場合も選択は意義あるものでなければならず、意思決定の際にはその目的が理解され、影響全体が認識されていなければなりません。たとえば、「**ブラック＆ホワイト**」(Lionhead Studios)や「**Infamous**」(Sucker Punch)などのゲームでは、プレイヤーが選択したアクションに応じて、環境アート、人工知能(AI)、視覚効果、サウンド効果などからゲーム世界への影響を認識できます。プレイヤーの選択による影響が明確に認識できない場合(5%の可能性でクリティカルヒットを発生させるアイテムの装備といった確率アルゴリズムに関連する選択など)、意義が欠落して、プレイヤーは行為者性を感じられない恐れがあります。意義ある選択は、プレイヤーが課題を克服したり問題を解決するための方法を複数持っている場合に体験することができます。たとえば、「**メタルギアソリッドV**」(コナミ)では、ステルスで戦うことも、ステルスとは言えない方法で戦うこともできます。また、「**Mass Effect**」シリーズのように、プレイヤーの選択によってゲームストーリーに意義ある変化が生じる場合も、意義ある選択と言えます。

プレイヤーに提供する選択肢の数に関係なく、プレイヤーが目的を理解し、その選択の影響を認識できることが重要です。プレイヤーは、なぜその行動を選ぶのか、それがどう個人的行為者性に影響するのかを理解していなくてはなりません。目的が明確でない場合やその影響が十分に認識できない場合、プレイヤーのゲームに対する没頭度に影響する可能性があります。自律性機能がゲームプレイの中核であるなら特にそうです。自律性を提供するということは、完全な自由という名のもとに何の誘導もせず、すべての理解をプレイヤー任せにすることではありません。混乱したり圧倒されたりすれば、自律性も有能性も感じられないからです。自律性には、プレイヤーが意義ある決定を完全に制御できるような誘導が必要です。

- **関係性**

プレイヤーの関係性の欲求を満たすには、ゲーム内で意義ある社会的交流を提供します。人間は互いにつながり合わなければ生き残れなかったであろう、社会性の強い生き物です。プレイヤー間で情報や情動を伝え合うためのチャンネル(チャットシステムやエモート)や、競い合ったり協力してプレイするためのチャネルが用意されているゲームでは、プレイヤーは没頭できる可能性が高まります。同じように、意義のあるソーシャル機能もプレイヤーを引き付けます。たとえば、各プレイヤーが特定の役割を持っており、チームの成功に貢献していることが認識できれば、協力プレイはいっそう魅力的になるでしょう。協力プレイとは、短期的なグループを作って特定の課題をクリアすることや、ギルドやクランを組織して長期的な関係を構築することを意味します。長期的な関係を築けると、プレイヤーは社会的交流に関心を払い、より協力的になれます。たとえば囚人のジレンマゲームでは、プレイヤーが同じパートナーと一定の回数プレイすることを知っている場合に、より協力的にプレイするという結果がゲーム理論で確立しています(ゼルテンとシュトッカー、1986 年)。チームメイトと共謀してある犯罪を犯し、逮捕されたとしましょう。しかし、警察には 2 人を長期間刑務所に勾留するだけの十分な証拠がありません。あなたとパートナーは別の部屋で尋問されており、パートナーを密告するか(裏切り)、黙秘か(協力)のどちらかを選択するよう迫られます。2 人とも協力を選べば、どちらも懲役 1 年です。2 人とも裏切れば、どちらも懲役 3 年です。ただし、1 人が協力、もう 1 人が裏切りを選んだ場合、裏切った方はすぐに釈放され、もう 1 人は懲役 7 年です。このような条件で任意の相手と 1 回だけプレイする場合、通常選ばれるのは裏切りです。二度と一緒にプレイしない見知らぬ人を信頼するのは難しいということでしょう。これに対し、同じパートナーと複数回プレイすることをプレイヤーが知っている場合、特に初回は協力を選択する傾向が高まります(セッションが終わりに近づくにつれ、協力の選択は減っていきます)。この話からわかるのは、信頼関係を維持する必要がない場合、プレイヤーは二度と関わらない任意のチームメイトを裏切ったり利用したりする可能性が高いということです(アリエリー、2016b)。その後があるかどうかで判断が分かれるのです。このため、ギルドを用意したり、単に新しい友達作りを簡単(かつ意義あること)にすることで、長期的な社会的関係を提供すれば、協力プレイによりふさわしい環境を作り出せます。もちろん、プレイヤーが「現実」の友達を誘い、友達の友達が知り合いになって協力してプレイできるようになることが理想です。知っている人や同じ社会集団の中にいる人の方が信頼しやすく、進んで助けたくなるためです。人間は自分に近い人や同じ社会集団の一員である人たち、つまり「内集団」を支持する傾向があります。これを内集団バイアスと呼びます。ですから、プレイヤーが友達をゲームに簡単に招待できるような機能を実装してください(ソーシャルメディアの友達を自動的にインポートできるようにするなど)。すでに友達がプレイしているミッションや対戦にプレイヤーが素早く参加できるようにします。フロントエンドメニューを介して、友達が最近完了したミッションや、友達が獲得済みの特典について知らせるのもよいでしょう。ピア効果によって行動に影響を与えられる可能性があります。プレイヤーが自分のステータスをグループに誇示できる方法も用意してください。たとえば、大きいクエストを完了したプレイヤーには特定のバッジを与えるなど、社会的コンテキストにおいてプレイヤーの能力を

裏付けるようにします。バッジを獲得したプレイヤーにやりがいを感じさせるだけでなく、ほかのプレイヤーには自分もバッジを手に入れたいと思わせることができます(同調圧力)。最後に、プレイヤーがほかのプレイヤーに対して親切になれるようにしましょう。ギフトを送れるようにしてもよいですし、チームメイトがミニマップで見つけやすいようアイテムにタグ付けするなど、プレイヤーが互いにヒントを与えられる機能を追加するのもお勧めです。協力プレイのためのデザイン方法は多数あります。

関係性を体験するもう1つの方法は競争です。ただし、このタイプの社会的関係は協力よりも問題につながります。負けた方は非常にイライラするためです。特にゲームが不公平であると感じられる場合や、屈辱行為(顔に股間を押し付けるなど)が可能である場合はストレスが大きくなります。一方、ベストプレイヤーになることは明らかに有能さの表れであり、嬉しいことです。しかし、そう感じるのは1人だけ(ベストプレイヤー)であり、それ以外のプレイヤーはスコアボードの上位に入れず、やる気を失う可能性があります。またスコアボードの上位にいるプレイヤーは、ほかの誰かにランクを奪われたときにステータスを失う痛みに耐えなければなりません。ベストプレイヤーやベストチームを祝福するのは一般には良い習慣ですが、ゲームデザイナーは負けをポジティブに表現し、学習や進歩へのチャンスに変える必要があります。情動に関するChapter 7で述べたように(これらのUXの柱はそれぞれ依存関係にあります)、認知的再評価を利用すれば、負けに結び付くマイナスの感情を抑制できます。たとえば、ほかのプレイヤーと比べて優れているところを強調するという方法があります。さらに効果的なのは、前回のプレイからどれほど向上したかを示すことです。その優れた例が**「オーバーウォッチ」**です。対戦の最後に、キル数(敵を倒した回数)、目標エリア内に留まっていた時間、ヒール量、武器命中率など、多くの測定基準についてプレイヤーが「キャリア平均」を上回ったかどうかが示されます(図12.2)。協力機能(チーム機能)のあるプレイヤー対プレイヤーのゲームでは、敵を倒した回数だけに注目することは避けましょう。最も多く敵を倒したプレイヤーを称えるだけでなく、さまざまな形でチームの対戦目標に貢献したアクションも称えるようにします。さまざまな役割やプレイヤーを取り上げたり評価して、さまざまな測定基準に沿ってプレイヤーを称えます。こうすることで、シューティングが上手なプレイヤーや競争力の高い一部のプレイヤーだけでなく、より多くのプレイヤーのやる気を引き出せる可能性が高まります。補助的な役割にも敬意を払うことが大切です。最後に、自分がなぜ負けたのか、どうしたらもっとうまくできるかをプレイヤーに理解させることが必要です。人は不公平に対して強い反感を持ちます。ゲームが公平でなかったり(事実はどうであれ、プレイヤーが不公平だと感じていれば)、失敗の理由が明確でなければ、大きいフラストレーションが生じるでしょう。デスカメラ(死んだときの状況を確認できるリプレイ映像)を見られるようにするのも有効ですが、これには豊富な情報を含めなければなりません。失敗の原因がはっきりせず、その回避方法もわからないまま失敗の痛みを追体験することは、役立つどころか害になるからです。少なくともデスカメラは簡単にスキップできるようにしてください。

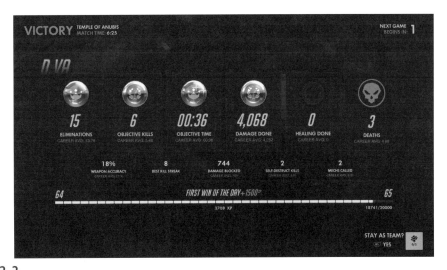

図12.2
「オーバーウォッチ」(Overwatch、Blizzard) Overwatch® (提供：Blizzard Entertainment)

　　協力ゲームも競争ゲームも、マルチプレイヤー特有の問題があります。ごく一部のプレイヤーがほかのプレイヤーを侮辱したり、嫌がらせをすることで、楽しさが台無しになる場合があるのです。迷惑行為は深刻な問題なので、対処が求められます。これはプレイヤーの楽しさを守るためだけではなく、収益を守るためでもあります。迷惑行為は収益面にも悪影響を与えると考えるのが妥当です。プレイ中に侮辱されたことで、そのゲームを止めてしまうプレイヤーもいるでしょう。嫌がらせを受けたくてゲームを始める人などいません。この問題の最善の解決策は、迷惑行為を早い段階で防げるようにゲームをデザインすることです。たとえば、味方の誤射が可能であれば、悪質なプレイヤーはその機能を利用するでしょう。プレイヤー同士の衝突が可能であれば、ほかのプレイヤーを隅に封鎖するプレイヤーが出てくるでしょう。敵に最後の一撃を与えたプレイヤーだけが戦利品を獲得できれば、最後の一撃だけを行って戦利品を盗むという迷惑行為が発生するでしょう。敵チームのスポーンポイントがプレイヤーから直接見える場合は、スポーンキルが可能になります。こうした行為が知らないプレイヤーとの間で発生すれば、不当だと感じられ、最悪の場合は嫌がらせとみなされます。どちらの感情も動機づけにはつながりません。報復しようとは思うかもしれませんが、暴力の拡大はまた別の問題です。二度と会いたくないプレイヤーをブロックしたり、不適切な行為を示したプレイヤーにフラグを立てたりできる機能を用意してください。ゲームにおける不適切な行為を定義し、プレイヤーに行動規範を読んでもらいます。この行動規範に対する違反を容認してはなりません。違反者には、行為が許されない理由を説明して名誉挽回のチャンスを与えますが、迷惑行為を働いた違反者には必ず罰を与えるようにします（Chapter 8の行動学習の原則を思い出してください）。迷惑行為の被害者には、彼らの声が届いていること、加害者のプレイヤーに対して措置が取られたことをフィードバックします（迷惑行為の確認後）。ほかのプレイヤーが被害者のプレイヤーに同情を示せるようにするなど、マナーの良いプレイヤーを称賛するようにするのもお勧めです。環境が行動が作るように、迷惑行為も環境が作り出します。ユーザー調査員のベン・ルイス＝エヴァンズが以下のコラムで説

明しているように、デザイン次第でゲームの迷惑行為を減らせます(そうすべきです)が、このデザインは早い段階から考えておいた方が容易です。もちろん、迷惑行為を可能にすることデザイン意図である場合は例外です。ただし、迷惑行為によって多くのプレイヤーの意欲が奪われ、プレイヤーの幅が狭まる可能性が高まる点に注意してください。

ベン・ルイス＝エヴァンズ(Epic Games ユーザー体験調査員)

3Eで減少するゲームの反社会的行動

大半のプレイヤーは、嫌がらせを受けたり、AFK(ゲーム放置)、チームキル(味方を殺す)、フィード(わざと倒されて相手を育てる)、チート(プログラムの改造)といった悪質行為によってプレイを台無しにされたくありません。こうした反社会的行動はゲーム会社の収益にも影響し、Riot Games と Valve Corporation によると、反社会的行動はゲーム離脱の決定的な引き金になるそうです。これら2つの点から、ゲームにおける反社会的行動を減らすことはユーザー体験の重要課題となっています。

　反社会的行動の減少は、1世紀以上にわたり心理学における科学研究の焦点となってきました。たとえば、私がゲーム業界に入る前に携わっていた交通安全の分野では、「3E」、つまり教育(Education)、取り締まり(Enforcement)、工学(Engineering)を通じて、反社会的行動(飲酒運転など)を防ぐ方法を検討しています。このアプローチはゲームにも応用できます。

- **教育**とは、簡単に言うと、してはいけないことを教えること、よりわかりやすく言えば何をすべきかを教えることです。人は言われたことをやらない傾向があるのでおかしな話ではありますが、教育への信頼は厚いので、まずはこれを試します。また、教育には安価に実施できること、変化の責任の重さを「教育を受ける」人に押し付けられるといった利点もあります。しかし残念ながら、教育は、迷惑行為への取り組みの中では最も効果が低いです。たとえば、読み込み画面のメッセージ、行動規範、正しい行動の例を示すなどの方法にもそれなりの意味はありますが、これが解決策になると思ってはいけません。
- **取り締まり**は、人々に教えた規則を罰則で強化することです。望ましい行いをした人には対価が与えられることもあります(罰より効果的ですがうまく実践するのは困難です)。取り締まりは教育より効果的です。取り締まりが認識されること、つまり悪質行為は確実かつスピーディに罰せられることが認識されることで、予防の効果もあります。罰の厳しさはそれほど重要ではありません。重要なのは、違反すれば速やかに捕まるということであり、この事実がわかっているプレイヤーはそもそも悪質行為に出なくなります。従来の警察の取り締まりでは、すべての場所を見張ることはできず、法制度の動きもゆっくりであるという問題があります。しかしゲームでは、自分たちが環境とデータを制御しているため、対象となる行動をすばやく検出して罰することができます。この環境の制御は次の項目にもつながります。

- **工学**は、問題が低減したり、なくなるようにデザインすることです。たとえば交通安全では、飲酒運転をしないよう伝えることができますが（教育）、あまり効果がありません。次に、無作為に車を止めてアルコール検査を行い、一定の基準を超えた場合に罰金を課すようにすると（取り締まり）、効果が増します。さらに、運転手の呼気からアルコールが検出されたら、車を停止するセンサーを車中に設置することができます（工学）。同様に、分離帯用防護柵を設置して道路を分割するという比較的簡単な工学によって、死亡者数を50%以上も削減できます。ゲームに見られる反社会的行動は、単なる「からかい」や「ゲーマーがやりがちなこと」ではありません。ゲームデザインによって（図らずも）可能にされているものです。たとえば、ゲームに一般的なチャットやボイスチャットが必要でしょうか？　必要なければ、追加するのはやめましょう。嫌がらせのツールが加わるだけです。必要なら、デフォルトでオンにするのか、またはプレイヤーが選択できるようにするのかを検討します。選択方式にすれば、話したい人たちだけを結び付け、大勢の人々がただ集うという反社会的な傾向を減らすことができます。もう1つの例は、MOBA（マルチプレイヤーオンラインバトルアリーナ）で「ドラフト」を行わないようにすることです。プレイヤーが好きなヒーローとポジションを選べるので、対戦開始時のチーム内の競争が軽減します。一般に工学は安易な道ではありません。開発を通して、デザイン上の決定がもたらす社会的結果を考慮しなければならないからです（ユーザー体験のほかの要素と同じです）。しかし、その効果は最大です。システムを作成するとき、そのシステムによって可能になる問題が解消するようにデザインできます。

- **意義**

  お気付きでしょうが、有能性、自律性、関係性の欲求の説明では「意義」という1つの概念が繰り返し登場しました。ダン・アリエリー（2016a）が述べるように、意義があるというのは「目的、価値、および影響の実感がある」ということです。このため、プレイヤーがすべきことや学習しなければならないことに対し、その背後にある理由を明らかにすることが大切です。これは、機能的な理由（緑のポーションで体力を回復できるなど）ではなく、意義ある理由（怪我をしたから、治療のために回復ポーションを探さなくてはならないなど）でなくてはなりません。システム、メカニクス、アイテムを取り入れる前に、メカニクスを学習することや、アイテムを獲得することに意義が感じられるような状況を整えてください。そうすればプレイヤーはその価値を理解できるようになります。それから、意図したとおりに認識されるよう、明確なサインとフィードバックをこれらの要素と関連付けます。意義の重要性については、「ゲームフロー」セクションで学習曲線について説明するときと、Chapter 13 でゲームのオンボーディングプランのまとめ方について説明するときに再度触れますが、この概念はどんなときも意識するようにしてください。

12.2.2 外発的動機づけ、学習性欲求、対価

Chapter 6 で見たように、外発的動機づけとは環境によって作られる学習性欲求に関するものです。人は環境を体験し、どのような行動が良い結果または悪い結果をもたらすかを判断することで、その環境について学習します。動機づけは、特定の行動に対する対価の価値や、対価を獲得できる可能性に左右されます。たとえば、ジュリアン・シーノットのゲーム**「クッキークリッカー」**(Cookie Clicker)では、クッキーをクリックするとクッキーが1つ増えます。このフィードバックをポジティブな強化因子(対価)として体験することで、プレイヤーは再びクリックするようになります。多くの無料ゲームでは、外発的対価を利用してプレイヤーに毎日ログインするよう促しています。たとえば、ゲームにログインするとデイリーチェストとして対価が得られるといった具合です。ゲームをプレイしたくない日でも、ゲーム内通貨などを受け取ることができれば、後でそれを使ってメインヒーロー用のかっこいいスキンをアンロックしたりできます。そして、ログインして毎日の対価を集めるうちに、ほかの面白い対価を提供する新しいクエストに気付いたり、これから対戦を始めようとしていた友人から誘いのメッセージをもらったりすることもあるでしょう。プレイヤーに価値ある対価を用意して、アクションへと誘導することは、プレイに没頭してもらうための1つの方法です。デイリーチェストや全体的なプッシュアップ通知の考え方は、ゲームで純粋な外発的対価を手に入れることに似ています。先述のように、ゲームプレイは自己目的的な活動であると定義されるため、ゲームで獲得できる対価の目的はゲームそのものの中にあることがほとんどです。デイリーチェストは少し異なります。そのときゲームをプレイしたいという内発的な欲求を感じていなくても、対価を受け取るためだけにゲームを起動するようプレイヤーを誘導するものであるからです。Chapter 6 で述べた「過正当化効果」を思い出すと、ゲームへの没頭度を高めるためにプレイヤーに外発的対価を与えることによって、本来のプレイに対する内発的動機づけが低減するのではと思うかもしれません。しかし、このアンダーマイニング効果は、対価が活動の外部にあると認識されるだけでなく、対価が止まったときだけに限られます。外発的対価が内発的動機づけに与える影響についての研究で、一般に焦点となるのは、外発的対価が与えられなかった人に比べて、外発的対価(金)が与えられた人は、この対価がなくなると、もともと内発的動機づけによって行っていた活動に対するモチベーションが低下することです。たとえば、絵を描くこと(通常は内発的な価値のために行う)で対価を得た小学生は、外発的対価を与えられなかった子供たちと比べて、後で自発的に描く可能性が低くなるという研究結果があります(レッパー他、1973年)。このため、プレイの活動外であると感じられる対価(デイリーチェストなど)は、プレイヤーがゲームプレイに対する内発的動機づけを低下させる可能性があるため、途中で対価を廃止しないようにしてください。デイリーチェストを集めるためにゲームにログインしなかったプレイヤーを罰するのも一般には危険です。たとえば、毎日連続してログインすれば対価が増えるゲームでは、そのために毎日ログインすることが必要となります。ある日、ログインを忘れたり、ログインできなかったために連続ログインが途切れて、対価がダウンしたとしましょう。この場合、次回ログインしたプレイヤーは対価が奪われたと感じるでしょう。これはゲームをプレイしようという内発的動機づけに影響を与える恐れがあります。ですから、この機能を使用したい場合は、ログインしなくてもプレイヤーに罰を与えないようにします。いったん外発的対価を導入したら、それを廃止したり、その価値を下げたりするのは賢明ではありません。ただし、ここで言っているのは真に外発的な対価についてです。ゲームの対価の多くは内発的な面を持っていることに留意してください。

外発的動機づけに関しては、使用するインセンティブの種類についても注意が必要です。「制御感」を感じる対価は、主に内発的動機づけを妨げる可能性があります。自己決定理論者の中には、動機づけを外発的と内発的に厳密に二分するのではなく、自主的と制御的に区別する考え方に移った人もいます（ゲルハルトとファン、2015年）。この考え方では、インセンティブがタスク付随（タスクの実行、完了、パフォーマンスへの対価）か、非タスク付随（特定のタスクに結び付けられていない対価）かによって、内発的動機づけへの影響が変わってきます。非タスク付随の対価はプレイヤーの行動と関連していないため、それほど制御的ではないと言えます。職場に例えると、仕事の成果とは無関係に予期せぬボーナスをもらうようなものです。ゲームで言うと、いずれの行動にも関連しない成果をランダムに受け取ることです（ゲームパブリッシャーから電子メールを受け取るだけで、ゲーム内通貨が自動的にもらえるなど）。しかし、ゲーム内の対価のほとんどはプレイヤーのアクションに対するフィードバックであるので、タスク付随のインセンティブとなります。タスク付随のインセンティブには3つのタイプがあります。没頭付随型（タスクへの没頭に対して対価が得られる）、完了付随型（タスクを完了すると対価が得られる）、パフォーマンス付随型（タスクをうまく実行できると対価が得られる、またはタスクをどれだけうまくやり遂げたかに応じて対価の価値が決まる）の3つです。パフォーマンス付随型の対価は、プレイヤーが一定基準の成績に達したときに与えられるため、最も制御的であるとみなされます。ただし、この対価は習熟感や進行感を強力に表現しているという点で、ほかのタスク付随の対価とは異なります。

　全般的に、外発的動機づけはもはや内発的動機づけに悪影響を及ぼすとはみなされていません。それどころか、外発的動機づけによってパフォーマンスと創造性を高められる場合もあります。そのためには、外発的対価がプレイヤーの目標にとって重要かつ貴重で、役立つものでなくてはなりません。対価もまた、プレイヤーにとって意義あるものでなければならないのです。たとえば、クエストの対価としてジェムを提供する場合、プレイヤーはその価値とそれによって何ができるようになるかを理解する必要があります。この考え方は、ゲームの魅力を高めるうえで欠かせません。キーとなる対価の獲得は、**終着点ではなく次の目標への出発点**であるべきです。対価はまた、プレイヤーのパフォーマンスについて情報を提供するものでもあります。したがってある種のフィードバックとして対価を扱うべきであり、関連するすべてのユーザビリティを考慮する必要があります。パフォーマンス付随型の対価の価値は、タスクの難しさ（または長さ）とともに増やすようにします。ミッションが難しいほど対価を大きくします。これらの対価は、ほかの目標を達成するための手段として有益であれば、有形でなくてもかまいません。小さい成果に対して与える対価は、プレイヤーのスキルに関する情報が含まれてさえいれば、目に見えないもの（ほめ言葉など）でもよいでしょう。たとえば、単に「よくやった！」という言葉でほめるより、「ダブルキル！」のような表現の方が多くの情報が伝わります。プレイヤーが何を達成したかについて、具体的なフィードバックが明確に伝わるでしょう。対価は、プレイヤーの行動に対するゲーム世界の反応という形で与えることもできます。たとえば、プレイヤーが悪から村を救った場合、プレイヤー以外のキャラクターは再び幸せになり、プレイヤーに感謝する、路上でパーティーをするなどの反応を見せることが考えられます。対価には、タスク達成をプレイヤーに知らせるフィードバックとして機能するため、対価なしではプレイヤーは罰を受けたように感じるかもしれません。世界を救ってもゲーム世界が反応しなければ、プレイヤーはがっかりするでしょう。たとえば**「アサシンクリード」**で手間暇をかけて世界に散らばった100の旗を集めた場合、内発的対価はその探検と達成感から得られますが、多

大な苦労への見返りとしては物足りなく感じる可能性があります（対価は旗がアンロックされるだけです）。100の旗を集めたことに対して大きい対価が予告されていなくても、プレイヤーは成果以上に意義ある対価を期待するものです。プレイヤーが費やした時間と労力に見合う対価を与えてください。

12.2.3 個人的欲求と潜在的動機づけ

人間は違うところより似通ったところが多いものですが、個人の違いや好みは存在します。Chapter 3で見たように、これらの違いが認識に影響を与えることは明白ですし、何が内発的動機づけとなるかにも影響します。たとえば、勢力、達成、親和への意欲がどれだけ強いかに応じて、他者を支配する、自分のスキルを向上させる、ほかの人とつながるといった動機の強さに差が出てきます。勢力動機が強いデザイナーは、競争力を激しく争うようなゲームをデザインするでしょう。特定の動機を持つごく一部の人をターゲットにするのが意図であれば、もちろんそれでかまいません。しかし、そうでない場合、より多くの人を引き付けるシステムとメカニクスを提供することをお勧めします。

　潜在的動機づけに加えて、人はさまざまなタイプの性格を持っています。Chapter 6で説明したように、一般的な性格モデルは、特に行動を予測するうえではあまり信頼できるものではありません。現時点で最も信頼できるのは、ビッグファイブ性格モデルでしょう。さまざまな性格をおおまかに説明できる特性として、経験への開放性（O）、誠実性（C）、外向性（E）、調和性（A）、神経症傾向（N）という5つの因子（OCEAN）が定義されています。このモデルは行動を正確に予測するものではありませんが、ゲームに応用すれば、開発者が自分とは異なる性格の特性や、ゲーム内で個人的欲求を満たす方法を考えるうえで役に立ちます。ごく最近、ニック・ユは、この5因子モデルはゲームの動機付けと一致する可能性があると述べました（ニック・ユ、2016年）。ユはブログ投稿で、調査に回答した14万人以上のゲーマーから収集されたデータに基づき、アクション-社会、習熟-達成、没入-創造という、ゲームの動機づけの3つの大まかなクラスターを提示しました。「アクション」は破壊と興奮への欲求、「社会」は競争とコミュニティへの欲求を伴います。「習熟」は課題や戦略への欲求、「達成」は完了と力への欲求を伴います。「没入」はファンタジーやストーリーへの欲求、「創造」はデザインと発見への欲求を伴います。ユによれば、アクション-社会クラスターは外向性と、習熟-達成クラスターは誠実性と、そして没入-創造クラスターは開放性と関連しています。しかし、神経症傾向と調和性は、いずれのゲームの動機付けクラスターにも該当しませんでした。論理化されているゲームの動機づけはほかにもあります。たとえばバートル（1996年）は、プレイヤータイプの分類法を提案しました。この方法では、プレイヤーがアチーバー（習熟と達成を動機とする）、エクスプローラー（発見と探検を動機とする）、ソーシャライザー（社会的な交流を動機とする）、キラー（競争や破壊を動機とする）に分類されます。

　私の知る限りでは現在のところ、特定のゲームで各タイプのプレイヤーがどう行動するかを確実に予測できる性格モデルはありません。できることは、あらゆる性格のタイプと潜在的動機づけに対応することです。たとえば、さまざまな種類の活動、ミッション、タスクの解決方法を提供したり、多様な欲求を満たして幅広いプレイヤーを惹きつける対価を与えます。対象プレイヤーが子供である場合、小さい大人のように行動すると思ってはいけません。本書のテーマから外れるため、子供の発達については詳しく述べませんが、若いプレイヤーの年齢に応じた特性を必ず学ぶようにしてください。

人の動機づけへの理解は深まってきており、現在ではどのような動機づけ要因をゲームに使えばよいか明らかになってきました。実験心理学者アンドリュー・プシビルスキが次の論文で指摘するように、私たちは力を合わせ、これらの要因をより詳しく探求していく必要があります。

アンドリューK・プシビルスキ博士
（オックスフォード大学実験心理学部、オックスフォードインターネット研究所）

ゲームやバーチャル世界への動機づけを研究したり応用する科学者やユーザー体験専門家にとって、とても面白い時代となりました。この10年間で、私たちは言ってみれば「島に上陸した」というところです。心理学および動機づけの理論がプレイヤーの行動（離脱など）や情動（善と悪）を予測するのに役立つことが明らかとなり、なぜそうなるのかについての手がかりもつかめてきています。

私たちが今後10年で向き合う大きい課題は「島の探索」です。さまざまな原則を特定のゲームのメカニクスやプレイ体験にどのように応用すればよいかを正確に理解しなければなりません。そのためには、ゲームデザイナー、ユーザー体験調査員、ソーシャルデータサイエンティストが、オープンかつ強固な多分野間コラボレーションを図ることが不可欠です。私はこのコラボレーションによって、効果的なゲームデザインを解明し、人のプレイをより深く理解できるようになるだろう楽観的に考えています。

12.3 情動

ドン・ノーマン（2005年）が言うように、「デザインの情動的な側面は、実用的な要素よりも製品の成功にとって重要である可能性があります」(p. 5)。すなわち、ゲームをプレイしているときの感覚、どんな驚きがあるか、全体としてどんな情動が喚起されるか、というのがゲームのUXの重要な部分です。ゲームの情動的な側面は、視覚的なアートや音楽、ストーリー性によって対処されることが多く、情動的なゲームデザインの重要な側面である「ゲームの感覚」は見過ごされることがほとんどです。ゲームデザイナーのスティーブ・スウィンク（2009年）は、ゲームの感覚には「習熟と不器用さの感覚、そして仮想オブジェクトとのインタラクションの触感覚」が含まれると述べています(p. 10)。ゲームの感覚をデザインするには、制御、カメラ（プレイヤーからのゲーム世界の見え方）、およびキャラクターに注意を払わねばなりません。たとえば、ゲームのカメラの視野が非常に狭く、地平線が見えにくい角度である場合、プレイヤーは閉塞感を感じるでしょう。これは、のんびりした探索ゲームには向いていません（緊張感のあるホラーサバイバルゲーム向きです）。

12.3.1 ゲームの感覚

インタラクションに優れたゲームは、コントローラーの反応がよく、楽しく操作できます。ゲームの感覚は、ゲーム世界での臨場感をプレイヤーに与えるものです。プレイヤーが制御するアバターやそのほかのキャラクターが画面上でどのように進化するかを伝えるのもゲームの感覚です。ゲームの感覚には、環境、まとまり、アートディレクションも含まれます。ゲーム開発者スティーブ・スウィンク（2009年）

は、ゲームの感覚を「シミュレーションされた空間で、仕上げによって強調されたインタラクションにより、仮想オブジェクトをリアルタイムで制御すること」と定義しています(p. 32)。スウィンクによると、優れた感覚を持つゲームは、外観上の制御感、スキルを学ぶ喜び、感覚の広がり、アイデンティティの広がり、そしてゲームでのユニークな物理的実体とのインタラクションという5種類の体験をプレイヤーにもたらすそうです。このトピックについて詳しく知りたい方は、スティーブ・スウィンクの本をお読みください。これらの要素のほとんどについて、本書では表面的な部分だけを紹介します(私はゲームデザイナーではなく、ゲームプレイプログラマーですらありませんから)。学ぶ喜びについてだけは、ゲームフローのセクションで詳しく説明します。UX の柱は互いに依存しているため、ゲーム開発者や学者などによっては違った分類方法で考える人もいます。

- **3C**

  3C は制御(Control)、カメラ(Camera)、キャラクター(Character)を表しており、これらは多くのゲーム開発者にとって重要です。私が初めて 3C に出会った Ubisoft では、ゲーム内で定義される最も重要な要素の 1 つと考えられています。まず制御から説明しましょう。最初に思い浮かぶのは、コントローラーまたはキーボードのマッピングです。これは自然に感じられるようにしなければなりません。射撃が一般にコントローラーの右のトリガーに設定されるのには理由があります。本当のトリガー(引き金)を押す動作をシミュレートするためです。もう 1 つ大切なのは、プレイヤーに自分が制御しているという感覚を与えることです(これは内発的動機づけにとっても重要です)。プレイヤーの入力に対してすぐにフィードバックを返す必要があるのはこのためです。応答が瞬時に行われないと、制御感は薄れてしまうでしょう。したがって、キャラクターアニメーションの影響は重大です。プレイヤーがアナログスティックをある方向に押した瞬間と、アバターが実際に動くタイミングがずれすぎていれば、不自然に感じられます。スウィンク(2009 年)は、オリジナルの**プリンス・オブ・ペルシャ**の例を挙げ、アニメーションが長すぎるために(かっこいいのですが)、プリンスが立っている姿勢からフルスピードで走るまで 900 ミリ秒もかかっていると説明しています。外観上の制御感は入力の応答性に影響するため、キャラクターアニメーションと密接に関係しています。たとえば、プレイヤーがリロード中に攻撃を受けているのに、リロードアニメーションが中断されない、またはプレイヤーが逃げようとしているのになかなか終わらないという場合、プレイヤーは制御感が薄れ、イライラする可能性があります。プラットフォームゲームではまた、キャラクターの慣性の大きさ、衝突のしくみ(キャラクターと地面との間の摩擦など)、空気制御を許可するかどうかも検討する必要があります。シューティングゲームでは、照準を合わせるときのターゲット間での加速やターゲットの粘着度を検討することが重要です。ヴェーバー‐フェヒナーの法則を必ず考慮してください(Chapter 3)。物理的な力が大きくなると、2 つの力の大きさの違いを検知するには、その違いも相応に大きい必要があるというこの法則は、アナログ制御とその応答に適用される物理的な力にも当てはまります。これらはほんの一例にすぎませんが、全体として、入力 - 出力の関係は予測可能でなくてはならず、入力へのフィードバックは認識可能かつ明確で、迅速でなくてはなりません。タスク分析の UX テストを通じてプレイヤーの反応と期待を評価するため、さまざまなジムレベル(テストルーム)を用意することを強くお勧めします(Chapter 14 を参照)。制御はプレイヤーに行為者性を感じさせるの

で、慎重に検討しなければなりません。リアルタイムの制御を体験できなければ、プレイヤーはゲームによって**制御されている**と感じるでしょう。これはプレイヤーの自律性の感覚を損ないます。

カメラは、プレイヤーのゲーム世界の見方を決定づけるためやはり重要な要素です。ゲームにどのようなビューを作成するか、トップダウン、等角投影、肩越しの3人称、1人称のどれを使用するか、カメラをスチールにするか、スクロールするか、スクロールの速さ、キャラクターを追う方法、プレイヤーが直接制御するかどうか、視野はどうするか、などを検討します。これらすべての要素がゲームの感覚を左右するため、ゲームデザインの意図を超越した、慎重な判断が必要です。優れたプレイヤー制御を可能にするだけでなく、ユーザビリティの摩擦やゲーム酔いが軽減するようにします。また、特定のタイミングでカメラ制御をプレイヤーから取り去り、そのほかの時間はほぼ自由にカメラを制御できるようにするという方法もあります。プレイヤーを特定の位置に誘導して、そのカメラアングルから次に起こることのヒントを与えるのは容易ではないので、アクションアドベンチャーゲームではプレイヤーからカメラ制御を一時的に取り上げ、ゲーム内の特定の要素を見せるのです。しかし、これによりプレイヤーは制御されていると感じる恐れがあります。このため、少なくともカメラ制御がいつ取り上げられるかをプレイヤーが簡単に予測できるようにしてください(これ以外の方法を見つけた方がスマートですが)。バーチャルリアリティ(VR)は特殊で、プレイヤーからカメラ制御を外すと酔ってしまう可能性があるため、さらに慎重を期す必要があります。三人称視点または一人称視点でキャラクターが壁の近くに立っているときのカメラの処理方法も、ゲームの感覚に影響する重要なパラメータです。特定のカメラビューを強制的に使用して、見づらい角度や不安定な角度を避けることもできますが、プレイヤーの注意がアクションから外れ、やはり制御感が損なわれる恐れがあります。ジオメトリでカメラが動かなくなったら、プレイヤーはスキルがあるという感覚を持つことができません。カメラの衝突の動作が気になる場合は、レベルデザイナーに狭い廊下や隅を避けるよう依頼しましょう。また、映像酔い(およびVRのシミュレーション酔い)を避けるため、カメラがどれだけ動いているかにも注意します。カメラのぶれは爆風の物理的性質をシミュレートするのに効果的ですが、プレイヤーが酔ってしまい邪魔になることもあります(特にVR)。代わりに、UIを揺らす方法を検討してもよいでしょう。カメラはプレイヤーから見たゲーム世界を映し出すので、ゲームの感覚に多大な影響を与えます。

最後の重要な要素は、キャラクター(およびインタラクティブなアイテム)の外観やサウンド、アニメーションです。これらはすべて、プレイヤーがどのようにゲームルールを理解し、どんなことを期待するかに影響するからです。キャラクターの形態は、プレイヤーが機能だけでなく行動も予測できるよう慎重に決めましょう。たとえば、大きい剣を背負って背中以外をプレートメイルで守っている敵が、重くて大きい足音を立てていれば、その敵は動きが遅く、耐久力と攻撃力に優れ、背中が弱点であるということが予測できます。プレイヤーのアバターは、ゲーム世界におけるプレイヤー自身の延長であり、(ゲームが一人称視点でなければ)表示される時間も長いため、さらに慎重にデザインする必要があります。キャラクターをどう

アニメートするかは特に重要です。リアルに感じられるよう、動き、重さ、慣性などを、コントローラースティックを操作する親指の固有受容感覚のフィードバックに一致させてください。アニメーションにシンプルな変更を加えただけで、知覚に大きい違いが生じることがあります。たとえば三人称カメラゲームで、アバターの後ろへの動きが遅すぎるように感じるとプレイヤーに言われたら、キャラクターの動きが速く見えるようにアニメーションを変更することで、キャラクターの実際の速度を変えずにプレイヤーの知覚を変えることができます。ゲーム内のキャラクター以外のオブジェクトも、テクスチャ、形状、インタラクティブな性質によって雰囲気が変わってきます。たとえば、先端の尖ったオブジェクトがあれば、プレイヤーは危険なもの、または戦闘に使えるものと予測するでしょう。同じことがUI、特にアイコンの形にも当てはまります。三角形のアイコンは戦闘を連想させ、丸いアイコンはヘルスを連想させるでしょう。ユニークな物理的実体によって、メインキャラクターやアイテムを生き生きと見せられるよう、そして何かを連想させられるよう、丁寧に作り上げてください。人間のような情動を表現させましょう。ゲームの感覚に関しては、「不信の一時的停止」こそが胸躍るゴールであり、その達成にはキャラクターデザインが不可欠です。

- **臨場感**
  臨場感は、プレイヤーが自分と仮想世界を隔てるものは何もないと錯覚し、仲介もなくただ単純にゲームの中にいると感じる体験です。臨場感を測定するための質問調査が開発されており(ロンバード他、2009年など)、臨場感は楽しさにプラスに作用することがわかっています(ホルバートとロンバード(2009年)、ロンバード(2009年)、タカタロ他(2010年)、シェーファー他(2011年)など)。さらに、動機による欲求を満たすゲームの方が臨場感が大きくなることを示した研究もあります(プシビルスキほか、2010年)。臨場感は、物理的臨場感、感情的臨場感、ストーリー的臨場感の3つに分類でき、それぞれゲームの感覚とつながっています。物理的臨場感は、プレイヤーが実際にその世界にいると感じたときに得られます。この概念は、画面、スピーカー、コントローラーがプレイヤーのゲーム世界の感覚の延長になっているときに到達できるとスウィンクが述べている「感覚の延長」と非常によく似ています。カメラと制御が直観的にうまく定められていると、「視覚的な感覚がゲーム世界での感覚とすり替わり」(スウィンク、2009年)、プレイヤーは制御しているアバターを仮想世界での自分の体の延長として感じることができます。感情的臨場感は、仮想世界での出来事がプレイヤーに起こり、それがリアルな感情的重みを持っている場合に得られます。この概念は、プレイヤーの知覚がゲームの世界まで延長されると、アイデンティティも延長されるという、スウィンクの「アイデンティティの延長」という概念とどこか関連しています。物語的臨場感は、プレイヤーの選択や行動が展開するイベントに実際に影響する場合など、プレイヤーがストーリーに入り込み、キャラクターをまるで本物のように感じて感情移入しているときに発生します(イスビスター、2016年)。制御、カメラ、キャラクター(3C)を慎重にデザインすれば、臨場感の多くを実現できます。制御とカメラは物理的臨場の中心であり、キャラクターデザインはストーリー的臨場感の核であるうえ、3Cが組み合わさって感情的臨場感をもたらすからです。物理的実体とゲームフロー(本章で後ほど説明します)もまた、臨場感に欠かせない要素です。

アートディレクション、オーディオデザイン、音楽、ストーリーは、いずれも情動を伝えるため臨場感に貢献します。情動(生理学的覚醒と、潜在的にはそれに関連する感情も含みます)が人の心に影響を及ぼし、行動を誘発しますが、その知覚と認知が感情を誘発することもあります(Chapter 7を参照)。ドナルド・ノーマン(2005年)によると、あらゆるデザインには感情と認知を結びつける3つの処理レベルあります。それは、直感、行動、内省です。直感レベルは、大脳辺縁系によって促進される「戦うか逃げるか反応」などの無意識な情動反応や、「**メタルギアソリッド**」のアラート効果音を聞くと警戒心が高まるなどの条件付き行動を引き起こします。このレベルは、良い、悪い、安全、危険を判断するのに役立ちます。行動レベルは、ユーザビリティの柱とゲームの感覚の要素ですでに説明した楽しさと使いやすさに関係しています。最後に、内省レベルは、製品が伝えるメッセージや価値、製品を使うことで反映される自己イメージ、製品が喚起する記憶など、製品の知性化に関するものです。たとえば、1枚の服があったとします。見た目も肌触りも良く(直感レベル)、ジッパーがあるため着用も簡単です(行動レベル)。しかし、メーカーが児童労働に関与している、またはバングラデシュの劣悪な労働環境の工場が崩壊し、1000人以上の労働者(主に女性)が死亡したダッカ近郊ビル崩落事故に関係するメーカーであることを知って、買うのをやめたというのが内省レベルの処理です。特にゲームストーリーのデザインでは、罪悪感など、映画や本では不可能な面白い感情を引き起こすことができます。キャサリン・イスビスター(2016年)が論じた、IndieCade賞を受賞したブレンダ・ブレスワイト・ロメロによる卓上型ボードゲーム「**Train**」の例を見てみましょう。このゲームでは、プレイヤーは乗客でいっぱいの貨車を、障害や課題を乗り越えながら別の場所に移動しなければなりません。ゲームの最後に、プレイヤーは列車の目的地がアウシュヴィッツであることに気付きますが、これが強い感情、すなわち共犯であるという罪の意識を引き起こします。この例は、内省的側面(ホロコーストの恐怖)が直感レベルに影響したものとして解釈できます(Chapter 7で説明したダマシオのソマティック・マーカー仮説を使ってこの直感的反応を分析すれば、不快な感覚が道徳的な判断につながったと考えられます)。プレイヤーが二度とこのゲームをプレイしたくないと思うのも当然でしょう。ストーリーはゲームで重要な役割を果たしますが、それがゲームプレイやプレイヤーの制御を妨げないように気を付けなければなりません。たとえば、ゲーム開始時に20分のカットシーンを見なければならないとしたら、制作のコストもかさむうえに、エンゲージアビリティを低下させるでしょう。カットシーンは極力控え、ストーリーデザインをゲームプレイに埋め込んで、プレイヤーに制御感を与えるようにします。

音楽も感情を伝える強力な手段です。ノーマン(2005年)が指摘したように、音楽は人間の進化的遺産の1つです。あらゆる人種に共通するものであり、直感反応を引き起こすことができます。音楽は実際のところ、扁桃体、視床下部、海馬など、情動に関与することが知られている大脳辺縁系の脳構造の活動を調整できることが、研究者によって示されています(ケルシュ、2014年)。リズムは体の自然なビートに従います。速いテンポ(1分あたりの拍数が多い)はアクションに適しており、ゆっくりしたテンポはリラックスに適しています。音楽には文字通り、人を動かす力があります。また、さまざまな情動を呼び起こす力もあります。速いテンポと大きいピッチ変化を持つ音楽は喜びを表すことができ、マイナーキーで演奏さ

れるメロディーは悲しく感じられます。（すべてのキーの中で D マイナーが最も悲しいキーな
のだそうです。すみません、これも「**スパイナル・タップ**」のジョークです）。不協和音を持つ
非線形の音楽は、恐怖を呼び起こすことができます。最後に、音楽には対価としての効果
もあります。人の脳はある種の刺激の繰り返しに引き付けられるようになっており、音楽は繰
り返す傾向を備えています（サックス、2007 年）。このため、音楽は本質的に楽しいものであ
り、プレイヤーの特定の感情を呼び起こすための強力なツールとして使用できます。ただし、
音楽に対する反応も主観的なものであり、同じタイプの音楽でもプレイヤーによってはうるさ
く感じたり、刺激的だと感じることもあります。

こうした要素すべて（および 3C、物理的実体、ゲームフロー）が、物理的臨場感、感情的臨
場感、ストーリー的臨場感に影響します。プレイヤーがどれだけ自分がゲーム世界の「中」に
いると感じられるか、インターフェイスの操作でどれだけ楽しさを感じられるか、起きている
事象にどれほど注意できるか、ゲームを進めながらどんな風に感じるは、この臨場感によっ
て決まります。

- **物理的実体と生きた仮想世界**
  巨大でリアルなオープンワールドのゲームでも、平面的な UI だけで構成されたゲームでも、
  そこにはリアリティを感じさせる物理的な実体があります。人間は物理世界について理解す
  る強い直感力を持っています。小さい子供ですら物理的な出来事について予測できます。
  たとえば、固体物体が別の固体物体を通過できないことや、容器より大きい物体がその容
  器に収まらないことを予測できます（ベイラージョン、2010 年）。ゲームの物理イベントでは
  必ずしも現実を再現する必要はありませんが、説得力がなくてはなりません。やはり、サイン
  とフィードバック、そして形態が機能に従っていることが重要です。ゲーム世界で発生するイ
  ベント、ゲーム世界でプレイヤーができること、そしてプレイヤーのアクションへのフィードバッ
  クは明確で、物理的に理にかなっている必要があります。たとえば、弾丸が敵に当たらず
  に金属面に当たったときの音は、敵にヒットしたときの効果音とは異なっていなければなり
  ません。プレイヤーが指などでレンガやタイルをたたいた場合は、ひび割れの後、パーティク
  ル効果で破壊を表すことで衝撃の物理的特性を伝えます。レーシングゲームでは、ほかの
  車にぶつかるたびに車の損傷がひどくなるようにします。プラットフォームゲームでは、キャラ
  クターは腕を広げて走れます（マリオはそうですね）。メニューでは、プレイヤーがボタンの上
  にカーソルを乗せたときにフィードバックを提供できます。たとえば、ボタンを隆起させたり、
  効果音を再生するなどの方法があります（任天堂 Wii の「**Just Dance 2**」（Ubisoft）では、プレ
  イヤーがボタンにフォーカスすると、そのたびに異なる音が流れます。これによりメニューの
  操作が耳に心地良く、楽しいものとなっています）。「**フォートナイト**」（Epic Games）では、プ
  レイヤーはラマの形のピニャータを打つことができますが（ゲームストアのカードの箱を開く操
  作が例えられています）、ラマを打つ前、その目はカーソルの動きを追います（図12.3）。オー
  プンワールドでは、昼夜のサイクルと天気に応じて、さまざまな生き物を生息させてもよいで
  しょう。AI エージェントは、ゲーム世界で起こっていること、ほかの AI エージェント、そして
  プレイヤーの行動に対して正しく反応します。たとえば、モバイル戦略ゲーム「**クラッシュ・オ**

ブ・クラン」(Clash of Clans、Supercell)では、建物をアップグレードすると大工のキャラクターが建物に駆けつけ、作業の動きをしている間はハンマーのサウンドエフェクトが聞こえます。これらはいずれもインターフェイスを面白くしたり、仮想空間に命を吹き込んだりする方法の一部にすぎません。これらによってインターフェイスは操作が楽しいだけでなく、見た目も面白くなるため、ゲームの感覚が全体的に向上します。

図 12.3
Fortnite Beta © 2017, Epic Games, Inc.(提供：Epic Games、ノースカロライナ州ケーリー)

12.3.2 発見、目新しさ、サプライズ

プレイヤーはゲームに慣れてくると、何度も繰り返したアクションを意識せずに行えるようになります。スケートや車の運転を学習するときと同じように、十分に練習を重ねた後は、深く考えなくても無意識に行動できるようになります。また、同じような慣れた地形でスケートや運転をしてきた人は、しばらくすると道路にあまり注意を払わなくなります。意識を高めるためには、目新しさを取り入れることが大切です。これは、実際には幼児発達の研究者がまだ言葉を話せない子供たちを研究するのに用いる方法であり、目新しさを取り入れたり、サプライズを用意することで、子供たちの反応を観察します。たとえば、幼児が三角形と円を区別できるかどうかを調べたい場合は、固視時間(幼児が対象物を見つめている長さ)を測定することで「目新しさへの反応」をテストします。三角形の画像を幼児に繰り返し見せるとしましょう。最初しばらくは幼児は画像を注視するかもしれませんが、同じ画像を繰り返し見せられているうちに、注意反応は弱くなっていきます。幼児がその画像に興味を示さなくなることを「馴化」と呼びます。慣れてしまった刺激(三角形)は面白いとみなされず、それに割り当てられる注意力は減少します。ここで、三角形の画像を円の画像に変えます。幼児が目新しさに反応しなければ、三角形と円の違いが知覚されなかったことを意味します。円への固視時間が長くなり、「脱馴化」が観察されれば、幼児がその違いを認識し、新しい刺激に興味を持って反応していることを示します。同様に、幼児は物が消えたり物理的な規則に反した動作をする「サプライズ」イベント(固体物が別の固

体物に衝突せず、中を通過するなど）を長く見る傾向があります。人は環境から新しい要素を素早く学び、これに順応する必要があるため、人の脳は目新しさやサプライズに反応するようになっています。目新しさやサプライズに反応するように条件付けられていると言ってもよいでしょう。しかし、ある時点で新しいものが多すぎると、注意すべき刺激の多さに圧倒され、疲労につながることもあります（注意についてはChapter 5を参照してください）。

　ゲームでも似たような反応が起こります。プレイヤーがゲーム世界、制御、ルールに慣れてきたら、目新しさやサプライズを追加すると、無意識な行動を中断し、プレイヤーの注意や好奇心を刺激できます。目新しさは予測が可能です。たとえば、「シャドウ・オブ・モルドール」（Middle-earth: Shadow of Mordor、Monolith）で獲得できるマインドコントロール能力は、戦闘で汚いウルクを自分のために戦わせることができるという、期待どおりの目新しさを提供します。一風変わったゲームプレイミッションという形で目新しさを提供することもできます。この場合、目新しさを作り出すためにメカニクスが取り除かれます。たとえば「アンチャーテッド」（Uncharted）シリーズでは、ナビゲーションメカニクスが無効になり、プレイヤーが乗った乗り物が自動的に動くようになります。これにより、プレイヤーは照準を定めて撃つことに集中できます。目新しさが完全に予想外である場合、これは「サプライズ」です。「フォートナイト」では、プレイヤーがゲーム世界で見つけたチェストを開くことに慣れています。しかしゲームのある時点で、一部のチェストは、何の疑いもなく開けようとしたプレイヤーを攻撃するために待ち構えるゾンビに変えられています。ゲームの感覚とユーザビリティにとって、ゲーム世界と入力結果は予測可能で一貫していることが不可欠ですが、プレイヤーの意識を高め、興味をリフレッシュするには、目新しさやサプライズを時折取り入れることが大切です。何をサプライズにするかは慎重に決めてください。まったく新しいゲームエリアを提示すると、まだゲームに熱中しているプレイヤーは喜ぶかもしれませんが、そうでないプレイヤーは長期的な目標を見失い、途方に暮れてしまう可能性があります。これには特に裏付けはなく、私自身のゲームに対する個人的見解なので話半分に受け取ってほしいのですが、私は「シャドウ・オブ・モルドール」をプレイしたとき、最も強力で魅力的な能力（敵をマインドコントロールする能力など）を獲得できる新しいエリアを発見する前に、ゲームをやめそうになりました。最初のエリア（そのときまでエリアはこれだけだと思っていました）では、習熟感を感じることがなく、むかつくウルクには負けて馬鹿にされ続けていたため（このため認知的再評価は困難でした…）、なかなか進めることができずイライラしていました。先に進むことをイメージできず、長期の目標（まったく新しいエリアを見つけること）を明確にすることもできませんでした。それでもゲームをやめなかったのは、友人に第2のエリアを見つけたら、すごく面白くなるから続けるようにと言われたからです（ジョナサンに感謝！）。彼の言ったことは本当でした。第2のエリアに到達した後はとても楽しくプレイできましたが、外からの励ましがなければ続けることはできませんでした。目新しさとサプライズを提供すべきなのは確かですが、明確な短期、中期、長期の目標とプレイヤーの進行感を犠牲にしてはいけません。また、知覚が主観的なものであることを忘れないでください。すべてのプレイヤーがスキルツリーを入念に見て、自分の進歩をイメージできるわけではありません。私が体験した「シャドウ・オブ・モルドール」のUXの問題を解決するには、「戦場の霧」を使って、ある地点に達したら新しいエリアにアクセスできるということをプレイヤーに見せて刺激するとよいかもしれません。「戦場の霧」は、その正体は明かさずに、何かがあるということだけを示す手法です。発見は喜びをもたらし、喜びこそが人間に

とって効果的な行動を選択する動機づけになるので、好奇心をそそり発見できるようにすることが重要です(キャバナック(1992年)、アンセルムス(2010年))。

12.4 ゲームフロー

フローとは、内発的動機づけを感じるアクティビティに夢中になり、完全に没頭しているときの喜びの状態を指します。たとえば、ピアノで大好きな曲の練習に熱心に取り組んでいるときのような状態です(動機づけについては Chapter 6 を参照してください)。この最良で意義ある体験をしているとき、人は最も幸せに見えるため、心理学者ミハイ・チクセントミハイはフローは幸福の秘訣であると述べています(チクセントミハイ、1990年)。「意義こそが人生の意義である。それが何であっても、どこから来たものであっても、統一された目的は人生に意義を与える」というチクセントミハイの言葉がまさにフローの本質を語っています。動機づけにおいて意義は重要な要素なので、フローの概念はエンゲージアビリティにとって非常に重要です。チクセントミハイによれば、フロー体験には以下の 8 つの要素が関連しています。

- スキルを要するやりがいのある活動(達成できる可能性があることがわかっている)
- 行動と意識の融合(その人の意識が完全にアクティビティに注がれる)
- 明確な目標(目標にはやりがいがあり、意義が感じられる)
- 直接的なフィードバック(フィードバックは即時に行われ、目標に関連している)
- 目前のタスクへの集中(日々の不快なことやタスクに関係のない情報は忘れている)
- 制御感(タスクを達成するのに十分なスキルを得ている)
- 自意識の欠落(内省の余地がない)
- 時間の変容(時間感覚の喪失)。

これらの要素はゲームと密接に関連しています。実際、スウィーツァーとワイス(2005年)が、フローの要素を「ゲームフロー」ヒューリスティック向けに改変し、ゲームにおけるプレイヤーの楽しさを評価するための興味深いモデルを提唱しています。ゲームフローモデルを構成するのは、集中、挑戦、プレイヤースキル、制御、明確な目標、フィードバック、没入、ソーシャルというの 8 つのコア要素です。本書ではその多くを UX のレンズを通じてすでに見てきました。たとえば、集中の要素に必要なのは、プレイヤーの注意を引き、それを維持することです。したがって、主にサインとフィードバック、およびコア体験に関係のない負荷の最小化に結び付きます。プレイヤースキルの要素は、動機づけ(有能性と対価など)に関連していますが、このセクションで後ほど紹介する学習曲線にも関連しています。制御は、主に 3C と自律性(動機づけの柱の一部)に関連しています。明確な目標は、主に有能性に関連しています(動機づけの柱の一部)。フィードバックは、もちろんサインとフィードバックというユーザビリティの柱の一部に関連しています。没入はゲームの感覚にも一部関連していますが、ここで説明するゲームフローにも関連があります。最後にソーシャルは、主に関係性(動機づけの柱の一部)および臨場感(ゲームの感覚の柱の一部)に関係しています。まだ説明していないゲームフロー要素は「挑戦」です。この評価モデルだけでなく、フローの概念そのものも、ゲームデザイナーの陳星漢による「**flOw**」や「**風ノ旅ビト**」(Journey)(いずれも Thatgamecompany)などのゲームに明確かつ強力に実装されています。

このように、さまざまなゲームUXの概念が多様なフレームワークや理論の間で重複しています。これらのフレームワークを統一することが困難なのはこのためです。また、UXの柱と要素を厳密かつ別々に分類することがおそらく不可能であるのもこのためです。そのため、ここでは、難易度曲線（課題のレベル、ペーシング、およびプレイヤーが感じるプレッシャー）と学習曲線（特定のタイプの課題は、その重要性から別に考える必要があります）に関連するゲームフローの要素についてより具体的に説明します。いつもどおり、これらの要素は互いに依存しています。

12.4.1 難易度曲線：課題とペーシング

課題の定義はゲームデザインの中心であり、**知覚される**課題のレベルは、ゲームフローの伝統的な定義の中核を成すものです。ゲームの進行中、プレイヤーは課題が簡単すぎず、難しすぎない「フローゾーン」にいるのが理想です（陳、2007年）。ゲームが簡単すぎたり単純すぎると（ゲームを熟知している開発者ではなく、プレイヤーがプレイに対してどう感じるか基準となります）、プレイヤーは注意を払わなくなったり、退屈することがあります。一方、プレイヤーが課題をクリアできそうにないと感じるほど難しすぎるゲームでは、不安感やストレスが高まります（図12.4）。必要な課題のレベルはプレイヤーの技能によって異なります。技能レベルが違えばフローゾーンも異なります。熟練したハードコアゲーマーは、初心者プレイヤーやカジュアルゲーマーよりも難しい体験を求めます。さまざまなフローゾーンに対応するための1つの方法は、複数の難易度を用意し、プレイヤーが選択できるようにすることです（リラックス、ノーマル、ハード、ナイトメア、サディスティック、限界突破など）。また、プレイヤーのスキルとパフォーマンスに基づき、動的な難易度調整システムを使用するという方法もありますが、実装と調整ははるかに複雑になります。その代わりに陳星漢が提案したのが、幅広いアクティビティと難易度を提供することで、プレイヤーが自分自身のフロー体験を制御できるようにすることです。これにより各プレイヤーはゲームを好きなようにナビゲートし、自分自身の課題レベルを設定できるようになります。

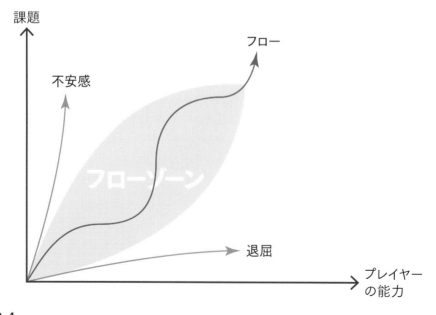

図12.4
ゲームフロー

いずれの場合も、プレイヤーにゲームフローを体験させるには、課題とプレイヤーの能力のバランスが取れている必要がありますが、それは決して直線的ではあってはいけません。まず、体験の始まり（オンボーディング）は簡単さでやりがいのあるものにします。プレイヤーはゲームについてさまざまな発見をし、多くの情報を処理しなければならないからです。オンボーディングと学習曲線については後で詳しく説明しますが、常に気に留めるようにしてください。もう1つ注意してほしいのは、ゲームの課題のレベルがプレイヤーの習熟度（能力）とともに直線的に上昇すると、プレイヤーは動機づけに欠かせない成長や進行の感覚を持てない危険性があるということです。図 12.4 のフローゾーン内が正弦曲線になっているのはこのためです。理想は、難しい課題とそれほど難しくない課題を交互に提供することです。こうすれば、プレイヤーは難しくない課題の間は息抜きしたりリラックスして、敵や状況を容易に支配できることに優越感を感じられるようになります。ゲームデザイナーはこれを「課題のノコギリ歯」と呼び、プレイヤーの習熟度を表すうえで大切です。課題のノコギリ歯をデザインするにはさまざまな方法があり、クリエイティブディレクターのダーレン・サグは次の論文で例を挙げています。簡単なのは、プレイヤーが自分よりずっと低いレベルの敵に時々出会えるようにすることです。以前はその敵を倒すのに苦労したことがはっきり認識できればなおよいでしょう。その優れた例が「**シャドウ・オブ・モルドール**」です。プレイヤーは前に敗れたウルクのキャプテンを追跡できます。「**World of Warcraft**」にも同様の例が見られます。プレイヤーは時々、弱い敵がいる低いレベルのエリアに戻ることになっています（任意で戻ることも可能です）。適切なレベルの課題を適切なタイミングで設定することが重要ですが、それもやはり容易ではありません。ゲーム開発者は自ら何度もプレイすることから、初心者プレイヤーに比べてゲームを簡単に感じるため、適切な課題レベルを過大に見積もる傾向があります（知識の呪い）。ゲームの裏の裏まで知っている QA テスターはまさにそうです。あまりに簡単で退屈なゲームでもプレイヤーは離れていきますが、ゲームが難しすぎて、特にプレイヤーがゲームの早い段階で死んでしまうような場合にも、その不当感からプレイヤーは離れていきます。これは、プレイヤーが成功のために何が重要かを学習できなかった場合や、負けた理由や障害を乗り越える方法を完全に理解していなかった場合に起きるので、よくできたオンボーディングは欠かせません。プレイヤーの意欲が必ずしも高いとは言えない無料ゲームではなおさらそうでしょう。ゲームがベータ段階に達し、テレメトリーで追跡されている多数のプレイヤーが体験できるようになるまでは、難易度のバランスを取るのは困難です。しかし、プレイテストを通じてゲームの UX をテストすれば（サンプルとして選ばれたごく少数のターゲットプレイヤーに、ユーザー調査員による誘導なしで自宅にいるかのようにゲームをプレイしてもらいます）、プレイヤーが体験する難易度に関して貴重なヒントを得られます。ゲームのプレイテストは、開発の初期段階でも、さらに具体的に言えばオンボーディングのデザイン時でさえも、非常に有益な情報をもたらしてくれます（ゲームの中核的な部分は早い段階でデザインしますよね）。

　ペーシング、つまりゲームのテンポを決定することも課題の重要な要素の1つです。ペーシングには、時間制限、失敗や過失への厳しい罰、長時間にわたり注意を維持する必要性など、ストレスや認知負荷のレベルに関連してプレイヤーが知覚するプレッシャーが影響します。長時間にわたって同時に多くのことが起こり、プレイヤーが連続的にこれに対処しなければならなかった場合、その直後に強い敵が現れたら、なおさら倒すのが難しいと知覚されるでしょう。このため、難易度のバランスを考えるときはプレイヤーの疲労も考慮します。プレイヤーに一息つく時間を与えることが大切です。たとえば、ゲームにシネマティクスがある場合は激しいアクションの**後で**カットシーンを再生したり（アクショ

ンの前に再生するよりも制作コストを抑えられます)、アクティビティに変化を付けて同レベルの注意が
必要ないようにします。たとえば、少し気を緩めただけでプレイヤーが簡単に傷ついたり死んだりする
戦闘では、プレイヤーにより多くのプレッシャーと認知負荷がかかります。これに対し、ナビゲーション
の課題は、時間のプレッシャー(アバターが巨大な石に追いかけられ、止まったり考えたりできないな
ど)がない限り、プレイヤー自身のペースで体験できます。プレイヤーの失敗によって難易度が劇的に
上がるような状況は、不当でストレスフルに感じられる可能性があるので、作らないよう注意してくださ
い。ロジャース(2014年)が例として挙げているのは、プレイヤーが傷つくたびに画面中に血しぶきが
飛び散り、ヘルスが重要な局面で画面が暗くなっていくという状況です。すでに直面している危機に
加えて、周囲がはっきり見えなという不利益がもたらされるので、プレイヤーはこれを罰とみなしかね
ません。**ぎりぎりの状態**から死を免れることは非常に嬉しいので、そうなるような状況を提供してくださ
い。ペーシングを効率的に制御するには、AIを使用し、プレイヤーに想定されるストレスレベルに応じ
てゲームのプレッシャーを調整するとよいでしょう。これを行っているのが「**Left 4 Dead**」(Valve)です。
ロジャーズによると、このゲームではヘルスレベル、スキルの習熟、位置などの変数を使用して、プレ
イヤーに想定されるストレスレベルを測定する「AIディレクター」が使用されています。これらの変数に
応じて、AIディレクターは生成するゾンビの数、生成する弾薬、ヘルスなどを調整します。適切なペー
シングでは、(プレイヤーの**パフォーマンス**および**適切なレベル**の課題に必要なストレスレベルに応じ
て)知覚されるゲームフローが向上します。

ダーレン・サグ(Epic Gamesのクリエイティブディレクター)
ノコギリ歯の力(課題の難易度に変化が必要な理由)

まず言っておきますが、難易度をノコギリ歯状にしようという考え方は新しいものではありませ
ん。現代のゲーム開発にとって不可欠なものとなっています。人がゲームをする主な理由は、
面白いという個人的な感覚や「勝利」のスリル感を味わうためです。この場合の勝利とは、巧
妙な(または残酷な)ゲームデザイナーから差し出された課題に出会うスリルのことです。ゲー
ムデザイナーは、プレイヤーに与える課題の難易度をどのように作り出し、調整するのでしょう
か。以下に課題体験を作り出すのに役立つガイドラインをいくつか紹介します。

1. ターゲットプレイヤーについて合意します。これは体験を作り上げるのに不可欠です。一
   部のゲームでは難易度曲線が急上昇し、プレイヤーは10杯のエスプレッソを飲むタコの
   ように課題に適応し、克服しなければなりません。一方で、適応難易度やユーザーの
   難易度選択に基づき、より簡単な曲線を採用しているゲームもあります。デザインすべき
   難易度は、多くの場合、ゲームのプレイヤーによって決まります。
2. ゲームの難易度を決定したら、合意された難易度曲線に沿って、時間の経過とともに
   進む固定レベルの課題を作成します。
3. 難易度曲線を克服できるよう、さまざまな時点でプレイヤーに力と能力を与え続けます
   (ノコギリ歯を作ります)。良い例:ボスクリーチャーの1つ前の部屋で、プレイヤーの新
   しい能力をアンロックします。通常の敵はあまりスキルがなくても倒せますが、ボスを倒
   すには、新しく発見した力を真にマスターしていなければなりません。

4. プレイヤーが自分の能力の高さに対して習熟感を感じられるにします。また、新しい敵を継続的に追加して、新たに発見したスキルや力とのバランスを取れるようにします。

5. プレイヤーが自分の新しいスキルや強力な武器を使って力をふるうのに飽きた頃(これはフロー状態から脱する原因となります)、プレイヤーのパワーアップした新しい力に負けない新しい敵を追加します。これによりプレイヤーは、さらに新しいスキルを求めるか、新しい武器を集めて以前のような強い状態に戻る必要が出てきます。

この原則を架空のゲーム「**Crypts & Creeps**」に当てはめてみましょう。「**Crypts & Creeps**」では、冒険を開始するときのプレイヤーは仲間がおらず、さびた剣を持っており、知っている攻撃は「刺す」という1種類だけです。最初のレベルを進めていくと、とろいクリーチャーに遭遇します。プレイヤーはタイミングを見計らって攻撃し、習熟感を得られるようになっています。しかし、さらに先に進むと、以前より数が多くスピードも少し速いクリーチャーが出てきます。この敵は「刺す」では倒せません。ゲームにこの敵が多数出現する前に、プレイヤーはタイミングベースの攻撃「切りつける」をアンロックします。この技を正しいタイミングで使用すると、1回の攻撃で複数の高速の敵を倒すことができ、ここでも習熟感を得られます。「切りつける」攻撃をマスターしなければならないだけでなく、ゲームには両方の攻撃を使わなければ倒せないボスも登場します。プレイヤーがこれらの攻撃を習得すると(学習の難易度曲線をターゲットプレイヤーのタイプで決める必要もあります)、この強力な敵を倒して盛大なエンディングを浴びることができます。

「**Crypts & Creeps**」をさらに洗練されたゲームにするため、ボス戦で疲れ切ったプレイヤーは、実世界なら何をするかを推測してみましょう。きっと休憩が必要なはずです。難しいレベルを終わらせた後、いったんゲームを休むプレイヤーもいます。プレイヤーが次のレベルに進んだら、最初の1、2分間は前のレベルの敵と戦わせるのが適切な流れかもしれません。これにより、プレイヤーは次の課題に立ち向かう前に、再びフロー状態を取り戻し、有能性を感じることができます。

ゲームの課題に適切なフローを作り出す方法がわからなくなったら、基本のノコギリ歯の構造を思い出してください。これによりイテレーションをいくらか減らせるはずです。

12.4.2 学習曲線とオンボーディング

人を夢中にさせるゲームのキーとなる要素に、「学習しやすくマスターしにくい」というものがあります(Atari 創業者ノーラン・ブッシュネル)。ゲームは学習体験です。最初の数分または数時間はプレイ方法を学習し(オンボーディング)、その後の体験ではゲームをマスターしたり、ゲームの過程で新しいメカニクスについて学習したりします。この本の Part I では、脳がどのように情報を処理するのか、どのように学習するのかについて説明しました。また、Chapter 8 では学習原理についてもいくつか紹介しています。この「ゲーマーの脳」の知識は、ゲームデザイン、レベルデザイン、UI デザイン、インタラクションデザイン、サウンドデザイン、そしてプレイヤーが知覚し、感じ、考え、やり取りするゲーム内のほぼ全要素にそのまま応用できます。適切な学習曲線を提供するためにまず重要なことは、すべての

サインとフィードバックを洗練させること、「形態は機能に従う」を実現すること(アフォーダンス)、重大なユーザビリティの問題がゲームの理解を妨げないようにすることです。次に何をすべきかを示す明確なヒントや、今起きていることやプレイヤーのアクションの結果を即座にわかりやすく示すフィードバックを使って、ゲーム内で効果的に説明すれば、チュートリアルテキストほど押しつけがましくなく、学習プロセスを促進できます。また、ゲームのキーとなるすべてのメカニクス、システム、目標が効果的に伝わるようオンボーディングをデザインすることも大切です。一般に、プレイヤーのオンボーディングとして最も優れているのは、意義ある状況での行動から学習させるという方法です。ゲーム内で中核となる機能やわかりにくい要素をプレイヤーに学習してもらうには、学ぶ意義のある状況にプレイヤーを置き、ゲーム環境を使って誘導付きの実地練習、つまりチュートリアルを行います。状況に即したチュートリアルをミッションにうまく組み込むことで、プレイヤーは新しいメカニクスを教えられたタイミングで実際に試してみることができます。意義あるチュートリアルは、体験の中で意味を成し(プレイヤーの現在の目標と関心に関連しています)、プレイヤーの好奇心をそそります。プレイヤーは、**なぜ**機能を学習することに意義があるのかを理解できるはずです。

　3つの例を使ってわかりやすく説明しましょう。

> **例1:**コンテキストも意義もない。説明されているアクションを実行できるようになる前に、ゲームを一時中断して読まねばならないチュートリアルテキストは、コンテキストがないと言えます。プレイヤーは体験しながら学習することができません。チュートリアルは面倒な指示リストと受け取られる可能性があり、意義も伝わりません。

> **例2:**コンテキストはあるが意義がない。プラットフォームゲームの冒頭で、ゲームを中断することなく、「Xを押してジャンプ」などのチュートリアルテキストが画面上に表示されます。ジャンプして乗る場所がないため、プレイヤーがジャンプする意義ある理由はその時点では存在しません。この場合、チュートリアルにコンテキストはありますが(プレイヤーは教えられた通りジャンプできます)、メカニクスを練習する動機づけは低くなります。

> **例3:**コンテキストと意義がある。同じプラットフォームゲームの例で、今回はプレイヤーから上の高台上に何らかの戦利品が見えています。ジャンプの仕方を説明するチュートリアルテキストは、数秒後、プレイヤーが自分でジャンプの仕方を見つけ出せなかった場合にのみポップアップ表示されます。目的を達成する手段としてメカニクスが教えられているため、指示には意義があります。メカニクスを学ぼうというプレイヤーの動機づけも高まります。

　ここで使用している例は非常にシンプルですが、複雑なメカニクスやシステムを教える場合にも同じ原理を応用できます。メカニクスが複雑になるほど、しっかりとした意義のある、状況に沿った学習体験が求められます。学習内容を定着させるには、能動的な学習が必要なのです。このプロセスが深いほど、プレイヤー定着率が上がることを忘れないでください。したがって、重要なメカニクスを教えるときは、プレイヤーが自分の認知力をその学習に割り当てられるような状況を用意すると同時に、ほかの気が散る要素を排除して過度の認知負荷を避けるようにすることが大切です。オンボーディングプランを立てる必要があるのはこのためです(Chapter 13 参照)。押しつけがましい指示ではなく、レ

150　　　　　　　　　　　　　　　　　　　　　　　Chapter 12：エンゲージアビリティ

ベルデザインの一部である学習経験としてチュートリアルを提供しなくてはなりません。ゲームを学習することは、ゲームユーザー体験の欠かせない一部と考えてください。

　チュートリアルを制御的とみなし、プレイヤーの自律性にまかせて自分でゲームを学習するという満足感を与えたいがために、チュートリアルは避けた方がよいと考えるデザイナーもいます。この考え方は、主に2つの理由で間違っています。まず、チュートリアルは必ずしも押しつけがましかったり、制御的であったりするわけではありません。慎重にデザインし（行動を伴った、コンテキストと意義がある学習にします）、レベルデザインにうまく組み込めば、プレイヤーはやらされているというよりも、自分が制御していると感じるでしょう。2つ目は、すべきことを理解していなかったり、さらに重要なことに**その理由**を理解していないプレイヤーは、制御感、有能性、自律性を**感じないからです**。何をすべきかわからないプレイヤーは、ゲームから離脱する可能性が高くなります。ハードコアゲーマからチュートリアルなんて必要ないと文句を言われたとしても、UXテストの結果を見れば、適切なチュートリアルなしではゲームの重要な要素を誤解したり、完全に見落とす人がいることが明らかです。ゲームが理解しやすかったかどうかを尋ねる質問は、ほとんどの人が十分にわかりやすかったと答えるため、プレイヤーの知覚を評価する以外ではあまり役に立ちません。アイテムの目的やミッションの目的について客観的な質問をする方がずっと効果的です。ユーザー調査のヒントについてはChapter 14で説明します。全体として魅力的なチュートリアルをデザインできるかどうかは皆さん次第ですが、これは簡単ではなく、多数のテスト - 再テストを繰り返す必要があるため、早い段階での検討が大切です。チュートリアルや全体的なオンボーディングを見過ごすと、プレイヤーの学習に効果的でないチュートリアルテキストが画面に表示されてしまったり、チュートリアルがわずらわしく思われる事態になりかねません。

　オンボーディングをデザインするときは、メカニクスやシステムを教えるタイミングをうまく分散するよう注意してください。学習は一度に行うよりも、何度かに分けて行う方がずっと効果的です。同時に教えたい要素の数に注意し、学習の複雑さに応じてそのペースを配分します（学習の複雑さは定義しづらいものですが、できれば初期のUXテストと、その機能に求められる理解度をもとに最善の推測をしてください）。オンボーディングでは、プレイヤーはゲームのメカニクスに慣れておらず、まだ課題を課す段階ではないため、認知負荷がかかりすぎないよう注意します。また、新しいメカニクスを学習しているときはプレイヤーに**罰を与えない**ことも大切です。罰とは、ストレスの大きい失敗や不当な死を指します。たとえば、プレイヤーが初めて崖をジャンプで登る方法を学習したとき、ジャンプに失敗して崖から落ちたとしても、死なせたり、苦痛を伴うリロードを体験させてはいけません。代わりに、その落下を致命的にはせず、プレイヤーが登ってもう一度やり直せるようはしごを提供するなどします。プレイヤーは、自分が試したアクションが効果的でないというフィードバックを明確に受け取ります。プレイヤーのアクションには結果が必要であるため、アバターは傷ついた方がよいでしょう。しかし、学習中はあまりひどい罰は与えません。学習中に死ねば、プレイヤーは不当であると感じます。不当さはなるべく避けたい非常にネガティブな感情です。もう一度試すようプレイヤーを励まし、先に進めるというワクワク感を与えましょう。プレイヤーに無能感を与えたり、お手上げであると感じさせてはいけません。もちろん、プレイヤーがメカニクスをマスターし始めたら、相応の課題を与えます。自分が死んだ理由と、失敗を克服する方法を理解していれば、プレイヤーは死ぬことも受け入れられるでしょうし、その後の成功はより意義のある喜ばしいものになります。

12.4　ゲームフロー

まとめると、ゲームフローをデザインするには、課題のレベル(難易度曲線)やプレッシャーの量(ペーシング)を考慮することが大切であり、そのためにはなるべくレベルデザインを通じて、行動を伴う分散学習(学習曲線)を可能にしなければなりません。最後に覚えてほしいのは、「フローを分断するもの」は避けるということです。これは、プレイヤーの「不信の一時的停止」を中断するほど強力なゲーム内の摩擦です。理解できない理不尽な死や失敗、画面の停止(コンテキストも意義もないチュートリアルテキストの挿入)やカメラパンによるプレイヤー制御の取り上げ、長すぎるカットシーン、プレイヤーがやっと手に入れた所有物を奪うこと(損失回避は強力な現象です)、厳しすぎる罰、乗り越えられそうもない障害などがこれに当たります。

　全般的に見て、このUXフレームワークは、ターゲットプレイヤーに提供したいユーザビリティとエンゲージアビリティについて考慮する際の指針となります。私の経験から言うと、説明したUXの柱はゲームの面白さや成功を左右する要素です。ユーザビリティの柱は不要な摩擦点を取り除くことを目的としているのに対し、エンゲージアビリティの柱は動機づけ、情動、ゲームフローを通じてプレイヤーの没頭度を高めることを目的としています(アヌーク・ベン＝チャットチャベスによる以下のエッセーでは、カジノゲームのUXにエンゲージアビリティの柱を使用した例を確認できます)。Chapter 17では、全体のまとめとUXの柱のチェックリストご覧いただけます。

アヌーク・ベン＝チャットチャベス(Kingのリードユーザー体験(UX)デザイナー)

ソーシャルカジノゲームのUX

ソーシャルカジノは好きじゃないという方もいらっしゃるでしょうが、スロットマシンの成功の理由を探ることで、カジノ業界がどのように心理学の法則を利用して、ゲームのUX、ひいてはプレイヤーの定着率と没頭度を向上させているかがわかってきます。ソーシャルカジノゲームを通して、動機づけ、情動、ゲームフローがゲームの成功にいかに大切であるかを確認しましょう。

動機づけ：変動的な対価、ボーナスラウンド、プレイヤーの種類

スロットマシンデザインの中心にあるのは対価です。プレイヤーは、どのシンボルに期待すればよいかを直感的に理解します。ボーナスラウンドではさまざまな種類のミニゲームが提供され、プレイヤーは多様なゲームプレイ、興奮感、行為者性を体験します。対価のためだけでなく、ボーナスラウンドのためにプレイを継続するプレイヤーも多くいます。対価が与えられたとき、またはボーナスラウンドが発生したときには、長いファンファーレとムービーが続き、その光景を見れば誰もが自分が勝者であると感じます。

　デザインと数学モデルについて言うと、スロットマシンには高変動率と低変動率の2種類があります。マシンの払い戻しが大きくて稀であるか、小さくて頻繁であるかのどちらかです。それぞれ異なるプレイヤーやプレイスタイルをターゲットにしています。さまざまなタイプのプレイヤーおよびその動機づけを考慮して、対価のスケジュールとタイプを最適化することが、業界標準およびベストプラクティスになっています。

情動：勝利と確実性の重要さ

ゲームの負けに関しては、多くの人がある思い込みをしています。たとえば、連敗中のプレイヤーはもうすぐツキが回って来るのを期待している、などと考えがちです。しかし、ソーシャルカジノゲームでは、没頭しているプレイヤーは負け続けるとプレイをやめる可能性がかなり高まります。また、熱中しているプレイヤーは大勝ちした後、掛け金を上げて、プレイを続行する可能性が高いことも観察されています。損失回避が働くと、プレイヤーはプレイをやめることがありますが、その方がプレイヤーに有利であったとしても、ゲームが不正であると感じられない限り、勝つことによって損失回避が相殺されることがあるのです。

新規プレイヤーの定着率を見ると、最初の数ゲームで負けたプレイヤーは定着する確率が下がります。大切なのは、最初の数ゲームで習熟と成功を体験してもらうことです。週ごとの定着率を見ると、定着して没頭する可能性が最も高まるのは、25%から75%の確率で勝っているプレイヤーです。負けすぎたり勝ちすぎたりすると、定着率と没頭度は低下します。

ゲームフロー：制御、明確さ、集中

スロットマシンに熱中しているプレイヤーは、「脳のスイッチを切って」リラックスするためにプレイしていることもよくあります。ほとんどの場合、生活のストレスを忘れるためです。スロットゲームは複雑なゲームではありません。うまく作ればユーザー制御、バリエーション、使いやすさのバランスを正しくとり、プレイヤーの注意を引き付けたまま、手元の単純な作業に集中させることができます。強力なフィードバックと明確な対価を提供することでプレイヤーの関心が維持されます。フィードバックは、豊かなビジュアルアニメーション、サウンド、そして完全な没入感を得るための触覚効果の形で提供され、プレイヤーはリラックスして時間を忘れるほど没頭できます。

13

デザイン思考

13.1 イテレーションサイクル .... 157　　13.3 オンボーディングプラン 161

13.2 アフォーダンス 160

ユーザーをプロセスの中心に据え、その人間としての能力や制限を認識したうえでデザインの問題を解決するための戦略を「デザイン思考」と呼びます。デザイン思考は、真の問題は何かを理解することから始まります。これは人間中心型のデザインを可能にする考え方です。ドン・ノーマンは、「人間中心型デザイン（HCD）は、人々のニーズが満たされていること、その結果として製品が理解可能で使いやすいこと、目的のタスクを成し遂げられること、使用体験がポジティブで快適であることを確実にするプロセスである」と述べています。もちろん、ゲームについて言えば、製品が面白いこと、つまり**エンゲージアビリティ**を備えていることという項目が加わります。ゲーム業界では、HCDはプレイヤー中心型アプローチと呼ばれることもあり（フラートン、2014年）、開発プロセスでユーザー体験を考慮することとされています。このアプローチでは、デザインが満足できるものになるまでイテレーションが繰り返されます。その中では、アイデアのプロトタイピング、サンプルプレイヤーによるテスト、イテレーション作業などが行われます。

　ノーマン（2013）によると、イテレーションループは「観察－アイデアの形成－プロトタイピング－テスト」で構成されており、失敗の受容が必要とされます。早期に何度も失敗を繰り返すことで、イテレーションプロセスは成功し、プレイヤーに提供したいデザインを確固としたものにできます。しかし、多くの開発者（上層部を含みます）はこの考え方を理解していません。「優秀なデザイナーなら最初からうまくやるべきだ。それが仕事じゃないか」などとデザイナー以外の人が言うのを何度も聞いたことがあります。そしてたいていは、「私だって最初からもっといい仕事をするよ。常識を働かせるだけなのだから。私にはいいアイデアがあるんだ」と続きます。まず確かなのは、熟練したデザイナーは出発点として優れたゲームを作り出させるということです（デザイン原理、ユーザビリティの柱、HCIの原則を適

155

用することで)。しかし、優れたユーザー体験を最初から上手にデザインするのは、その性質上不可能です。なぜならユーザー体験はデザインの中にあるものではなく、**ユーザーに相対的**なものだからです(ハートソンとパイラ、2012 年)。私自身はデザイナーではありませんが、デザインによってどのようなユーザー体験を作り出すことができるのかをデザイナーが理解する手助けをすることが主な仕事です。デザインに関する選択を後から批判する方がいつだって簡単です(後知恵バイアス)。フランス語でよく言うように、「間違わない人は何もしない人だけ」なのです。2 番目に確かなのは、アイデアは誰でも出せるということです。プレイヤーも含めて、ゲーム業界にいる誰もが素晴らしいアイデアを思いつくことができるでしょう。しかし、ただアイデアがあるだけでは不十分です。全体の 15% にも及びません。本当に大事なのは、アイデアを実践することです。起業家のガイ・カワサキが言うように、「アイデアはたやすく、実践は難しい」のです。優れたアイデアもうまく実践できなければ、入念に育て上げた平凡なアイデアに劣るでしょう。結局のところ、最も重要なのは「アイデアを持つ人」の頭の中にあったことではなく、エンドユーザーが製品をどう体験するかです。「常識」が通用しないのはこのためです(Chapter 10 の UX の誤解についての説明を参照してください)。ドン・ノーマンが指摘したように、デザイン思考は解決策を見つけることではありません。どのような体験がユーザーに求められているかを基準に真の問題を特定することです。つまり、**本当の問題**を解決することなのです。そのためには、考えられる解決策を幅広く検討し、プロジェクトにとって最も有効な解決策を選択せねばなりません。選択した解決策は、たとえ完璧でなくても、デザイン意図に適したものであることが大切です。Supercell の開発者は**VentureBeat** のインタビューに対し、同社 4 作目となる**「クラッシュ・ロワイヤル」**を発売できるようになるまでに、14 のゲームをボツにしたと話しました(タカハシ、2016 年)。デザイン思考とは開発サイクル全体を通して、時にはスタジオ全体で、適切な妥協点を見つけることです。

　次のセクションでは、Oculus Story Studio のゲームテクノロジーリーダーであるジョン・バランタインが、仮想現実における UX デザインの課題について興味深い例を紹介します。その後は、UX プロセスがデザインに与える影響の例をさらにいくつか紹介します。ただし私自身はデザイナーではないため、ゲームデザイン、インタラクションデザイン、ユーザーインタフェース(UI)デザインについては説明しません。ここでは、大きな UX のレンズ越しに見たときのデザインプロセスについてお話します。

ジョン・バランタイン(Oculus Story Studio のゲームテクノロジーリーダー)
仮想現実におけるユーザー体験(UX)デザインの課題

仮想現実(VR)のコンテンツ開発には興味深い課題がいくつもあります。VR では、ほかのメディアに比べてユーザーが体験に深く入り込みます。このことから、Story Studio では突如として UX デザインの検討がプロセスの中心となりました。

　小さな例ですが、ゲームでは、プレイヤーのアバターは常に同じサイズであることが当然だと考えられています(マスターチーフの身長は 2m など)。しかし VR の場合、位置追跡されているほとんどの VR 体験で、サイズの異なる人々はそのまま異なるサイズになります。その理由は、現実世界の足が仮想地面よりも上または下にくるようにユーザーを配置すると、体験が「不自然」に感じられがちだからです。ユーザーは仮想世界のジオメトリに埋まっている、またはそ

の上に浮いているような感覚になるでしょう。ユーザーの足を正しい位置に置くためには、現実世界の身長を反映するようにゲーム内のカメラの高さをうまく調整する必要があります。

アバターのサイズが同じではなくなると、体験のデザインにいくつか興味深い影響が出ることがわかりました。トリガーボリュームよりも高い非常に高身長の人たちによってスクリプトが壊れるなど、小さなエッジケースが明らかになったのです。さらには、現実に背が低いプレイヤーはゲームの世界でも背が低いために、プレイヤーが「ヒーロー」らしさを感じない可能性あるなどといった、より大きい体験デザインの課題も見つかりました。どのNPC（プレイヤー以外のキャラクター）よりも背が低ければ、屈強なマスターチーフの気分になるのは容易ではありません。

メカニクスや背景デザインのプロトタイピングでは、非常に多様なユーザーをカバーするよう体験をテストする必要があることがわかりました。これまでゲーム開発でテストしていた一般的なユーザーセグメントだけでなく、多様な身体的特徴を持ったユーザーも対象に含めなければなりません。これにより新たな難しいUXの疑問が生じます。歩けない人、または歩きたくない人にどう対応すればよいのでしょうか？　さまざまな身長の人に一貫したストーリー感を与えるには？　男性と女性の両方に対応した自然なプレイヤーアバターを作るには？

これらの疑問への答えを明らかにすることで、私たちの開発プロセスは大きく変化します。幸いなことに、UXデザインの実践は前へ進む道を示してくれます。科学のように、プロセスは直接的な答えをくれるわけではありません。答えを追求するための優れたフレームワークをくれるのです。

13.1 イテレーションサイクル

ここでは詳しく説明しませんが、イテレーションサイクルに入る前に多くのことが起きています。たとえば、スタジオが探究したい（または開発を依頼されている）大まかなゲームのアイデアが提案されていたり、小人数の開発者がプロトタイプを作ってプレイしていたり、ゲームジャムで大胆なアイデアが生まれていたりします。それからコンセプト段階では、ゲームの柱、ゲームプレイループ、全体的な機能の概要が決定され、うまくいけばターゲットプレイヤー（ユーザー）、デザイン意図、ビジネス意図（体験）が定められます。これらのピースがぴったりはまると、プリプロダクション段階でイテレーションサイクルがフルスピードで進みます。なぜならこれはプロトタイプの多くが作られる段階であり、ゲームが完成するまで継続するからです。このため、ライブゲームの制作中は、イテレーションサイクルは決して終了しません。ハートソンとパイラ（2012年）が述べたように、「ほとんどのインタラクションデザインは生まれた当初は良くないが、デザインチームが残りのライフサイクルを必死にイテレーションに費やして救出する」のです。

機能のイテレーションサイクルは、デザイン、プロトタイピングまたは実装、テスト、分析、そして機能を洗練するために必要なデザイン変更の定義と進み、再びサイクルが繰り返されます。この「賢明な試行錯誤」サイクル（ケリー、2001年）は、デザインに欠かせないプロセスです。理想を言えば、最初のイテレーションループは紙のプロトタイプ（または同等のもの）で開始し、それからプロトタイプを反復

的に作成してから、初めて機能を実装して再びテストするのがベストです。実装する前にプロトタイプ
を作成するのにはメリットがあります。なぜならゲームエンジンへの実装後にデザインを変更するより
も、安価なプロトタイプを調整した方がコストがずっと安くすむからです。また、ある機能に愛着を持つ
のは人として非常に自然な反応です。このため、機能がすでに実装されていたり、アートが洗練され
ていたりすると、その機能が意図に反するものであっても簡単には排除できなくなります。しかし、ドン・
ノーマン(2013)がユーモラスに指摘したように、製品開発の主な問題の1つは「製品開発プロセスが
始まる日からスケジュールに遅れが出ていたり、予算を超えている」ことです。これは、特に残業に悩
むゲーム業界に当てはまるように感じられます(残業の多い期間をクランチタイムと言います)。このせ
いで、プロトタイピングやテストはおろか、デザインもきちんとされないまま機能が実装されることが少
なくありません。「時間がないんだ!」という声があちこちから聞こえてきます。厳しい納期や制作プロ
セスの甘さによって、開発者はスケジュールどおりにゲームを出荷できるよう、無事を祈りながらできる
だけ迅速に機能を詰め込むことになります。残念ながら、少なくとも私の経験から言うと、実装に急い
だ場合に待っているのは破綻です。ゲーム、アップデートやパッチを期日どおりに出荷でき、いくらか
収入はあるかもしれません。しかし離れていくプレイヤーが予想よりも増えたり、課金アイテムを購入す
るプレイヤーが減って、ゲームの収益面に影響が出る恐れがあります。また、UXラボでやっと新機能
をテストしても(遅すぎます)、回避できたか、少なくとも改善できたであろう重大なUXの問題が簡単
に見つかります。機能を実装した後は、大幅な変更が必要であるという事実を受け入れがたくなり、
システムの変更は困難を極めます。それに変更を実施すれば、製品全体に影響が波及するでしょう。
紙のプロトタイピングや実装前の継続的なイテレーションは、一見時間の無駄に思われるかもしれま
せん。しかし、後々はこのプロセスが貴重な時間とコストの削減につながることを忘れないでください。
イテレーションサイクルは将来のための投資と考えましょう。Feerik Gamesの社長、フレデリック・マル
クスが後に紹介するコラムで語っているように、プロトタイピングはユーザー調査がループに含まれて
いる場合に「うまくいく」のです。

　イテレーションサイクルのテストの部分は、UXプラクティショナーが最も気にするところです。この評
価は、あらかじめ定義されたUXの目標(想定されるプレイヤーの機能の理解とインタラクションの度
合い)をもとに、UXの柱と測定基準を使用して行う必要があります。最重要なのがテストの結果を慎
重に分析することです。認知バイアスと早急な結論はすべての開発者にとって脅威となります(場合に
よってはUX専門家にとっても。ただし、UXの専門家は少なくともこれらのバイアスを知っているはず
です)。ユーザー調査の手法とヒントの例についてはChapter 14で説明します。実験プロトコルは非
常に正当な理由のもと、学術研究の分野で強く標準化されています。ゲームスタジオは厳密に標準化
されたテストプロトコルに従う余裕はなくても、少なくとも科学的手法を理解し、可能な限り適用しなけ
ればなりません。デザイン思考は**本当の問題**を解決することであるということを忘れないでください。

　ゲームの開発段階がある時点では(プリプロダクションの終盤ならまだよいですが、たいてい制作
中です)、イテレーションサイクルが単体の機能だけでなく、システム全体、さらにはゲーム全体に影響
を及ぼすことがあります。提供したい体験の向上にあまり役立っていない要素をカットする必要が出て
くる場合があるのです。人にはより多くの機能を追加しようとする傾向があります。中核となる体験が
まだ完全に決まっていない場合や、システムが正しく機能するのに必要な要素のすべてをまだ定義や

実装していない場合でもです。ダン・アリエリー（2008年）が言うように、人は選択肢のドアを閉じるという考えには耐えられない性質なのです。しかし、一番大切なのは機能の数ではなく、いかに魅力的な体験を提供するかです。この考え方を説明するのに、BlackBerryとiPhoneの違いがよく挙げられます。BlackBerryは、かつてスマートフォン市場のトップ製品であり、発売当初はAppleのiPhoneより多くの機能を備えていました。しかし、iPhoneがすぐに市場のトップの座を奪いました。よく言われるように、製品設計の究極の目標は純粋さにあるのです。問題は、ゲームにおいては体験の深さも重要であるということです。このため、カットすべき機能を見極めると同時に、ゲームプレイを深める、本当に意義のあるオプションを提供する機能を特定しなければなりません。深さがあるのは良いことですが、普通はそのために複雑さも増し、悪くすると混乱を招きます。混乱はフラストレーションの原因となり、プレイヤーは制御感と自律性が失われたと感じて、ゲームから離れる可能性もあります（もちろん、深さの足りないゲームは退屈でやはりプレイヤーの離脱につながります）。ある機能がゲームプレイ体験に重要な深さを提供しており、その機能はカットできないと判断した場合、ゲーム内ではわかりやすくそれを表現するか（ユーザビリティを向上するためインターフェイスのノイズはなるべく取り除きます）、中核的なシステムの機能をプレイヤーが把握してから追加します。また、経験豊富なプレイヤーや決められたプレイヤーだけが見つけられるよう、複雑な機能はUIの目立たない位置に配置します。

　ゲームデザインはバランスをとる作業です。決められた解決策はありません。すべては製品の制約（時間、リソース、予算など）と優先順位次第です。ターゲットとなるプレイヤーはどのような人たちか（プレイヤーより開発者を喜ばせるような機能が追加されることもあります）、そしてどのような中核的体験を提供したいかを常に意識してください。そうすれば、プレイヤー中心型のアプローチを使って、妥協点（すべてを実現することはできません）を探ったり、カットすべき要素を選んだり、どのような優先順位で重要な機能を実装するかを決めて、ゲームUXを向上させることができます。

フレデリック・マルクス（Feerik Games 社長）
ユーザー体験とプロトタイピング

　私は長年にわたり、ゲームのプロトタイピングの仕事を楽しんできました。そしてゆっくりですが確実に、優れたゲームを作るには、ゲームプレイやストーリーよりも大きい何かが必要であると強く感じるようになっていきました。パッケージ、コンソール、コンピュータへのインストール、最初のメニュー、ゲーム、エンディング、サウンドや色調、あらゆる入力など、ゲームに関するすべての要素がユーザー体験そのものなのだということに（遅ればせながら）気付いたのです。

　ユーザー体験は人間の行動、脳の働き、ほかのさまざまなテーマに関する研究を伴う1つの分野であるという発見は画期的でした。ユーザー体験はユーザーあっての各種業界をつなぐミッシングリンクとして、すべてを変えたのです。つまり、ほかの業界からユーザー体験を学んだり、自分が経験し観察したことを確証または反証したり、一定のプロセスを組み込みこめるようになりました。

　プロセスを組み込みこめる、つまりクリエイティブな仕事はゲームだけであるという考え方とはまったく逆の事実に、私の好奇心は強く刺激されました。そして納得したのです。

これは、なるべく早期にプレイヤーを取り込んで体験の質をテストし、フィードバックをもらったら、それを受け入れ、相応の反応をしようという発想です。その次の手順はもちろんイテレーションです。それから再びテストして、改善された点やさらに改善すべき点を確認します。

このループをイテレーションループと呼びます。ゲームのプロトタイピングで私が学んだことは、できる限りイテレーションを繰り返すということです。実際、デザインプロセスのごく初期からプレイヤーを取り込むと、今では当たり前に思えるでしょうが、うまくいくのです。

その驚くべき成果とは何でしょうか？ UX には非常に多くの分野が関わっており、そこから非常に多くのことを学んだ結果、私たちが UX ビルダーとなり、ゲームプレイとストーリーが重要な衛星になったことです。ゲームは UX を中心に周っており、その逆ではないことが発見されたのです。

13.2 アフォーダンス

Chapter 3 と Chapter 11 で説明したように、オブジェクトのアフォーダンスを知覚することで、人は物の使い方を判別します（ノーマン、2013 年）。たとえば、マグカップの持ち手は握ることを意味します。直感的なものは学習の必要がないので（つまり覚えなくてもよいので）、あまり注意しなくても処理および理解できます。このためアフォーダンスはゲームデザインや UX 全般にとって重要な概念です。ゲームで知覚されるアフォーダンスが多いほど、仕組みを説明する必要性が小さくなり、ユーザビリティとゲームフローの両方が向上します。したがって、アフォーダンスの知覚可能な部分（記号表現）は、適切に知覚および理解されるように作り上げることが大切です。ハートソン（2003 年）は、次の 4 種類のアフォーダンスを定義しています。

- **身体的アフォーダンス**
  身体的フォーダンスは、身体的に何かを行うよう促す機能を示します。たとえば、ビール瓶のキャップには、栓抜きを必要とせず、素手でひねって開けられるものがあります。これが身体的アフォーダンスです。ゲームでは、たとえばボタンを大きくするなど、カーソルや指でボタンをポイントする身体的なアクションを促進することを意味します。モバイル UI デザインでは、インタラクティブな領域に快適に指が届くよう、便利なコマンドは親指の位置の近くに配置します。フィッツの法則（Chapter 10 参照）は、身体的アフォーダンスの向上に使用できる重要な HCI 原則の 1 つです。

- **認知的アフォーダンス**
  認知的アフォーダンスは、ユーザーが何かを学んだり、理解したり、知ったり、それをどうするかを決める際に助けとなるものです。機能を伝えるためのボタンラベル、アイコンの形、比喩などはすべて認知的アフォーダンスです。「形態は機能に従う」は認知的アフォーダンスに関連しています。

- **感覚的アフォーダンス**
  感覚的アフォーダンスは、ユーザーが何かを感知するのに役立つものです。見たり、聞いた

り、感じやすくします。たとえば、読みやすくなるようフォントサイズを十分な大きさにすることは感覚的アフォーダンスです。記号表現(ゲームで言うサインとフィードバック)は見つけやすく、明確に識別でき、読みやすく、聞きやすくなくてはなりません。ユーザビリティの柱である明瞭さは、感覚的アフォーダンスに関連しています。

- **機能的アフォーダンス**
  機能的アフォーダンスは、ユーザーがある特定のタスクを行うのに役立つデザイン上の特徴です。たとえば、インベントリではアイテムをソートできるようになっています。アイテム比較機能、フィルタリング、および固定は機能的アフォーダンスです。

これまで何度か強調してきましたが、効果的なアフォーダンスはデザインに欠かせない側面です。アフォーダンスにより、インターフェイスはわかりやすく、使いやすくなります。サインとフィードバックのユーザビリティを確実にし、「形態は機能に従う」を実現しましょう。誤った認知的アフォーダンス(Chapter 11参照)は、プレイヤーを混乱させたり、イライラさせます。たとえば、マップにプレイヤーがアクセスできないエリアがある場合、このエリアをアクセスできそうな見た目にしてはいけません(これは誤ったアフォーダンスです)。ユーザー調査員と連携し(可能な場合)、ゲームの早い段階でアフォーダンスをテストします。ボタンをクリックするのは簡単か、サインとフィードバックは明確に認識できるか、プレイヤーは形を見ただけでアイテムの機能を理解できるか、キャラクターデザインの見た目から敵の行動を予測できるか、テキストを使わなくても環境を見ただけで次の目標を把握できるか、別の機能があった方がタスクは簡単になるだろうか、などを検証します。

アフォーダンスの観点から機能とシステムを検討すると、なるべく直感的にゲームの機能を伝えるにはどうすればよいかがわかってきます。また、イテレーションサイクルのテスト段階では、さまざまな種類のアフォーダンスを意識すると、参加者に効果的な質問をして(たとえば、HUDのスクリーンショットを見せて各要素が何かを尋ねます)、早期に重大な問題を見つけられるようになります。

13.3 オンボーディングプラン

プレイを始めて数分のうちにプレイヤーをゲームに没頭させるには細心の努力が必要であり、この無料ゲームの時代において、それは開発の重要な側面となっています。プレイヤーの意識をすぐに引き付けられなければ、定着率を気にするどころではないでしょう。成功とみなされている無料ゲームの平均累積プレイ時間を見ると(SteamSpy.comなど)、たった1時間のプレイ後におよそ20%のプレイヤーが離脱していることも珍しくありません。このため、オンボーディングの大半が行われる最初の1時間は、初回ユーザー体験(FTUE)にとって非常に大切です。

オンボーディングの体験が優れているからと言って、成功が保証されるわけではありません。Chapter 12で見たように、長期にわたりプレイヤーを没頭させることがとても重要です。また、新しい機能、システム、イベントを導入したり、それらを学習してほしい場合には、数時間プレイした後でもプレイヤーにオンボーディングを提供することがありますが、ここでは初期のオンボーディングに絞って説明します。Chapter 12で説明したように、ゲームフローの柱の重要な側面の1つに学習曲線があります。ゲームのプレイ方法を効果的に教える方法を見つけなければなりません。大切なのはプレイヤー

の好奇心を刺激することです。プレイヤーに有能性と自律性を感じさせ、短期および長期の成長をイメージしてもらうと同時に、プレイヤーが混乱したり圧倒されたりしないよう認知負荷を考慮する必要があります。また、事前にゲームに支払いをしていないプレイヤーに働きかけられる時間は限られているため、すべてをできるだけ早急に行わねばなりません。モバイルデバイスではこの期間が特に短く、分単位となります。これが、オンボーディングとチュートリアルをうまくデザインする、つまり、意義があって(没頭できる)効果的な(学習できる)オンボーディングをデザインするのが大変な理由です。そうしたオンボーディングを作るには、まずオンボーディングプランをまとめることが大切です。オンボーディングプランでは、プレイヤーに学習してもらう必要があるすべての要素をリストし、システム全体でカテゴリーに分けます。そして、その中からコア体験に重要な要素を特定します(細心の注意を払って扱う必要があるからです)。リストは膨大になるでしょうが、最初の数時間のプレイで学習してほしい重要なメカニクスとシステムに焦点を絞れば、このプロセスはそう難しくありません。スプレッドシートを使い、すべての要素を1つの列に1行ずつリストします。そのほかの列には次の情報を入力します。

- **カテゴリー**：システム全体
- **優先度**：ゲームで最も重要な機能を特定します)
- **いつ**：その要素を教える大体のタイミング。整数を使用して、何がいつ起きるかをおおまかに定義します。たとえば、最初のミッションまたは最初の15分で学習すべきことにタグ「1」を、2番目のミッションで学習すべきことに「2」のタグを付けます。番号が重複する要素があってもかまいません。チュートリアルの順序列でさらに細かく定めます
- **チュートリアルの順序**：学習の順番。この列では各要素に重複しない数値を入力し、その順序に従って表をソートします(1.1、1.2、1.3、2.1、2.2など)
- **難易度**：予想される学習の難しさ。難しい、中程度、簡単など
- **なぜ**(その機能を学習することになぜ意義があるのか、プレイヤーはなぜ有能感を感じるのか、目標を達成するのにどう役立つかを定義します。これにより、学習する意義が感じられる状況を作り出しやすくなります。「武器の作り方を知らなければ、モンスターに殺されてしまう」など)
- **どのように**：チュートリアルの方式。UIのみ、行動による学習、動的なチュートリアルテキストなど
- **ストーリーの要約**：チュートリアル順序のフィルターで時系列にリストを並べると、オンボーディングプランに即したストーリーを作成するのに役立ちます
- **UXフィードバック**：チームにUX専門家がいる場合は、初期のUXテストの結果や、プレイヤーにとって困難が予想される要素を教えてもらいます

いつ	チュートリアルの順序	カテゴリー	何を	難易度	なぜ（意義）	どのように	ストーリーの要約
0	0	メタゲーム	プレイヤーはヒーローたちを指揮する。プレイヤーは司令官である。	中程度	私は多数のヒーローを束ねる司令官である。ヒーローたちをミッションに送り込み、ミッション中の彼らをコントロールできる。	行動による学習	プレイヤーは司令官の概念を知る。世界をゾンビから救わなくてはならず、ミッション中に進退窮まったヒーローはリーダーシップを必要としている。プレイヤーはこのヒーローの司令官となる。
1	1.1	ナビゲーション	基本の動きの制御	シンプル	探索のために動き回る必要がある。	状況に即したチュートリアルテキスト	プレイヤーがヒーローをコントロールできるようになる。
1	1.2	シューティング	基本的のシューティング制御	シンプル	ゾンビを効果的に狙い、撃つ必要がある。	状況に即したチュートリアルテキスト	敵が来てもプレイヤーは安全な場所から撃つことができる。
1	1.3	収穫	ゲーム世界では建物やクラフトの材料を見つけることができる。	シンプル	かっこいい武器の作成や砦の建築に使用する材料を集めるため、世界を探索して素材を集める必要がある。	状況に即したチュートリアルテキスト	プレイヤーの銃は最後の敵を倒したときに壊れるため、新しい武器を作成するのに収穫が必要である。
1	1.4	クラフト	基本のクラフト	中程度	ゲーム世界に銃が見つからない場合は銃を作る必要がある。	行動による学習	プレイヤーは新しい銃を作れるようになる。
1	1.5	建築	階段の部品を置く。	簡単	階段があれば、アクセスできなかった高いところにあるエリアに行ける。	行動による学習	プレイヤーは地下の洞窟の中におり、上にチェストが見える。そこに行くには階段が必要である。
2	2.1	メタゲーム	プレイヤーの進行に本部基地の力が最も重要である。	難しい	本部基地の力が高まるほど、プレイヤーの力も強くなる。	行動による学習	最初のミッションが完了したら、プレイヤーは本部基地の力について知らされる。
2	2.2	建築	ドアを編集する。	中程度	壁にドアを編集することで、壁を壊さずに反対側に行くことができる。	行動による学習	次のミッションでは、破壊に時間がかかる強力な壁が登場するが、プレイヤーはドアを編集できる。
2	2.3	建築	目標を保護するため砦全体を建築する。	難しい	ゾンビから守護物を守るために、砦は十分に強いものにする必要がある。砦の中を動き回るにはドアが必要。	行動による学習	プレイヤーはゾンビの侵入に備える必要があり、効果的な砦を建築する方法の説明を受ける。

__図 13.1__
オンボーディングプランの例

図 13.1 は、「**フォートナイト**」の一部の機能に関するオンボーディングプランの例です。初めに機能のリストを作成し、これにシステムカテゴリーと重要度の数値の両方を割り当てます（例：0 ＝非常に重要、1 ＝重要、2 ＝あるとよい、3 ＝プレイヤーが理解していなくても OK）。次に、プレイヤーがその機能を学ぶのがどれほど難しいかを特定します。これを明らかにするには、プレイヤーとプレイヤーの事前知識を把握していなければなりません。ここでもユーザー調査員の協力が不可欠です。一般的に、多くのゲームに共通し、自分のゲームでも同じように機能するメカニクスは理解しやすいです（射撃メカニクスなど）。これに対し、ゲームに固有のメカニクスやあまり標準化されていないメカニクスは、学習したり習得するのがやや難しくなります（カバーメカニクスなど）。オンボーディングプランを立てるのは面倒な作業に思えますが、プレイヤーにどのような認知負荷がかかるのかを深く理解できるようになります。また、一度に多くの機能を教えすぎていることがわかれば（スプレッドシートのソート機能を使えば一目瞭然です）、学習を分散させることもできます。学習は一度に行うより分散されていた方が効果的です。オンボーディングプランを立てることで、各機能の難易度に応じて、学習を効率的に分散できます（機能が難しいほど、認知負荷が大きくなるので、同時に学習できる機能は少なくなります）。大まかなルールとして、2 つの難しい機能を連続で教えるのは避けてください。各機能に適切なチュートリアルの順序を設定できたら、チュートリアルの列を昇順でソートします。これでオンボーディングプランが明らかになります。

　すべてのセルを埋める必要はありませんが、習得が簡単ではない機能については、最低でも「なぜ」列だけは入力するようにしてください（「シンプル」「中程度」「難しい」などのラベルを使用すれば、機能を難易度別に簡単にソートできます）。習得の困難な機能は丁寧に教え、場合によっては後でもう一度教えます。こうした機能は、意義ある状況で行動することで学ばねばなりません。表を埋めていくと、これらの機能を学習する意義をプレイヤーの視点からとらえ、その学習体験を早期にデザインに組み込められるようになります。

　このオンボーディングプランは、学習してもらう必要のある各機能に適切な量のリソースを割り当てるのにも役立ちます。一般に、すべての「シンプル」な機能は、チュートリアルテキストか動的なチュートリアルテキスト（プレイヤーが自然に正しい行動をしなかった場合にのみ表示されます。たとえば、最初の数秒でプレイヤーが自ら動かなかった場合、動き方のヒントを表示します）によって教えることができます。ゲームのユーザーテストの結果次第では、習得しやすいと思っていた機能がプレイヤーにとっては難しいことがわかり、プランの再調整が必要になることもあります。また、このオンボーディングの表を使用すると、ロード画面にいつ、どのチュートリアルのヒントを表示するかも検討できます。もう一度提示してプレイヤーに思い出してもらう必要があるチュートリアルについては、ロード画面を利用して、リマインダーやちょっとしたヒントを示すことができます。ただし、1 つの画面上にたくさんの情報を詰め込みすぎないよう注意しましょう。説明する項目はシンプルなもので 3 つまでとし、ロード画面でミッションのルールを教える場合には、**どのように**（メインの目標を達成する方法）や**何を**（操作すべきゲーム内のアイテム）ではなく、**なぜ**（メインの目標）に焦点を当てます。

　ロード画面で機能について教えても、通常大した効果は期待できません。しかし、プレイヤーは待つことに苦痛を感じる可能性があるため、気をそらすには効果的です。これも知覚の問題です。たとえば、次のような場合に待ち時間は実際よりも短く感じられます。

- アニメーションが付いたプログレスバーがある
- このプログレスバーが加速する（減速したり停止したりしない）
- 待っている間、プレイヤーにすることがある（空の画面を眺めるだけではない）。

したがって、ロード画面でチュートリアルやゲームプレイのヒントを伝えるときも、それに頼りすぎてはいけません。情報が多すぎると、プレイヤーはテキストを読まなかったり、読んだとしてもよく覚えていない可能性があります。知覚、注意、記憶における人の制限を忘れないでください。

まとめると、このオンボーディング手法では、より迅速な決断が可能になるだけでなく、ゲームとその体験について仮説を立て、その仮説をテストプレイや分析で検証できるようになります。また、ストーリーの要約も行えるので、後でそれらをつないで、オンボーディングプランとプレイヤーの学習工程をサポートするようなゲームストーリーを構築することも可能です。初めにストーリーを定義すると（人はストーリーが大好きなのでそうしたくなるものです）、ストーリーに合わせてオンボーディングを調整しなければならないリスクが生じ、これによりユーザー体験の質が低下する可能性があります（学習曲線が損なわれるため）。ほかの要素と同じように、ストーリーデザインでも、プレイヤーの動機づけとゲームフローを考慮に入れることで、ゲームプレイとユーザー体験に貢献する必要があるので、オンボーディングプランを超越することが大切です。

14

ゲームのユーザー調査

14.1 科学的手法..167　　14.3 ユーザー調査の重要なヒント......178

14.2 ユーザー調査の手法........................169

ユーザー調査の主な役割は、使いやすさとプレイヤーを引き付けるかの観点からゲーム(またはアプリ、Webサイト、ツールのインターフェイスなど)を評価することです。ユーザー調査員は、ユーザビリティや「エンゲージアビリティ」に関する問題点を情け容赦なくあぶり出し、それらの修正を検討するよう開発チームにアドバイスします。彼らは、開発者が知識の呪いに挑めるよう手助けし、一歩下がった新たな視点(そのゲームをプレイするであろうターゲットユーザーの視点)から客観的にゲームを評価します。彼らの最大の任務は、デザインの意図やビジネス目標を考慮しつつ、魅力的なユーザー体験を阻んでいる要素を特定することです。

　ユーザー調査では、この任務を達成するために2つの主なツールを使用します。それは知識(認知心理学の知識、人とコンピュータ間のインタラクション(HCI)およびヒューマンファクターの原理、ヒューリスティックスなど)と手法(科学的手法など)です。前者の知識については、本書でこれまで詳しく掘り下げてきたので、ここではまだ馴染みが薄いと思われる科学的手法について紹介します。

14.1 科学的手法

科学的手法では、思考を体系化して問題や疑問の解決策を導き出すことができます。これは仮説演繹モデルであり、測定可能な証拠を集め、標準化されたプロトコルを使って分析することで、(願わくばバイアス抜きで)仮説を確証または棄却します。科学的手法は反復プロセスで、デザイン試行における反復プロセスと大差ありません。通常は一般理論から始まり、次の概念化段階では、科学者は対象となるテーマに関する最新の文献を検証し、広範な観察を経て、調査すべき問いかけを定義します。その後、仮説を立てる→実験プロトコルのデザイン→テスト→結果と分析─仮説の確証、棄

却、微調整→最初の一般理論に戻る（同じ調査員または別の調査員がその結果をもとにイテレートします）という流れで進行します。調査員は仮説を立てる際、テストされる変数には影響力がないという「帰無仮説」も立てます。たとえばゲームの場合、実験仮説は「ゲームのルールを実際に操作しながら覚えたプレイヤーの方が、チュートリアルテキストを読んだだけのプレイヤーよりも最初の一時間で倒される確率が低くなる」などとなります。そして帰無仮説は、「ゲームのルールを実際に操作しながら覚えたプレイヤーの方が、チュートリアルテキストを読んだだけのプレイヤーよりも最初の一時間で倒される確率が低くなる**ことはない**」となります。実験結果の分析後、有意差検定で通常95%かそれ以上の結果が帰無仮説に沿わないと判断された場合、帰無仮説は棄却され、実験仮説が支持されます。実験プロトコルは、2つのグループ（操作しながら覚えるグループと読んで覚えるグループなど）間の差が、開発者が関心を示している変数（操作しながら覚えることの影響）に起因するようなものでなければなりません。たとえば、操作しながら学習する環境でゲームの仕組みやルールを覚えたプレイヤーの方が、チュートリアルテキストを読んだだけのプレイヤーよりも倒される確率が低く、その差が統計的に大きかった場合でも、その理由は読む時間の方が操作しながら覚える時間よりも平均的に短いからだとすることも可能です。この場合、原因は処理時間の差であって、学習の形態そのものではないということになってしまいます。こうした理由から、調査には正しい結論が導かれる正確な標準化プロトコルを使う必要があります。

　学界においては、実験は紙上で説明され、ほかの科学者によって検証されます。そして手法が堅実であり、ほかの科学者たちの理論的枠組みや実験にその研究結果を活用できると科学界が判断すると、学会誌に掲載されることになります。ただし、これはあくまでも理想論にすぎません。問題は、帰無仮説を棄却できないと、調査員がその調査結果を提出しなかったり、提出したとしても学会誌への掲載を認めない傾向がある点です。このせいで科学者たちは実験仮説を確証することに熱心になりすぎ（無意識のバイアスもあれば意図的なごまかしもあります）、学界から有意義な研究結果が奪われる形になってしまっています。しかし、結果が得られない（つまり、帰無仮説を棄却できない）というの**も**興味深い結果です。ノーベル生理学・医学賞を受賞したエリック・カンデルは**「記憶のしくみ」**（2006年）という素晴らしい著書の中で、「私は…思い入れのある仮説の反証を喜べるようになりました。なぜなら、それ自体が科学的成果であり、反証からは多くのことを学べるからです」という、1963年にシナプスの研究でノーベル賞を受賞した神経生理学者ジョン・エックルスの言葉について詳しく語っています。

　現在、多くの科学分野は「再現性」の危機に直面していて（プシビルスキ、2016年）、特に社会心理学で問題視されています。実際、過去に実証されたものと同じ実験プロトコルを別の研究者（または、過去に実証した同じ研究者）が実施しても、いつも前と同じ結果が再現されるわけではないようです。実験結果の再現性がとても重要なのは、その手法が確固たるもので、バイアスも最小限に抑えられていて、測定された結果にばらつきがないことを証明するものであるからです。再現できないということは、公衆の混乱に関わるどころか、その原因となります。なぜなら、これらの研究結果が再現できないと判明する頃には、その結果に関する研究者の注意書きや詳細を省いたクリック誘導型の見出しを介して、メディアによって世間に広まってしまっているからです。適当なプロトコルと少ないサンプル数でのいい加減な実験が、科学の評判を傷つけています。追い討ちをかけるように、製品の安全性を信じ込ませて消費を促すという、主に企業が主導する詐欺まがいの行為も人々に疑念を抱かせ

ています。たとえば、タバコ業界が科学者や専門家をうまく取り込んで、喫煙と癌を関連付ける科学的実証について論争を引き起こしたことは有名です。また、**1つ**の研究が原因で、ワクチンで自閉症のリスクが高まるという誤解が生じた例もありました。たった１つの研究でも、子供への害を恐れる親たちにとっては疑念を抱く十分な理由になります。この件に関しては、その研究が著しく正確さに欠けていること、**数々の研究**によってこの仮説を確証する**証拠が見つからなかったことが明らかになりましたが、**一度抱かれた疑念は簡単には消えません。

　この科学に対する不信感の高まりは、フェイクニュース（または「もう一つの事実」）の増長や世論操作の助長をもたらし、結果としてユーザー調査員の仕事をより複雑なものにしています。科学は真実を追究するものです。誰が正しいかを競ったり、人の心を揺さぶる道具であってはいけません。ユーザー調査員が中立の立場を守ることが極めて重要なのも、これが理由です。決して誰かの意見を押し通してはいけません。自分自身の「意見」を押し通すものいけません。有する科学的知識とその時点で把握しているデータをもとに、状況を分析することに徹します。ユーザー調査員の仕事は、バイアスの原因にもなりうるゲームへの思い入れを抑えながら、客観的な証拠を提示して開発者の判断を補佐することです。開発チームとの間で信頼を築き、密接な関係を維持することもプロジェクトでは重要ですが、結果にバイアスがかからないようにするためには、ゲームそのものから心理的距離を保ち、別の調査員にUXテストを実施してもらうのも大切です。いずれにしろ、ユーザー調査により、開発者はかなり早期に解決するべき**問題**、その深刻度、解決策を特定できるようになります。

14.2　ユーザー調査の手法

ゲームのユーザー調査では科学的手法が使われますが、ゲームスタジオは学術研究所ではありません。製品として出荷しなくてはならないゲームがあり、そのスケジュールは通常とてもタイトです。それゆえゲームのユーザー調査は、迅速な課程と科学的な厳格さのバランスを取ることが求められ、そうした調査をユーザー調査員のイアン・リビングストンは「十分に良い」調査と呼んでいます（リビングストン、2016年）。たとえば、あるコントローラーマッピング（条件A）と別のマッピング（条件B）でミッションを達成するのに要する時間を測定して、その２つの条件がどのように影響するかをテストするとします。両方の条件下でのパフォーマンスを測定し、各グループ内の標準偏差を計算したら（データ値のばらつき）、異なる信頼区間での結果を見ることができます（データ内に存在する不確実性）。たとえば、図14.1で示すフェイクデータでは、95％の信頼区間（調査結果として最小限必要な値）において、２つの条件下でのパフォーマンスは大きく異なっています。しかし、80％の信頼区間でのデータを見ても、条件がプレイヤーのパフォーマンスに違いを生じさせていると判断できます。80％という信頼区間は研究論文では認められないかもしれませんが、どちらのコントローラマッピングをデフォルトで採用するべきかを判断するには十分であり、少なくとも何のデータもなしに判断するよりはずっと確実性が高いです。とはいえ、通常は十分なサンプル数（参加者）を集めてユーザー調査を行う余裕はないので、UXラボ内で異なる条件を比較するのは容易ではないというのが現状です。しかし、クローズドベータの段階でいくつかの調整を行いながら、大勢のサンプルを対象にアンケートを実施したり、テレメトリーデータを収集する場合は（条件AとBでのパフォーマンスや変動率を観察するA/Bテストなど）、許容できるレベルの不確実性を定義することが重要です（Chapter 15参照）。

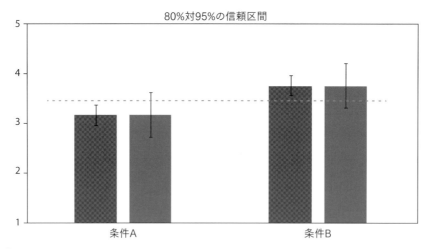

図 14.1
信頼区間（Game UX Summit 2016でのイアン・リビングストンのプレゼンテーション内容を修正したもの）

　ユーザー調査は学術研究のように厳格にはなれませんが、その主な理由は、開発チームが決断に必要な洞察が生じるたびに行う簡易テストでは、十分なサンプル数が得られないことが多いからです。制約（特に時間的制約）の多いゲーム開発では仕方のないことですが、だからこそ、テストプロトコルからは潜在的バイアスをなるべく慎重に取り除かなくてはなりません。たとえば、ゲームのターゲット層に当たる人たちに参加してもらう、ゲーム開発者と参加者との交流を避けて参加者が興奮しすぎないようにする（スタジオの一室で開発中のゲームをテストするというだけで、ゲーマーは興奮状態になっていることが多いです）、ほかの参加者の様子が見えないようにする（同調圧力がかからないようにするためと、他者のプレイを見て何らかを学ぶのを防ぐためです）、テスト対象はあくまでもゲームであり、ゲームを理解する能力ではないことを参加者に伝える、といった配慮が必要です。参加者には、彼らが直面した困難や戸惑いを、たとえ些細なものでも報告してくれることが、さまざまなスキルレベルのプレイヤーが面白いと感じるゲームを作るうえで大切であると伝えましょう。これを徹底しないと、自分のゲームに対するスキル不足を見せたくないという理由から戸惑ったことを報告しない参加者も出てきます。また、調査員やモデレーターはゲーム開発に直接関与していないため、どんなに厳しいフィードバックでも不快に感じたりしないということも説明しておきます。私の経験では、改善の余地がある開発中のゲームをプレイできること自体に参加者は喜びを感じるので、意見がソフトになったり寛容になる傾向があります。冷静に率直なフィードバックを返すように念を押し、好き嫌いの**理由**を簡潔に説明するよう求めましょう。参加者が何をしようが、UX テストの観察者は可能な限り中立な立場を守り、起こったことに無反応を貫きます。笑う、ため息をつく、参加者が何らかのハードルを越えたときに褒めるなども控えてください。参加者は見られているのを忘れるくらいが理想です。パフォーマンスに影響が出ないよう、何かをジャッジされているような感覚にならないようにする必要があります（ローゼンタールとヤコブソン、1992 年、教師の期待が生徒のパフォーマンスに影響する「ピグマリオン効果」または「ローゼンタール効果」）。また UX テストの観察者は、観察した行動からプレイヤーの意図を推測しないように気を付けます。たとえば、基地に名前を付ける必要がある場面でプレイヤーが長い時間画面を眺めていた場合、その行動は「基地に名前を付ける画面で長い時間留まっていた」と記される

べきで、「プレイヤーが基地に名前を付けるインターフェイスで戸惑っていた」などと結論を急ぐべきではありません。プレイヤーはインターフェイスに戸惑っていたのではなく、名前を考えていただけかもしれないからです。プレイヤーの意図や戸惑いは、観察ノート、ゲームでのプレイヤーのパフォーマンス、テストアンケートの回答などのデータを分析した**後**に推察する必要があります。観察時点でバイアスがかかっていると、その後の分析にも悪影響が出ます。プレイヤーの行動を書き記す際は、必ず中立の立場でいるようにしてください。また、マジックミラー越しにテストを見ているゲーム開発者が早急な結論に至ることがないよう注意します。開発者がテストを観察することに大きなメリットがあるとしても、開発者自身の知識と期待がプレイヤーの行動の解釈にバイアスとして機能するということを、開発者自身が理解しておく必要があります。プレイヤーが何を理解して、ゲーム内で何を意図的に行っていたかについての結論は、UXレポートを受け取るまで待たねばなりません。科学的手法全体で肝心なのは、こうしたバイアスを防ぐことにあり、関係者全員がその重要性を理解しておく必要があります。

　最後になりますが、参加者には必ず守秘義務契約書(NDA)に署名してもらい、テスト中に経験したことについては他言しないように念を押しましょう。私自身はUXテストで情報が漏れた経験はありませんが、リスクはつきものです。万一このようなことが起こると、ユーザー調査チームとその他の部署の信頼関係が壊れてしまいます。テスト前には参加者にポケットの中を空にしてもらい、録音・録画可能なデバイス(スマートフォンやUSBメモリーなど)を鍵付きロッカーに入れてもらえば、情報漏洩のリスクは下がります。

　ここで、ゲーム業界で使用できる主なユーザー調査手法とツールについて簡単に説明しておきましょう(ルイス＝エヴァンズ、2012年)。ほとんどのテストはターゲット層のユーザーに参加してもらう必要があるので、まずは中心となるターゲット層を明確にしなくてはいけません。参加者を集めるには時間がかかります。ターゲットとする年齢層に合致し(未成年を参加させる際は法律的な制約も加わるので、より慎重さが求められます)、テスト対象のゲームと同じタイプのゲームを特定の頻度(ときどき、しょっちゅうなど)でプレイしている人たちの中から、テスト日時に都合がつく人を探す必要があるからです。このため、募集計画は早めに立てるとよいでしょう。通常、条件に見合うプレイヤーを見つけるのに最低でも一週間はかかります。

14.2.1 UXテスト

UXテストは、ゲームのユーザー調査において主となる手法です。外部から参加者(ターゲット層を代表するプレイヤー)を募集して、ゲームの一部(またはWebサイトやアプリケーションなど)を実際に操作してもらいます。このため、開発チームとの連携は普段から密にしておく必要があります。特にQA(品質管理)担当とはしっかり情報を共有して、ゲームのビルドが安定し(すぐに落ちないレベル)、テスト対象の要素に影響するバグがないようにしなければなりません。たとえば、ある特定の機能をテストしたい場合、その機能に影響するバグが残っていては問題です。ほかのそう深刻でないバグについては、回避方法さえわかっていれば特に問題ありません。たとえば、特定のヒーローを選んだり、特定の能力を使用するとゲームが止まる場合は、参加者にそれらを使わないよう指示するだけで十分です。ゲーム開発の進捗状況とテスト対象によって、実施するUXテストも変わってきます。

- タスク分析は、たとえば1組のトランプの構築など、ゲーム内の特定のタスクをプレイヤーが完了できるかを見たい場合に行います。通常、これらのテストは短く、タスクを完了するのに要した時間、参加者が犯したエラーの数など、特定の測定基準が用いられます。プレイヤーがターゲットを通り過ぎたりその前で止まったとき、どれぐらいの早さで狙いを定めるかを観察したい場合などは、このタイプのテストをジムレベル(テストルーム)で行うと有効です。さまざまなジムレベルを作成して、ゲームの感覚に重要なあらゆることをテストできます。ある機能のプロタイプを作成している場合は、カードソーティングなどの特定のタスクを使用することもできます。カードデッキビルダーを例にすると、何かを実装する前にプレイヤーに紙のカードを渡し、特定ヒーロー用のデッキをどのように作成するかを尋ねます。プレイヤーがカードをどのカテゴリーに整理するかを観察することで、彼らの直感的な感覚に合ったシステムを構築できるようになります。このタスクは、Webサイトの情報アーキテクチャのデザインでよく使われます(どのページをどのカテゴリに分類すべきかをなどを判断します)。タスク分析は1対1で行います(1人の参加者に1人の調査員)。通常は15人以上の参加者が望ましいですが、相応に時間も長くなるので、プロトタイプから機能の実装までに時間の余裕がない場合などは、どこまで厳格にするかの線引きが大切になります。
- ユーザビリティテスト(またはテストプレイ)では、参加者にゲームの一部をプレイしてもらいます(全体ではありません)。ユーザビリティに加えて、エンゲージアビリティの問題にも焦点が当てられます。ゲーム内に実装されていない要素がある場合は、その情報を紙でプレイヤーに伝えます。たとえば、チュートリアルを印刷したもので読んでもらってもよいでしょう。通常、このテストには同時に複数の人に参加してもらいます(一般的には6人程度ですが、5対5の構成をとるマルチプレイヤーゲームなどのテストでは、もっとたくさんの参加者が必要かもしれません)。マルチタスキングが現実的でないことは承知していますが、このテストでは1人のモデレーターが同時に2人のプレイヤーを観察することができます。プレイを録画し、後に時間があるときに見てもかまいません。
- 思考発話法(または認知的ウォークスルー)は、タスク分析またはユーザビリティテストにおける1つの手法で、参加者にプレイ中に感じたことや思ったことを独り言として口に出してもらいます。これは、インターフェイスが与える第一印象を把握したり、プレイヤーが何を期待するかを理解するのに有効な手法です。この手法を使う場合は、参加者に思ったことを自由に口に出すように伝え、何を言おうと間違いではないことを理解してもらいましょう。テストされているのは、あくまでもソフトウェアであり、参加者ではありません。疑問を感じたら、それも口に出してもらうわけですが、観察者がそれらの疑問に答えることはほぼありません。参加者自身がその疑問を解決できるどうかも知りたいからです。参加者が質問を投げかけてきた場合は、「どう思いますか?」と返しましょう。最後に、参加者が話の途中で黙ったら、その話の残りを観察者が勝手に推察して代弁するのではなく(参加者の思考プロセスにバイアスをかける可能性があります)、最後の言葉を繰り返すだけにしてください。たとえば、参加者が「どうすれば…」と言って黙ったら、観察者は「どうすれば?」とだけ返します。通常これでうまくいきます。この手法には、覚えておくべき重要な制限があります。思考プロセスを口に出すように指示されると、人は自分のデバイスでプレイするときよりもタスクに集中するよう

になります。つまり、機能やシステムがどのような仕組みになっているかを知ろうとする傾向が強まるのです。このためタスクを成功したり失敗するよりも、そのタスクを理解することの方により長い時間がかかることを頭に入れておいてください。これらのテストは通常 6 名前後の参加者を募り、1 対 1 で行います。

- プレイスルーテストでは、ゲームをほぼ通しでプレイしてもらいます。この時点でもユーザビリティに関する問題に注意しますが、このテストの主な目的は、どこが簡単すぎてどこが難しすぎるか、どの目標を達成したところでプレイヤーのやる気が低下するかなど、エンゲージアビリティに関する問題をあぶり出すことです。このテストでは、大勢のプレイヤーの結果を知りたいので、かなりの数のサンプル数が必要となります(可能であれば)。しかし、通常このテストでは参加者に何日間(ときには一週間)も UX ラボまで来てもらわなくてはならないので、そうした条件に見合う参加者を見つけるのは容易ではありません。クローズドベータ(またはアルファ)の段階になれば、より多いサンプル数を得られので、たとえ 8 人のプレイヤーであってもプレイスルーテストを実施するようにしてください。これらのテストは、テレメトリーデータで明らかになったこと(ほとんどのプレイヤーが**何**をするか、Chapter 15 参照)について適切なコンテキスト(**なぜ**プレイヤーが特定の行動を取るか)を提供するので、アナリティクスの結果の優れた補完材料となります。

スタジオによって、これらのテストの呼び方は異なることがあります。また、ゲーム開発者の中には、自分たちでゲームをテストして機能について議論することを「テストプレイ」と呼ぶ人もいます。私は、ゲームデザイナーのトレーシー・フラートンが言うように、これらは「内部デザインレビュー」であり、テストプレイと呼ぶべきではないと思っています(フラートン、2014 年)。ここまで紹介したすべての UX テストは、ほとんどの場合、ゲームのことを何も知らない外部の人に参加してもらう必要があるからです(特定の機能をすでに知っているプレイヤーにテストしてほしい場合は除きます)。いずれにしても、テストには十分な準備期間が必要です。テストに立ち会う調査員(またはモデレーターやテスト分析担当などの調査アシスタント)は、実際に自分自身でビルドをプレイしておかねばなりません(このためビルドがある程度仕上がっていることが重要です)。また、テストを観察しながら判明した問題をすぐに書き留められるように観察シートも準備します。なお、テスト観察中は、すべてを書き留めるのではなく、的を絞ってください。システムの一部が未完成だったり、バグのある機能が残っていることもあるので、テスト可能なものに集中した方が効率的です(すべてを観察するのはまず無理です)。それに、まだ完成していない機能やシステムに対してフィードバックをもらうのは、開発者にとって喜ばしいことではありません(予備的なフィードバックを求めている場合は別ですが)。ここでいう「完成」とは、見た目が仕上がっていることではなく、たとえ見た目が悪かったりプレースホルダー要素で代用されていたとしても、問題なく利用できる状態のことです。このようなことから、テストの目的は開発チームと協議した上で定義するようにしてください(テストで質問する内容については後ほど紹介します)。

開発チームのメンバーはなるべくテストの場に立ち会うようにします。マジックミラー越しに、プレイヤーには見えない状態で背後から観察できると理想です。こうすると、開発者はプレイヤーの立場に自分を置けるので、プレイヤー中心のアプローチを心がけるようになります。また、何名かの開発者が同じ部屋で一緒に観察すれば(個人のデスクトップコンピュータにライブ配信されたものを別々に観察

14.2 ユーザー調査の手法

するのではありません)、なぜプレイヤーが想定通りにプレイしないのか、どうすれば問題を修正できるかなどを話し合うこともできます。私が個人的に UX テストで楽しみにしているのは、マジックミラー越しに開発者と一緒に観察しながら、彼らの言い分や真の意図、想定外のプレイに対する彼らなりの理由づけを聞くことです。私の経験では、開発チームとの間で信頼関係を築き、調査に参加してもらうことが、ユーザー調査プロセスの重要な側面です。そのような関係が築ければ、ユーザー調査員は特定の機能やシステムの背後にある意図などについても質問できます。図 14.2 を見ると、Epic Games の UX ラボがどのような作りになっているかわかります。左側のテストルームでは、参加者がプレイしている画面を観察者が頭上のディスプレイで観察できるようになっています。右側の「シークレットルーム」(私たちはこの部屋を「もぐりの酒場」と呼んでいました)では、UX 調査員と開発チームのメンバーがテストの様子を見ながら意見交換できるようになっています(この部屋は防音になっているので、開発者は自分の感じた苛立ちを声に出して表現できます。UX テストの観察では、思いがけない問題を突きつけられてやり切れない気持ちになることがあります)。

図 14.2
Epic Games の UX ラボ (提供：ビル・グリーン、© 2014、Epic Games, Inc.)

　UX テストではいくつかのツールが使用されます。中でも一番重要なのは、観察と、テスト中に観察者が書き留めるノートです。これらのノートは 1 日の終わりに集められ、ほかの観察者のノートもあれば比較して、調査員はプレイヤーが簡単にできたこと、できなかったこと、プレイヤーが誤解したことや完全に失敗したことなどを特定します。もう 1 つあると便利なのは、セッションを記録できるツールです。後で一部のセクションを再生してレビューたり、UX レポートにクリップを含めることができます。たとえば、無償で提供されているオープンソースの Open Broadcaster Software (OBS) を使用すると、ゲームプレイやプレイヤーの顔に向けた Web カメラなど、複数のソースからの映像を記録して配信できます(ただし、プレイヤーの顔の表情は参考程度にした方がよいと思います。表情の微妙な変化まで読み取る強力なツールでもない限り、誤解する可能性が高いからです)。アイトラッキング(視標追跡)も観察の精度を高めるのにとても有効なツールです。OBS に直接組み込める安価なアイトラッキングカメラも出回っていて、観察者はプレイヤーの画面上での視線の動きをオーバーレイとして見

ることができます。なお、アイトラッキングではプレイヤーの視線の先を確認できますが、必ずそこに彼らの注意が向いているとは考えないでください。アイトラッキングソフトウェアの中には、ヒートマップを作成して、人が平均的に何を見ているかを可視化できるものもあります。アイトラッキングによるヒートマップは、静止要素(ヘッドアップディスプレイ(HUD)など)や常に短い体験(トレーラーなど)に特に有効ですが、そうでない場合は、効率の良い観察したときに得られる恩恵と比べるとコスト(主に時間)が見合いません。もう1つ便利なツールに、NohboardなどのOBSを介してコントローラーやキーボードのオーバーレイを表示できるものがあります。これらを使うと、観察者は頭上のディスプレイでプレイヤーが押すキーを確認できます。最後に、Snazを使えばOBSビデオにローカル時間を追加でき、プレイヤーのタスク完了までの時間を正確にモニターすることができます。これらのツールの多くはフリーで公開されています(アイトラッキングカメラ、頭上のディスプレイ、参加者がゲームをプレイするのに必要な機器は除きます)。図14.3で、UXテストの録画がどのようなものかをご覧ください。これはEpic GamesのUXラボでのものです(参加者のプライバシーを保護するため、これは私が「**フォートナイト**」をプレイしているとき画面です)。予算に余裕のあるラボであれば、電気皮膚反応(GSR)などのバイオメトリクスを利用してプレイヤーの指先の発汗状態を測定し、情動が高まるタイミングも把握できます(その情動がネガティブなのかポジティブなのかまではわかりません)。しかし現時点では、電気皮膚反応などのバイオメトリクスはまだ実用的ではないのかもしれません。コストが相当かかるうえ、データ分析には膨大な時間を要します。ただ、短いセッションやトレーラーをテストするときに使うのは面白いかもしれません。いずれにしろ、現時点でゲームのユーザー調査の最高のツールは、用意周到で厳格な観察です。最後に、参加者に時折アンケートに答えてもらうというのも便利な「ツール」です。よく練られたアンケートは、バイアスが生じにくいので対面インタビューよりも効果的なことがあります(アンケートは、バイアスの原因となる、人と人の交流を伴いません)。アンケートについては後ほど詳しく紹介しますが、UXテスト中に定期的に行いましょう。参加者が経験したばかりのシーンをキャプチャしたスクリーンショットを使って、そこに表示されている要素とその機能について説明してもらいます。アンケートでは、プレイヤーがゲームについて何を理解し、何を誤解しているかがわかります。

図14.3
Epic GamesでのUXテストのキャプチャの例(掲載許可あり)

UXテストとデータ分析が終わったら、ユーザー調査班の責任者はUXレポートを作成します。レポートにはUXの問題をすべてリストしますが、たいていは種類(UI、チュートリアル、メタゲームなど)と深刻度(高、中、低)で分類します。深刻度は、その問題がどれぐらいプレイヤーの障害となったか、どれくらいプレイヤーを苛立たせたか、どの機能が影響を受けたかによって決まります。UXの問題がゲームの核心部分や課金機能に影響する場合は、プレイヤーが最終的にその問題を解消できたとしても、深刻度は高くなります。機能の中には、どんな些細な摩擦も許されないものがあります。そこでのつまづきが気の短いプレイヤーのやる気をそぎ、巷にあふれている別の無料ゲームに心移りさせるのかもしれません。レポートは、問題を要約した短い見出しと、その詳しい説明で構成し、できれば録画したセッションのスクリーンショットやクリップを追加しましょう。また、開発者の目的に沿った修正案を**提案**することもあります。ただ、それらの提案は上から目線のものであってはなりません。あくまでも問題を明確化し、案を提示するだけです。こちらがゲームデザインを主導しているかのような印象を与えてはいけません。そして、レポートにはよかった部分を記載するのも忘れないようにしましょう！　テストの主眼がHUDへの理解度を把握することであったなら、プレイヤーが直面した問題だけでなく、優れていた点も記載します。また、以前のビルドで判明したUXの問題が解決済みの場合は、そのことにも触れましょう。たとえ些細なものでも、UXの改善を称えることが大切です。

14.2.2 アンケート

アンケートは、UXテストの途中に行ったり、クローズドベータテストの参加者に送付するなど、さまざまな形で実施できます。十分に配慮して実施すれば、アンケートはとても強力なツールになります。神経科学者のジョゼフ・ルドゥーは、「内省は心の仕組みをのぞく曇りガラスのようなものです。人が内省から情動についてわかることが1つあるとすれば、それは、人がそう感じる理由はたいてい闇に包まれているということです」と述べています。プレイヤーがゲームをどのように感じたかを探りたかったら、できるだけ的確に質問しましょう。たとえば、ゲームが難しかったか、楽しかったか、またはわかりにくかったかを尋ねる場合は、その理由も説明するよう求めます。ゲームの中で気に入った点と気に入らなかった点をそれぞれ3つ挙げてもらうのであれば、その理由も説明してもらいます。また、ゲームへの印象を知りたいなら、友人にゲームについて説明するとしたら、どんな風に説明するかを尋ねます。このように誘導することで、プレイヤーは説明の難しい漠然とした情動ではなく、より具体的な要素に的を絞って回答できるようになります。特にユーザビリティに関する質問では、なるべく客観的な質問をしてください。たとえば、チュートリアルがわかりやすかったかどうかではなく、チュートリアルで覚えている学習内容を尋ねます。プレイヤーの知覚を調べるために、最初からHUDをはっきり理解できたかどうかを尋ねる場合は、それだけで終わりにせず、各要素を連想させる文字が記されたHUDのスクリーンショットを見せて、それぞれの要素が何であるかを説明してもらいます。

アンケートの質問では、一度に1つのことだけ聞くようにしましょう。たとえば、「その能力は使いやすく強力でしたか？」と質問すると、使いやすさとパワーのどちらを指した回答なのかわかりにくくなります。また、誘導するような質問も避けましょう。たとえば、「(能力の名前)は強力だと思いましたか？」ではなく、「(能力の名前)についてどんな風に感じましたか？」などと尋ね、自由回答を求めます。数百人(またはそれ以上！)の回答者に対してアンケートを実施するときは、自由回答形式の質問はできるだけ避け(文章解析が必要になるからです)、7段階の「リッカート尺度」の質問を使いましょう(そこ

176　　　　　　　　　　　　　　　　　　　Chapter 14：ゲームのユーザー調査

まで細かくする必要がなければ5段階でかまいせん）。たとえば、「能力のおかげでゲーム内の自分が強い感じられた」という項目について、「まったく同意できない」「同意できない」「どちらかというと同意できない」「どちらとも言えない」「どちらかというと同意できる」「同意できる」「非常に同意できる」という7つの選択肢の中から自分に一致するものを選んでもらいます。この種の質問は、ゲームのエンゲージアビリティを測定したり、改良点を見つけるのにとても役立ちます。ゲームの核と提供したいコア体験を念頭に、エンゲージアビリティを柱にしたリッカート尺度の質問を構築しましょう。特定の目標を追究せねばならないという感覚はどれくらいあったか、チームメイトは力になってくれたか、自分は他者の役に立ったか、ゲームで上達している感覚はあったか、マスターしたような感覚はあったか、インターフェイスの操作は快適だったか、ゲームは難しすぎ／簡単すぎたか、自分が制御している感覚はあったか、意義ある選択をしたと思うかなどを尋ねます。これらの質問は、エンゲージアビリティという観点からゲームの長所と短所を明らかにしてくれるので、短所を直すことに専念した方がよいか、または長所を伸ばすことに専念した方がよいかを判断できるようになります。質問は、独自に作成することも、既存のものを使うこともできます。既存のものには、プレイヤー体験項目（Abeele他、2016年）、没入的体験に関する質問（ジェネット他、2008年、UCL Interaction CentreのWebサイトでも参照可能。）、プレイヤーの欲求充足体験に関する質問（著作権で保護されています。プシビルスキ他、2010年）などがあります。最後3つの質問については、線引きがかなり曖昧であるとする研究もあります（デニソワ他、2016年）。どんなアンケートを行うにしても、分かりやすく簡潔な文章を使いましょう。また、人は自分の進行具合を確認できると安心するので、アンケートにも進行バーを追加することをお勧めします。

14.2.3　ヒューリスティック評価

ヒューリスティック評価では、UX専門家がゲームのユーザビリティとエンゲージアビリティを評価します（できれば複数名で実施します）。ヒューリスティック、つまり経験則がガイドラインとして使用されます。Chapter 11と12で紹介したユーザビリティとエンゲージアビリティの柱はヒューリスティックの例ですが、専門家はもっと包括的なリストを使用します。この手法を用いると、ゲームの完成度が低かったり、UXテストを実施できない場合でもゲームを評価できます。ただし、ターゲット層のプレイヤーがゲームに取り組む様子を観察することでしか得られない情報もあるので、UX関連の問題を特定するにはやはりUXテストが必須です。ヒューリスティック評価が終わると、調査員はレポートを作成してゲームチームに渡します。

14.2.4　高速内部テスト

高速内部テストとは、ゲームの特定機能について何も知らない社員を使って、その機能のイテレーションをテストする手法です。たとえば、最初の社員である機能をテストしたら、そこで観察した内容とその社員からのフィードバックをもとにデザインを修正し、それからまた別の社員でテストを繰り返します。マイクロソフト・スタジオ（Microsoft Studios）の調査員メドロック他（2002年）は、高速反復テスト評価（Rapid Iterative Testing and Evaluation、RITE）という手法を考案しました。タスク分析テストとよく似ていますが、この手法の特徴は、ゲームの1つの機能といった特定部分に特化し、イテレーションを重ねながらすばやく問題を解決するところです。外部から参加者を募ってもかまいませんが（それ

が理想です！）、こうした的を絞ったテストのためにいちいち参加者を集めるのも大変なので、社員を使うことをお勧めします。ただし社内の人間を使った場合は、強いバイアスが付き物です。ゲーム開発者と一般のプレイヤーではゲームに対する見方が大きく異なっているうえ、その機能をデザインした人物と知り合いである可能性があります。それでもUXテストを実施できるまでの期間においては、社員からのフィードバックが役立つことがあります。

14.2.5 ペルソナ

ペルソナ手法では、ゲームのコアプレイヤーに相当する仮想プレイヤーを定義します。まず、マーケティングチームがマーケットセグメンテーションを、開発チームがコアとなる柱と提供したい体験を持ち寄って、誰がターゲット層なのかについて一回目の検討を行います。それからターゲット層に該当するユーザーをインタビューして、開発中のゲームの種類に対する彼らの目標、希望、期待を特定します。最終的には、名前、写真、目標、期待、希望などを設定した仮想プレイヤーを作成します。マーケットセグメンテーションよりも共感しやすく覚えやすいペルソナを使うと、マーケットではなく人を中心に考えられるようになります。私は、この手法の面白みは、最終的な結果よりも、マーケティングと開発チームが意見をすり合わせようとするプロセスそのものにあると思っています。プロジェクトに関係するチームが**ユーザー**と**体験**を定義すると、強固なUX戦略に向けて力強いスタートを切ることができます。通常、この手法はコンセプトまたはプリプロダクション段階で使用されます。また、コアユーザーに当たるプライマリーペルソナ、もっと広範な層のセカンダリーペルソナ、ターゲット層**ではない**アンチペルソナなど、複数のペルソナを作成することもできます。忘れてはならないのは、ペルソナはあくまでも仮想の人であり実在しないということです。名前や性格まで持つことから、デザイナーの中には実際の人間として扱う人もいるかもしれません。これ自体は悪いことではありませんが、度が過ぎると、ペルソナに相当する現実のプレイヤーではなく、ペルソナそのものに向けてデザインするようになってしまいます。このような事態を避けるには、ペルソナに関するデータをアクセス可能にして、正確かつ最新の状態に保つ必要があります。また、開発者にUXテストを見に来るように誘い、実際のユーザーがプレイする様子を見せてください。

14.2.6 アナリティクス

アナリティクスは、UXテストおよびアンケートと組み合わせて使うと特に強力なツールです。アナリティクスでは、観察者がいないUXラボ以外の場所でどのようにプレイヤーがゲームをプレイしているかについて、テレメトリーを使ってリモートでデータを集めます。アナリティクスについてはChapter 15で詳しく説明します。

14.3　ユーザー調査の重要なヒント

どの手法を使うにしても、重要なのは、あなたが作成するレポートやアンケート結果を見ることになる人々との連携です。すべてをテストしたり測定することは不可能なので、各チームが重視しているものに労力をつぎ込まねばなりません。彼らと協力関係を作り上げ、ゲームを改良するために必要な情報やその時点でフィードバックが不要な機能について、正確に聞き出せるようにしてください。しっかり協

力してもらいながらユーザー調査を準備すれば、より意味のあるフィードバックを返すことができ、ひいては互いの信頼関係をさらに強めることができます。

　テストを終え、レポートを渡したからといって仕事が終わったわけではありません。問題について協議したり、レポート結果に対する意見を聞くために、主な関係者との会議を行います。この会議では、修正は後日にしたい機能、近日中に修正する予定の機能、次の UX テストで再テストしたい機能などを知ることができます。そして、修正対象となった問題のフォローも忘れてはなりません。スタジオで使用しているプロジェクト管理ソフトウェアにバグやタスクを入力するよう提案して、全員が進捗状況を把握できるようにします。前に進んでいるという感覚は、ゲーム開発者にとっても重要なことなのですから。

　あなた自身がユーザー調査員ではない場合でも、UX 専門家やユーザー調査員を雇ったり立派なラボを設立する余裕がない場合でも、定期的にユーザーの視点からゲームを見ることが大切です。先ほど紹介した手法の DIY（自作）バージョンを使い、デザイン、プロトタイプ、初期のビルドなどをテストしてください。テストには、ゲームについて何も知らない周囲の人に参加してもらいます（ターゲット層に当たる人を選びます）。テストを行うのに早すぎるというのはありませんが、遅すぎると重要な変更が難しくなりがちです！　また、ゲームをテストするときはできるだけバイアスを排除するようにします。これを怠ると、間違った結論を選びかねません。友人や家族のように身近な人は、あなたが喜ぶようにゲームを解釈しがちなので避けた方がよいでしょう。彼のフィードバックも当然、手加減したものになりがちです。ユーザー調査についてもっと知りたい場合は、さまざまな優れたリソースを読んだり（アマヤ他、2008 年、ライティネン、2008 年、シェイファー、2008 年、ベルンハウプト、2010 年など）、オンラインのゲームユーザー調査コミュニティーに参加してみましょう（gamesuserresearchsig.org）。ユーザビリティとエンゲージアビリティの柱も忘れないでください。イテレーションサイクルを通してこれらはガイドとなり、自分にとって予想外なことや想定外のことにも納得できるようになります。

14.3　ユーザー調査の重要なヒント

15

ゲームアナリティクス

15.1 テレメトリーの魔力と危険 .... 182 15.2 UXとアナリティクス 186

データはそこら中にあります。買い物、SNSでの友人のやり取り、オンラインニュースの閲覧、広告の
クリック、ゲームプレイなど、人の行動に関するおびただしい量のデータが日々あらゆるところで収集さ
れています。ゲームスタジオも、テレメトリー（遠隔操作でデータを収集すること）を使って可能な限りプ
レイヤーの行動を集めようとしているところが増えています。そんな状況で表面化しているゲームアナ
リティクスの重大な問題は、これらの膨大なデータをどう読むかということです。幹部会議で複雑なグ
ラフを見せれば強い印象を与えられますし、ゲームのどこでプレイヤーが脱落するのかわかれば目を
覚ますきっかけになるでしょうが、自分たちの目標に対するデータの真の意義を見い出すのはそう簡
単ではありません。ですから、ゲームアナリティクスに沸き立つのと同じように、ゲームアナリストも歓迎
し、彼らの意見に耳を傾けましょう。彼らは絶対に必要な存在なのですから。

　アナリティクスとは、データを収集してその意味を理解するという一連の処理を指します。これは、
データから抽出した情報をもとにマーケティング／パブリッシングに関する決定を支援することを業務
とするビジネスインテリジェンスの一環として考えることもできます。一方でアナリティクスは、ユーザー
調査員の強力な味方にもなって、彼らがゲームチームと共同でゲームプレイに関する判断を下すのを
支援します。ユーザー体験(UX)マネージャーは、意図する体験に関して全員が認識を共有できるよ
うに、アナリティクスチーム、ゲームチーム、パブリッシング／ビジネスインテリジェンスチーム間の橋渡
しをするという重要な役割を担うことになります。

15.1 テレメトリーの魔力と危険

テレメトリーは、強力にも危険にもなり得ます。強力であるのは、ネットワークで繋がったゲームが各家庭でどのように体験されているかを広範に把握することができるからです。このデータこそ現実をチェックする、真実を知る手段となります。何人がプレイしているか？ 平均でどれぐらいの時間プレイしているか？ プレイヤーがやる気をなくす（プレイをやめてしまう）ようなイベントがゲーム内に存在するか？ などを確認できます。一方で、不注意に扱ったり、十分な分析をしなかったり、データマイニングの限界を理解していないと危険な存在にもなり得ます。ゲームアナリティクスという言葉を頻繁に口に出す開発者の中には、実際には分析（統計分析や予測モデルなど）が必要になることを忘れている人もいます。しかしドラチェン他（2013 年）が述べているように、「アナリティクスとは、ビジネスにおける諸問題の解決したり、企業の意思決定、アクションの推進、パフォーマンスの向上につながる予測をするために、データ内にパターンを見つけて伝えるプロセスです」。「ビッグデータ」という言葉が一般的になった昨今、顧客の動向に関する膨大なデータを蓄積したことに成功した会社が話題に上ることが少なくありません。しかし、データを集めただけでは成功できません。集めた**データは情報ではない**ので、そこから価値を抽出しなくては意味がないからです。ランブレクトとタッカーが言うように（2016 年）、「ビッグデータは、経営、エンジニアリング、アナリティクスのスキルと組み合わせて初めてビジネスにとって価値のあるものになります」。問題は、統計については基本知識を持っていても、認知バイアスについてはほとんど無知の何者かが、データ可視化ツールを使ってローデータを好き勝手にもてあそぶもしれないことです。私の立場から言えるのは、適正な経験を積んでいない限り、意味ある情報を引き出すのはデータアナリストに任せ、引き出された情報をどう解釈するかを一緒に考えるべきだということです。そうしないと、部分または全体的に間違った結論にたどり着くリスクが生じます。平均値、中央値、最頻値の違いを知っているのは最低ラインであり、通常それだけでは十分ではありません。

15.1.1 統計に関する誤りとデータの制限

ダレル・ハフは著書「**統計でウソをつく法：数式を使わない統計学入門**」（1954 年）で、「統計はとても魅力的に見えるが、残念ながら、誇張したり、大袈裟にしたり、戸惑わさせたり、必要以上に単純化するために使われがちである」と述べています。そういう意味では、統計と神経科学はよく似ていると言えます。データを見るときは、次の点に気を付けてください。

- サンプルの代表性。データを集めるのに使用したサンプルは、自分が意図するターゲット層を本当に代表しているでしょうか？ 特にクローズドベータの段階のプレイヤーは、正式版のプレイヤーよりもずっと極端な行動をすることがあります。自分で選んだ少数のサンプルからの結果を無理に一般化し（クローズドベータの段階ではこのようなケースが多いです）、実際にゲームをプレイするであろう、より広範な人たちに当てはめるのには細心の注意が必要です。サンプルのランダムさが重要となります。
- 結果は統計的に意味のあるものか？ 2 つのグループから集めた行動の平均差は、各グループ内のばらつきが大きすぎると、実際には大した意味を持たないことがあります。たとえば、4 人一組の 2 つのチームがそれぞれプレイヤー対プレイヤー（PvP）ゲームをプレイしたと

します。チームAでは、2人のプレイヤーが13人ずつ倒し、残りの2人が15人ずつ倒しました。一方のチームBでは、4人がそれぞれ2人、4人、17人、33人ずつ倒したとします。いずれのケースでも、倒した人数の平均は14人になります。しかし、チームAに限れば個々の成績は平均値に近くなりますが、チームBはばらつきが大きいです。つまり、一定人数のグループのデータを比較する場合は、平均値の違いには一貫性がないこともあるので、各グループ内の平方偏差を把握することが大切です。Chapter 14でも触れたように、信頼区間を使えばどの程度の不確実さがデータ内に存在するかを理解しやすくなります。

- 相関関係は因果関係ではありません。たとえば、PvPシューティングゲームからのデータを見ると、武器のカスタマイズにより時間をかけたプレイヤー（変数A）の方が倒される確率が低かった（変数B）ことがわかりました。この場合の変数AとBは相関関係にあります。しかし、相関関係を確認しただけでは、これらの変数間にどのような関係があるかまではわかりません。変数AがBの誘因になったのか、それともBがAの誘因だったのか、AもBも第三の変数によって誘発されたのか、相関関係は偶然だったのかなど、さまざまな関係が考えられます。相関関係は因果関係を示すものではありません。

- データは情報ではなく、情報は洞察ではありません。情報は生データから抽出されたもので、通常はデータの余剰部分が取り除かれています。データから抽出された情報は解釈される必要があり、無関係の情報（ノイズ）は除去されなくてはなりません。残った情報が意思決定にとって価値があるものであれば、ここで初めて洞察が得られます。ビッグデータという言葉に踊らされてとにかく膨大な量のデータを集めるのは、人材と時間の有効活用とは言えません。

- 不良データは、データがないよりもたちが悪いです。テレメトリーフックの実装およびテストが適切に行われなかったり、データ収集システムにバグがあると、そうとは知らずに集められたデータを眺めなくてはなりません。たとえば、プレイヤーがチュートリアルミッションを一定の方法でやめたとき（ミッションだけでなくゲームそのものもやめたなど）、特にイベントが発生しなかったという単純な理由から、65%のプレイヤーがチュートリアルミッションを完了したと誤解することがあります。つまり、本当はチュートリアルを完了していない多くのプレイヤーが見落とされ、結果的にチュートリアルの完了率がつり上がる可能性があるのです。

- データ分析では、**何**が起こっているのかはわかっても、**なぜ**起こっているのかはわからないことがあります。テレメトリーデータにはコンテキストが欠けています。たとえば、ある特定の日はいつもよりゲームをするプレイヤーが少なかったとします。なぜそうなったのかは、知る由もありません。別の話題のゲームがリリースされてプレイヤーがそちらに流れた、スポーツの大会があり人々がゲームから離れた、バックエンドのサーバーで問題が発生してプレイヤーの接続やフレームレートに影響が出た、データ収集システムにバグがあった、これらが複合的に影響した、その日はたまたま少なかったなど、さまざまな理由が考えられます。

- 実験を行う際は、実験対象のグループと比較するためのコントロールグループ（対照群）を必ず用意します。たとえば、ゲームに最も愛着を持ってくれるプレイヤーの特徴を割り出すには（普段どのようなゲームをプレイしていて、どのようなゲームアクティビティを好むかなど）、アンケートをそのタイプのプレイヤーだけでなく、そうではないプレイヤーにも送るべきです。

なぜなら、これら2つのグループの調査結果を比較して、初めてファンとなってくれるプレイヤーの特徴がわかるからです。

ここでは統計に関するごく基本的な誤りと制限をいくつか紹介しただけですが、集めたデータから最大限の洞察を引き出すためのスタジオ戦略を立てるうえでは十分でしょう。ただし、特に認知バイアスなどの人の制限には引き続き細心の注意を払う必要があります。

15.1.2 認知バイアスをはじめとする人の制限

知覚が主観的で、事前知識や期待の影響を受けることを思い出してください。これが原因で、チャートを間違って解釈することもあります(ゆえにデータの視覚化も真剣に考える必要があります)。また、人には作業量を最小限に抑えようとする傾向もあるので(通常、数学や批判的思考には相当量の認知力が必要となります!)、結論を急いだせいで間違えたり、ニュアンスが不明瞭になることもあります。自己実現的予言を例に見てみましょう。ゲームに競い合う要素が欠けていると思い込んだあなたは、競争好きのプレイヤーには好まれないのでは恐れています。これを検証するには、親しいユーザー調査員に頼んで、クローズドベータ用に登録したすべてのプレイヤー(できればコアユーザーに当たる人)にアンケートを送ってもらいます。アンケートでは、誘導的にならないよう気をつけながら、ゲームの中で最も気になる機能を尋ねます。結果は、ほとんどの回答者は競い合う機能に特に関心がないというものでした。そこであなたは、ターゲット層は競い合うタイプではないので心配無用という結論に達します。しかし、たいていの場合、アンケートに回答してくれるのはゲームのファンになった人たちばかりです。彼らは競い合う機能に本当に関心がないのでしょう(だからゲームのファンでいてくれるです)。一方、ベータテスターとして登録していても、物足りなさゆえにゲームから離れていったプレイヤーは、アンケートに回答していないかもしれません。つまり、この種の人たちのデータがカウントされていない可能性があるのです。女性ゲーマーに関しても似たような循環論法をよく耳にします。一般に、MMORG(多人数同時参加型オンラインロールプレイングゲーム)やMOBA(マルチプレイヤーオンラインバトルアリーナ)のプレイヤーの大半は10代の男性であるとの強い思い込みがあります。だからわかりませんが、この種のゲームには、コアユーザーに訴求する過度にセクシーな女性キャラクターが欠かせないと考えられています(性が強力な動因になることは間違いありませんが、Chapter 6で紹介したようにほかにも多数あります)。しかし、露出度の高いコスチュームの女性が全編を通して登場していることが**潜在的な**女性ゲーマーをあなたのゲームから遠ざけている**可能性**もあり、その結果この層が未開拓のままになっていることも考えられます。あくまでも、可能性の話ですが。

強い思い込みといえば、もう1つ私たちは「確証バイアス」というとても厄介な認知バイアスを抱えています。これが介在すると、自分の信念を追認する情報のみに目が行き、信念と微妙に違っていたり、信念に反する情報を無視しようとします。確証バイアスは、インターネット時代では伝染病のように広まっています。たとえば、地球温暖化の原因が人ではないと信じる人は、人が原因であるとする膨大な数の実証(少なくとも気象学者の97%が賛同しています)を無視して、自分にとって都合の良い情報のみを見つけます。特にこれが顕著なのは、特殊なアルゴリズムを使ってクリックされやすい情報を予測しているソーシャルメディアサイトから情報を得ている場合です。こうしたやり方はターゲットを絞った広告には有効でも、世の中を客観的に(または、少なくとも異なる視点から)見るのを阻みます。

確証バイアスは何もソーシャルメディアで始まったことではありませんが、このようなメディアが自分の思い込みの中で安心することを促進しているのは間違いありません。故ハンス・ロスリングは2006年のTED(Technology、Entertainment、Design)カンファレンスで「私にとって問題なのは無知ではなく先入観なのです」と語りました。確証バイアスだけであっても、膨大なデータを読み取るときは十分注意するに値します。

　ユーザーがゲーム内で何かを判断する際に経験する認知バイアスも考慮しましょう。ユーザーがなぜそのような行動に出たのか、それに対して自分は何をする(またはしない)べきかを理解しやすくなります。ここで、ダン・アリエリー(2008年)が紹介したWebサイトでの雑誌購読キャンペーンの例を見てみましょう。提示された選択肢は3つです。

- **A. オンライン**版の一年購読 $59
- **B. 印刷**版の一年購読 $125
- **C. オンライン**版と**印刷**版の一年購読 $125

　BとCは同じ価格($125)ですが、どう見てもCの方がBよりもお得です。この選択肢に興味を持ったアリエリーは、マサチューセッツ工科大学の生徒100人にいずれかを選んでもらうテストを行いました。ほとんどの生徒はCを選択し(84人)、16人がAを、そしてBは誰も選びませんでした。同一価格で価値での少ない方を選ぶわけがないので、Bは意味のない選択肢だということになります。次に、アリエリーはBを除いた状態で別の100人にテストを行いました。今度はほとんどの生徒がAを選択し(68人)、残りの32人がCを選択しました。人の行動は環境に影響されますが、このケースは「おとり効果」と呼ばれるもので、一見無意味な(おとり)選択肢Bがあることで、Cがより魅力的に思えたのです。この例で私が言いたいのは、プレイヤーの行動を見るだけで正しい判断ができるとは限らないので、どのような経緯でその行動に至ったのかを理解することが重要だということです。実際、上の購読の例で誰も選ばなかったBを取り除いていたら、収益はもっと減っていたはずです。

　私たちは「情報の時代」に生きていて、大量の情報を日々消費しています。多くのゲームスタジオでも、迅速かつ自主的に判断を下せるよう、ゲームやビジネスのアナリティクスを誰でも確認できるようにすることが推奨されています。しかし、スタジオで働く人々がアナリティクスの誤りや認知バイアスを認識できるようにトレーニングされていない場合、この「データのセルフサービス」アプローチは有害無益となる恐れがあります。彼らはデータ内に不自然なパターンを見つけると、ユーザー体験や収益面で効果のない、または有害となり得る変更を開発者に進言してしまいます。トレーニングを受けた人でも、他のチーム(アナリティクス、ユーザー調査、ゲームチーム、マーケティングなど)とコミュニケーションやコラボレーションを図っていなければ、それらのチームが持っている重大な情報を見逃して、新たな観点からデータを見るチャンスを失う可能性があります。企業は、聞こえがいいこともあり、自分たちの会社は**データドリブン**であると誇らしげに語ります。しかし、データ**ドリブン**ということは、データに制御されていることを意味し、自分たちはただ反応しているにすぎません。私の同僚ベン・ルイス＝エヴァンズは、スタジオは**データインフォームド**であるべきだとよく唱えていますが、これは、あくまでも制御は意思決定者の手中にあり、意思決定者がデータをもとに判断を下すことを意味しています。私はさらに一歩進んで、データから抽出された情報の**洞察**と慎重な分析結果を、事前に定義した仮説

と照らし合わせたうえで、意思決定を行うべきだと考えています。これが意味するところは、アナリティクスだけでなく、さまざまなソースからのあらゆる情報を考慮してほしいということであり、そのためにはスタジオにおけるUXとアナリティクスの密なコラボレーション、それに全体的なUX戦略が重要となってきます。

15.2 UXとアナリティクス

ゲームテレメトリーを利用すると、プレイヤーがどこで過度なフラストレーションを体験しているのかを容易に把握できます。ジョナサン・ダンコフは、ゲーム開発者向け情報サイトGamasutraのブログで、「**アサシンクリード**」の開発でUbisoftがどのようにゲームテレメトリーを利用したかを説明しています（ダンコフ、2014年）。たとえば、どのミッションで多くのプレイヤーが失敗したか、どのような予想外のナビゲーションパスをたどったかなどを特定することで、チームはゲームの質を向上させることができたそうです。アナリティクスがもたらす洞察の力を結集するには、さまざまなチーム間で密接なコミュニケーションとコラボレーションを図ることが大切です。ここで重要な役割を担うのがUXプラクティショナーです。UXプラクティショナーは開発チーム、マーケティングチーム、パブリッシングチームと連携して、どのような体験を提供したいか、ターゲット層は誰か、ビジネス目標は何なのかを把握します。ユーザー調査とアナリティクスチームは、使用するツールは違えどどちらも科学的手法を使って洞察を提供するので、連携してこのイニシアチブをサポートします。ユーザー調査とアナリティクスは互いを補い合う関係です。アナリティクスチームは、大勢のユーザーの各々の環境（住居など）でのプレイから集めた膨大なデータをもとに洞察を提供します。その最大の強みは、プレイヤーが実際の状況の中で**何**をしているかを把握できることです。たとえば、ゲーム内のある決まったポイントでプレイヤーが死にやすいことなどを特定できます。しかし、前にも触れましたが、膨大な量のデータには前後のコンテキストが欠けているので、何が起こったかは伝えられても、なぜそれが起こったのかを説明できるとは限りません。一方のユーザー調査チームは、ラボというプレイを継続してもらいやすい環境で定期的にUXテストを実施することで、サンプル数は少ないながらも質の高いデータから洞察を提供します。その主な強みは、**なぜ**プレイヤーが特定の行動をするのかを把握できることです（Chapter 14参照）。たとえば、ゲーム内の決まった場所でプレイヤーが死ぬ原因として、ユーザビリティの問題を特定できます（敵を倒すには特殊な武器が必要なのに、その武器が見つけにくい場所にあるなど）。しかしユーザー調査では、より大きいユーザー規模で見た場合、ラボで観察した行動がどれくらい重大であるかまではわかりません。ユーザビリティの問題を超えるとなおさらそうです。つまり、量的なデータと質的なユーザー調査を組み合わせた手法を使うことで、点と点を結んで全容を明らかにすることができるのです（ハザン、2013年、リン、2013年）。そのためには、たとえば最低でも1人のユーザー調査員と1人のデータアナリストが開発チームと密に連携するか、両方のスキルを兼ね備えた調査員がチームに加わる必要があります（マック、2016年）。ユーザー調査とアナリティクスが組む合わせれば、開発、マーケティング、パブリッシングチームが仮説や基準を定義でき、結果として全員がデータの意味を理解し、**適切**な問題を特定して解決できるようになります。

15.2.1 仮説と調査質問を定義する

仮説と調査質問を事前に定義することなく、膨大な量のデータから**関連する**パターンを見つけるのは、干草の山の中から針を探すようなものです。ゲーム内で考えられるすべてのアクションからデータを集める必要はありません。ゲームプレイやビジネスの目標にとって意義のあるデータを集めます。自分の目的に応じて、正しい判断を下すのに必要な情報を提供するデータを探しましょう。ビジネスインテリジェンスのアナリストであるマリー・ド・レセルークは、下記のコラムの中で質問と仮説を定義する必要があると述べています。明確な仮説に加え、特定の行動をするプレイヤー、特定のアクティビティに夢中になるプレイヤー、さらにはお金の使い方の違いなどでプレイヤーをグループ分けするために、調査分析を行う必要があります(もちろん、データアナリストに行ってもらいます)。また、プレイの主な中断要因を特定する因子分析も大いに役に立ちます(早めにやめてしまったプレイヤーがゲーム内で何をしていたか、またはしていなかったかを、継続したプレイヤーと比較するなどします)。さらに、プレイヤーがどのパスを通り、どのアイテムを獲得するか、どのミッションをプレイするか、どのヒーローを選択するかなども知っておくべきです。いずれにしろ、仮説を定義すれば、思考プロセスを構築していく段階で時間を大幅に節約できます(ゲーム内へのテレメトリーフック実装とテストには時間がかかるので、フックに優先順位を付けておくのも有効です)。なぜなら、仮説が念頭にあれば、特定の行動や行動がなかったことの影響を予測できるので、最初に何に取り組むべきかの優先順位を付けやすくなり、適正かつ迅速な意思決定が可能になるからです。なお、仮説はいくつか異なるものを定義する必要があり、メインはゲームプレイ仮説になりますが、ビジネス仮説も定義するべきです。以下に仮説の例をいくつか紹介します。

ゲームプレイ仮説：

- （機能名）の仕組みが理解できないプレイヤーはゲームをやめる傾向にある
- 最初のPvPマッチで敗れたプレイヤーは継続する確率が下がる
- 最初の10分で友人を獲得したプレイヤーはより長く継続する傾向にある
- ほか多数

ビジネス仮説(無料ゲームの場合)：

- 継続時間が長いプレイヤーほど(課金対象ユーザーに)移行する傾向がある
- （マーケティングイベント）を楽しんだプレイヤーはアイテムパックを購入する傾向にある
- とても熱中しているプレイヤーにベータキーを提供すると、彼らが友人を呼び込むので、結果としてユーザー獲得につながる
- ほか多数

　当然、相当数の仮説と調査質問が定義されますが、これらには優先順位を付け、ゲーム内でトラッキングが必要なイベントと関連付けておく必要があります。質問や仮説のためにトラッキングすべきイベントを見つけるのは、必ずしも簡単ではありません。たとえば、先に挙げた1つ目のゲームプレイ仮説は、対象となる機能によっては正確にトラッキングするのが難しいこともあります。特定の能力を使う(ジャンプや走るなど)といった単純な仕組みであれば、その能力が使用されたか、いつ使用されたか、どのような状況で使用されたか(どの敵に対してかなど)、どこで使用されたか(レベルが手続き的

に生成されている場合は除きます)などを調査するだけで済みます。一方、MOBA(マルチプレイヤーオンラインバトルアリーナ)用のタワーアグロルールなどのゲームルールの場合は、トラッキングは容易ではありません。タワーでの死をトラッキングすることはできますが、プレイヤーはミニオンがタワーレンジにいない隙にタワーをターゲットにする(つまり、タワーアグロを引く)こともあるので、通常、定義はより複雑なものになります。しかし幸い、ユーザー調査チームからは、タワーに遭遇したプレイヤーに共通するユーザビリティの問題やプレイヤーが理解しにくいルールなどが報告されます。この例からは、アナリティクスとユーザー調査を組み合わせることで最適な洞察を得られることがわかります。各仮説と調査質問に対して、UX戦力のどのツールが答えを返してくれるかを定義できます(この例では、ユーザー調査かアナリティクス)。

　UXの柱は、これらの仮説や調査質問を定義するのに役立ちます。どのユーザビリティの問題がゲームの継続に影響しているのかを考えたり、プレイヤーを引き付けることを意図して作られた機能をリストしたり、特定の機能に期待していた通りの効果があったかどうかを後で検証することができます。ユーザーのどの層に対してどのような体験を提供するのかを頭の中で明確にし、ゲームの操作性やエンゲージアビリティ(つまりUXの柱)に貢献している要素を特定することで、プロセスをスムーズに進められる強固なフレームワークを構築できます。また、いつどのようなデータが必要になるのか、仮説に応じてどのように可視化すれば意義ある情報をチームに提供できるか(ヒートマップ、表、パイチャート、ヒストグラム、線グラフなど)を定義するのにも役立ちます。

マリー・ド・レセルーク(Edios Montreal のビジネスインテリジェンスアナリスト)
仮説とゲームアナリティクス

オンライン対戦ゲームのさまざまなクラスのキャラクター調整、数ヶ月かけて開発したメカニクスの成功度の査定、ゲームの合理化、満足できなかったプレイヤーの突然かつ避けられない離脱の予測などをするときは、数字や状況を踏まえて解釈することを専門にしたアナリストの助けなしでは、賢明な判断を下すのは困難です。個人的な意見や当て推量で判断してしまっては、結果的に情報不足に陥ったり、目下の問題すらよくわからないといった状況になりかねません。

　ただし、こうしたイニシアチブは立派かもしれませんが、そこに内在する制限や障害も無視できません。つまり、質問や事前の仮説がなかったり、明快かつ的確な目的が確立されていなかったり、そして当然ですが、開発者、調査員、ユーザー、マネージャーなどの多様な立場の人たちの協力がない状態では、分析を行うことはできないのです。また、これらの調査は本質的に、複雑な問題に対して単純で普遍的な答えは期待できないという人為的なやり方で進められます。すべての調査の結果は厳密な分析を経たものでなくてはならず、そうすることで、盲目的にチャート上のパターンを追いかけるのではなく、ターゲットプレイヤーの動機づけとアクションへの理解を深めたうえで意思決定を行えるようになります。

15.2.2 基準を定義する

仮説や質問をリストし終えたら、ゲームプレイやビジネスの基準を定義できるようになります。ゲームプレイの基準は、ゲームの種類によって大きく異なります。たとえば、どれぐらいの頻度で人が死ぬのか（死者の数）、武器の精度（命中数／発射数）、武器の能力（致死数／命中数）、死因（銃弾、乱闘、転落などによる死者数）、進行状況（ミッションが始まった時点でイベントが発生し、終了した時点で別のイベントが発生する）などを測定したい場合もあります。ビジネス面では（ビジネスインテリジェンス）、無料でプレイできるゲームの場合、プレイヤーの持続力と移行（課金）に関する基準が一般的です。これらの基準、つまりKPI(key performance indicators＝重要業績評価指標)についてはすでにご存知かとは思いますが、次に主だったものを紹介しておきます（フィールズ、2013年）。

- **DAU**
  一日のアクティブユーザー数。一日あたりのユニークユーザー数（最短プレイ時間の制限なし）。

- **MAU**
  一月のアクティブユーザー数。一月あたりのユーザー数（ユニークまたはリピーター）。

- **継続率**
  たとえば、DAUをMAUで割れば、そのゲームにどれほどの人を引き付ける力があるかをかなりの精度で測ることができます。この計算では、毎日平均的にどれくらいの割合のプレイヤーが遊んでいるかがわかります。

- **移行率**
  有料ユーザーに移行するプレイヤーの比率です。

- **ARPU**
  ユーザーあたりの平均収益。所定の時間における収益の合計を同じ時間ゲームをプレイしたユーザーの総数で割ります。

- **ARPPU**
  有料ユーザーあたりの平均収益。ARPUと同じですが、収益を同じ時間プレイした有料ユーザーの総数で割ります。

　仮説と基準を適切に設定すれば、どの変数（条件AかBまたは、ときにはそれ以上）が望ましい行動に最も影響を及ぼすか（ボタンが緑の方が赤よりも移行率が高くなるなど）を試すA/Bテストなど、さまざまな面白い実験を行えるようになります。ゲームアナリティクスと、これをどのようにUXとまとめるかについては、まだまだ伝えたいことがたくさんありますが、最後に方法を1つ紹介したいと思います。ユーザー調査チームが、定期的にプレイヤーにアンケートを配布します。アンケートの回答とゲームプレイのデータをマッチさせることができたら（ユーザーのプライバシーは保護します）、誰が何をしているのか、彼らはゲームのどこが気に入り、どこが嫌いで、どこに戸惑いを覚えたと回答したのかを知ることができます。たとえば、早い段階で困難な課題に直面したプレイヤーは、アンケートの回答もネガティブになりやすいことがわかるかもしれません。また、顧客サービスやマーケティングの同僚たちと

議論を重ねるのも忘れないでください。こうした人たちからは、フォーラムなどでプレイヤーが言っていた文句の内容や、顧客サービスへの問い合わせ内容について、洞察に満ちた情報を得ることができます。しかし、このようなデータには注意も必要です。同じプレイヤーが同じことを感情的に繰り返し訴えている場合もあり、その意見が大多数のプレイヤーの声を代弁しているとは限らないからです。そうは言っても、ゲームを向上させるためにコミュニティーに協力を仰ぐのは、開発者側にとって興味深いことですし、ユーザーにとっても喜ばしいことです。

16

UXストラテジー

16.1 プロジェクトチームレベルでのUX....
192

16.2 制作パイプラインでのUX 192

16.3 スタジオレベルでのUX 195

ユーザー体験(UX)の意識を持つことは、ユーザーに素晴らしい体験を提供するだけでなく、ビジネス面での成功にもつながります(ハートソンとピラ、2012年)。UXテストを繰り返せば、開発者は摩擦が少なく夢中になりやすいゲームを送り出せるので、結果としてより多くのユーザーに届いて高い収益を得られます。さらに、早い段階でUXに関する問題点を洗い出せば、その解決に要するコストも抑えることができます。つまりユーザー体験は、開発段階からスタジオレベルまで、プロジェクト全体で戦略的に位置付ける必要があるものです。優れたユーザー体験を提供するためには連携が欠かせません。UXで大切なのは、アート、デザイン、エンジニアリング、体験を定義して装備することだけでも、ターゲット層や彼らを動かすものを定義するマーケティングだけでも、収益面の戦略を定義するビジネス インテリジェンスだけでも、上層部によるビジネス目標や企業価値の定義だけでもありません。これらすべてがUXに関わってきます。これらすべての分野が交わる地点にUXはあるべきで、全員が関心を持つ必要があります。なぜなら、最終的に大切なのは、ユーザーがゲーム、製品、サービスをどのように体験するかなのですから。鍵は、プレイヤーの知覚、理解、行動、情動を把握することです。社内にUX専門のチームを作ることは、出発点としては合格かもしれませんが、それだけではインパクトは不十分です。UXプラクティショナーが貴重な洞察やツールを伝授してくれても、共通のゴールに到達するには、そのツールを全員が理解する必要があります。

16.1　プロジェクトチームレベルでのUX

UXを強く意識すると、開発チームはプレイヤー体験と健全なスタジオの経営のために必要なことに目を向けられるようになります。たとえば、F2P(フリートゥプレイ)ゲームと、最初にお金を支払うゲームを同じようにデザインすることはなくなります。同様に、チームプレイがメインのゲームなら、1対1モードの構築の優先度は下がるでしょう。ゲーム開発は、選択と妥協で成り立っています。提供したい体験を念頭におけば、目標に対して最も有効な戦術的選択が行えます。たとえば、パブリッシングチームは、売り上げが伸びるという理由でイベント機能の追加を要請しています。一方で、ユーザー調査員たちは、プレイヤー離れにつながりそうな重大問題の修正を求めています。開発チームとしても納期までにもっと機能を追加したいと考えている中、現実的にはせいぜい1つの機能を追加または修正するしか時間がありません。このようなとき、どんな選択をすべきでしょうか?　誰もが納得できる解決策はありませんが、この例からわかることは、1つのUXストラテジーを全員で共有していなければ、全員が快く妥協し、プレイヤー体験全体へのインパクトの強さに応じて優先度別にタスクを整理し、見返りが最大となるであろう判断を下すのは難しいというということです。

　もう1つ留意すべきなのは、ゲーム開発者は社内開発のツールでゲームを作成することがあるということです。この場合、そうしたツールを使う**開発者自身**のユーザー体験が快適で(楽しく感じられるとなおよいです)、効率的でなければなりません(ライトバウン、2015年)。万一これらのツールが使いにくいと貴重な時間を無駄にすることになるので、ツールを開発する人にもUXに精通してもらう必要があります。

16.2　制作パイプラインでのUX

UXに対する誤解についてはChapter 10で説明しましたが、UX担当者に関しては、自分自身が抱いているかもしれない先入観を排除しようという努力も重要になってきます。私の同僚であり、「**フォートナイト**」の上級プロデューサーでもあるヘザー・チャンドラーは、2016年のGame Developers Conferenceでの私との共同プレゼンテーションで制作におけるそうした誤解について見解を述べました。たとえば、開発チームのメンバーは必ずしもUXのフィードバックを聞きたくないわけではなく、異常なほど作業に追われていたり、納期をめぐって多大なプレッシャーを受けていたりします。作業に忙殺されているので、UXに関する膨大な長文レポートを読む時間がありません。彼らに必要なのは、対応可能でポイントを絞った、すぐに決断できるフィードバックです。このような状況は、正確さを犠牲にしたくないUX担当者にとっては受け入れがたいことですが、どこかで妥協点を見つけなくてはなりません。詳細なレポートを提出した後、すぐに検討してほしい5つの案件に絞ったメールを送るのも1つの方法です。また、フィードバックは開発チームの作業サイクルに合わせるべきであり、一ヶ月以内に見直せばよい機能へのフィードバックよりも、即座に対応可能なフィードバックを優先する必要があります(ただし、後にその機能を見直す際は、以前の関連するUXフィードバックを参考にし、次のイテレーションで同じUXミスを犯さないようにしましょう)。作業を効率化させて、チームに余計なプレッシャーを与えないようにするには、よく練られたUXプロセスを制作スケジュールに統合する必要があります。たとえばUXテストは、プロジェクト内でビルドがほぼ安定してくる節目ごとに、事前にプランを立てるべきです。UXテストで問題が特定され、変更内容が提案されたら、全員が賛同するものを修正しま

す。スタジオ内にUXを重視する空気があれば、開発チームは、コアゲーマー層にとって意義あるものになるとは限らない数々の機能を詰め込むのをやめて、ユーザー体験の質を高める方に力を注ぐようになるでしょう。いずれにしても、UXプロセスとストラテジーはゲーム開発のリズムに合い、制約を理解したものでなくてはなりません。UXツールと手法は、それぞれの段階に応じて異なるものを使用できます（これらのツールについてはChapter 14とChapter 15を参照してください）。以下に例をいくつかリストします。なお、各段階で使用するUX手法はその段階専用というわけではなく、垣根を越えてほかの段階でも十分に使用できます。ここでは、いくつかの例を使って大まかな概要を紹介します。

16.2.1 コンセプト

コンセプト段階では、UXプラクティショナーはペルソナ設定を支援し、コアチームと関係者間のプランに関するやり取りをサポートします。たとえば、コアチームが専門知識のレベルが異なるパブリッシングチームに、ゲームの核となるシステム的なデザインを説明するのは容易ではありません。UXは、ユーザー体験の向上に役立つだけでなく、社内コミュニケーションにも応用できるプロセスです。場合によってはUXプラクティショナーは、コアチームが目指しているもの、つまりプレイヤーに感じてもらいたいコア体験の定義付けを支援することもできます。たとえば、プレイヤーに哀れみ、モラルジレンマ、武力支配などを感じてほしいときは、UXプラクティショナーは心理学の知識を使って、プレイヤーがこうした感情を抱かせるようなインパクトのある変数をまとめる手助けをします。

16.2.2 プリプロダクション

この段階では、簡単な社内テストをいくつも実施して、初期段階のプロトタイプ（紙またはインタラクティブな状態のもの）を評価します。機能が実装され始めたら、タスク分析（UXテストの一種、Chapter 14参照）と簡単なユーザビリティテストをジムレベルで繰り返し、コントロール、カメラ、キャラクター（3C、Chapter 12参照）をはじめとするゲームの感覚を調整します。平行して、イコノグラフィー（形態は機能に従います）やヘッドアップディスプレイの構成も、アンケートなどを使ってテストし始めることができます。

　プリプロダクションの終盤では、ゲーム全体を見渡せるズームアウトしたマップを作成すると、体験が全体的にどのようになるのかを確認できます。Ubisoftでの元同僚であり、「**アサシン クリード**」シリーズのクリエイティブディレクターであるジャン・ゲドンは面白い方法を考え出しました。ゲームプレイループやシステムの概要、重要な機能、プレイヤーの（ゴールに向かっての）進み具合などを一枚の大きなポスターとして印刷したのです。こうすると、目の前のタスクにばかり追われて全体像が見えなくなり、全体の中で機能がどう作用するかといった視点を失いがちな開発チームに、全体的な視点を取り戻してもらえます。また、細分化した小さいチーム（小規模なアジャイル方法論で動くチーム）間の連携をよりスムーズにしたり、サイロ化現象の発生を防ぐことも可能です。開発チームだけでなく、サポート、マーケティング、ビジネスインテリジェンスといったプロジェクトに携わるすべての人が、ユーザー体験の意識を共有できるようになります。もちろん、このズームアウトしたゲームの概要マップは、プロトタイプ段階での発見やゲームの方向性のシフトなどの理由で変化することがあります。このため、ゲーム開発の進行に合わせてポスターを更新することが大切です。

ジャン・ゲドン（Ubisoft のクリエイティブディレクター）

ズームイン／ズームアウト思考

私は常々、自分のデザイン方法に一定の形のようなものがないか探っていたのですが、10 年前に「**アサシンクリード**」チームに参加したあたりから、自分の「哲学」または「手法」は（おそらく多くの方に共通すると思いますが）ズームイン／ズームアウトの終わりのなき繰り返しであることに気付きました。

アイデアを視覚化する際は、まず縦軸を考えます。この軸は、もととなる夢から現実の制約までのコンセプトプロセスを統合した**連続体**となります。軸の一番上には「ビジョン」があり、そこには何でもかまわないので、努力の末にたどり着くゴールを設定します。この軸の上端は、俯瞰的な視野、グローバルな考え方、コンセプト、目的を定める場、つまり「なぜ」を定義する場所です。

軸の中央には「構成」というレベルがあり、ここでは上で定めたゴールに到達するために使われる意義を定義する必要があります。構成とは、システムとサブシステム、コンポーネント間のリンク、構成図、フローチャート、合理化など、「どのように」を定める場です。

一番下には現実の世界があります。ここは「実行」のレベルで、最初に描いた夢を具象化するために制限を受け入れて、最終的な出口を探すところです。

ここでは作業が細分化され、アセットリスト、箇条書き、Excel ファイル、対処すべきあらゆる制約（技術、法、リソースなど）が扱われます。つまり「何」を定めるところです。

重要なのは、**この軸をできるかぎり素早くかつスムーズに移動**することです。夢の段階で現実のことを忘れることなく、俯瞰的に制約について説明できれば、さまざまな要素を統合し、大きな夢を見ながら約束を果たすことができます。ある程度であれば誰もができることかもしれませんが、軸の移動幅が大きく速度が早いほど、何をデザインするにしても仕上がりが良くなります。

16.2.3 プロダクション

プロダクション段階では、UX テストが全開になります。最初のうちの焦点はユーザビリティとゲームの感覚ですが、システムが形になり始めて歯車がかみ合い出すと、焦点は「エンゲージアビリティ」へと移っていきます。プロダクション段階の終盤に向かっては、分析用の仮説と質問を定義し、実装とテスト（ゲームプレイとビジネスインテリジェンスの両方）に向けてテレメトリーフックを開始できるときでもあります。

16.2.4 アルファ

ゲームの機能がすべて備わったら（その前でもかまいません）、全体を通したテストプレイを実施することで、どのようにプレイヤーがプレイを進め、どこでゲームをやめてしまうかを確認できます。これらのテスト結果は、抜けがあるかもしれないテレメトリーフックを改良するのに役立ちます。これ以降、マー

ケティングやパブリッシングの出番が劇的に増えていきます。アナリティクスパイプラインは迅速で信頼のおけるものでなければいけません。

16.2.5 ベータ／正式版

あなたの見ていないところで外部のプレイヤーがゲームを体験し始めたら、テストから得たUX洞察をもとに、アナリティクスデータへの意味付けを行う必要があります。難易度や進行度のバランス、収益化などが焦点となりますが、前のステージのユーザー調査で見つかった重大なUXの問題が解決済みであることが前提となります（実際はこのように首尾よくいかないものですが）。ベータまたは正式版の調子を見守るのは緊張するものです。しっかりとした仮説が立てられていないと、パニック心理が先走り、どこで予測が間違ったかを冷静に分析できません。逆の判断を下して、ユーザー体験や収益にダメージを与える恐れもあります。反応するのは大切ですが、関連するすべての要因を注意深く検証せずに、結論を急いで片付けようとすると、最終的には余計に時間がかかることがあります（コストもです）。解決するべき**正しい問題**を特定することが大切であるということを忘れないでください。

16.3 スタジオレベルでのUX

UXに対する意識、つまりプレイヤー中心の考え方をスタジオ全体に浸透させるには、上層部の人たちもゲーム開発にUXの重要性を認識する必要があります。彼らもその強みと制限を理解しなくてはなりません。しかし、UXに対する意識が魅力的なゲームへの近道であるということを、スタジオの上層管理職に納得してもらうのは簡単ではありません。ゲームチーム内には、UXに関心があって試そうとする開発者がいるものです。イテレーションサイクルを繰り返す中では、UXのメリットを示すささやかな成功はすぐに見つかるものですが、そうした成功の後なら上層部の信用を得やすくなります。しかし、たいてい上層部に明確な成功が示されるのは、ゲームが正式版になり、ビジネスインテリジェンスによってデータが収集され、UXの問題がゲーム離れや収益の低下につながる可能性があるとわかってからです。その場合も、影響因子は1つではないため、主張を通すのは容易ではありません。UXへの投資対効果を算出できればそれに越したことはありませんが、それも簡単とは言えません。多くの場合、UXアプローチの信用を勝ち取るのは平坦な道ではないので、科学的アプローチに忠実になり、データと認知科学に基づく中立的で客観的な洞察を提供することが大切です。

　企業のUXへの意識が成熟するのには時間がかかります。ヤコブ・ニールセン（2006年）によると、ユーザビリティに敵対心を持った状態（ステージ1）からユーザー主導の企業になるまで、組織は8つのステージを経なければなりません。ユーザー中心のデザイン思考が定着し、ユーザー体験の質が管理されるステージ7に到達するまで約20年、そこから次のステージ8に上がるまでさらに20年かかるそうです。私が参考にしているUX成熟度モデルは、2014年にUX専門家のフアン・マヌエル・カラーロが10年におよぶ組織での経験から導き出した「経験度成熟モデル（Keikendo Maturity Model）」です（図16.1）。このモデルは、それぞれの成熟度ステージをわかりやすく視覚化しており、各レベルにおけるメリットと障壁、障壁を乗り越える方法を明確に示しているので、上層経営陣との間でUX戦略を話すときに重宝します。このモデルでは、「非意図的UX」から「分散型UX」まで5つのステージがあります。

経験度成熟モデル

図 16.1
経験度成熟モデルのイラスト

- **非意図的**

    ユーザー体験が積極的に取り上げられることはなく、必要に応じて出てくるレベルです。このレベルにおける一般的な障壁は、UXへの無関心または却下です（Chapter 10で説明したように、おそらく誤解が原因です）。次のレベルに進むのに必要なツールは、従業員のトレーニング、親密なコミュニケーション、UXについての説明です。

- **自己言及的**

    ユーザー体験は考慮されますが、開発者が自分の見方に固執しているレベルです。自分とユーザーではメンタルモデルが違うことを認識せず、ユーザーが自分と同じように行動し、考えると信じています。一般的な障壁は、時間、予算、人材の制限です。次のレベルに進むための主要ツールは、ユーザー調査の実施ですが、小規模プロジェクトやサブタスクごとの調査を優先的に行った方が、より素早くレベルアップできます。

- **専門的**

    ユーザー体験が少人数の専任チーム、つまり1つのチームで管理されます。この段階では、UXプロセスは十分に浸透しておらず、制作サイクルの中で一貫した地位を確保していません。次のレベルに進むには、ユーザー調査を数値化したり、UXテストを実施しているプロジェクトとそうでないプロジェクトを定期的に比較して、その価値を示す必要があります。

- **集中的**

    ユーザー体験が、インタラクションデザイナー、情報アーキテクチャーデザイナー、ユーザー調査員など、チームの枠を超えたさまざまな役職によって考慮されます。この段階では、ユーザー調査は定期的に行われ、デザインプロセスの一部となりますが、スケーラビリティという障壁はまだ残っています。UXを意識付けるための専門的な人材やスキルが不足しており、UXは制作やマーケティングのように予算を持った戦略的な分野ではなく、あくまでも社内サービスという位置付けになっています。次のレベルに進むには、UXメトリクスをビジネスイ

ンテリジェンスのKPI（重要業績評価指標）とリンクして、UXの影響力を示す必要があります（たとえば、UXの問題とプレイヤー離れの関連性を示します）。

- **分散的**
  ユーザー体験が財務、制作、マーケティングと同等に扱われます。UXを組織内の戦略部門に統合することは、上級管理職の賛同を得るうえで重要です。

最初の3つの段階は、ゲーム業界では実際にすんなりとクリアできます。信頼関係を構築し、開発者が実感できる小さな成功が得られるようにすれば、すべてうまく運ぶはずです。ただし、残り2つの段階、特に最終段階に到達するのは至難の業です。ドナルド・ノーマンは、2016年のGame UX Summitで、UXは管理表の中に位置付け、専任の執行役員によって運営されるべきだと述べています。上級執行役員は、それに備えて考え方を改めるべきで、当然、UXマネージャーはその責任を支持する心積もりでいなくてはなりません。実際には、ほとんどの現場はまだこの理想的な環境に達していませんが、ゲーム業界におけるUXの位置付けは高まる一方であり、真剣に検討したいテーマとなっています。

仮にあなたが、たった1名の「UXチーム」で、スタジオにおけるUXプロセスの成熟を望むのであれば、私の個人的なアドバイスは次のようなものになります（1人チームが前提です）。まずは、開発者のニーズ、彼らが直面している課題、UXプロセスの実装前に解決する必要のある問題を聞き取りましょう。UXが何であるかを説明し、誤解を解き、彼ら自身の脳が持つ制限を体験してもらいます（Chapter 5で紹介した、バスケットボールのパス回しの中にゴリラが登場するビデオを見せてもよいでしょう）。そして自分の存在意義は、開発者に代わってゲームをデザインすることではなく、彼らの目標達成を科学の力で手助けすることである点を説明します。UXを楽しい概念として伝え、あなたは決してUXの不具合を上層部に通報する「ユーザビリティの見張り番」ではないことを理解してもらってください。あなたは科学知識の力で開発者に対抗するのではなく、開発者の味方になる必要があります。小さな成功を示して（たとえば、アイコンをテストしてユーザビリティに関する問題を特定し、UIデザイナーにイテレートしてもらってから、新しいバージョンを再テストして問題が改善していること確認します）、ささやかでもUXに進歩が見られたことを一緒に喜ぶのです。開発チームがユーザー調査の実施に興味を示し出したら、快適にテスト環境を制御するための専用スペースを設ける許可が得やすくなります。予算がついて、マジックミラー付きの専用スペースを備えたUXラボを整備できたら、開発者は正式版でテストを見て、意見を交わせるようになるかもしれません。また、UXデザイナーを雇えばデザインプロセスが効率化すると上層管理部署を説得できるかもしれません。ユーザー調査についての要求が増えてくれば、専任チームの立ち上げを提案しやすくなるでしょう。専任チームがあれば、より統合されたUXプロセスを実装して、何をいつテストするかといった綿密なプランを立てられるようになります。このプロセスを通して、アナリティクスチームなどのユーザー体験に取り組むチームと連携し、スタジオ全体が協調してコミュニケーションを取れるようにしてください。最後のステップは、上層部に対して意見を申し出て、プレイヤーの声を代弁することです。

ユーザー体験の背後にある科学は専門的で込み入ったものですが、退屈な分野にしてはいけません。UXを面白くすることにはいくつもの利点があります。まず、自分自身が楽しめます。そして開

発者側がリラックスして、あなたがいつも自分たちの作業を批判しているわけではないと感じられれば、あなたの話に耳を傾けてくれるようになります。たとえば、Epic Games に UX ラボが設立されて以降、UX チームは「シークレットビューイング部屋」でパーティーをよく開きました。就業後のこれらのパーティーでは、開発者たちを招いて一緒にビールを飲んだり音楽を聴いたものです。UX ラボは、プレイヤーがインターフェイスの操作に戸惑う様子を観察するという、不快な場所になることもありますが、このようなパーティーを開けば楽しい場所として認識もらえます。そして、同僚たちはたわいもない会話を楽しむのですが、それこそが大切です。ただし、私は単なるパーティー好き人間でもあるので、多少のバイアスはかかっているかもしれません。

　最後にもう 1 つ、私が UX について明快に伝えるのに効果的だった方法は、新機能、マルチプレイヤーイベント、マーケティングキャンペーン、バーゲンセールなどに**なぜ**ターゲット層が関心を持つのかを定期的に尋ねることでした(シネック、2009 年)。たとえば、ゲームチームが新しい機能を追加したいなら(当然、UX の問題改善に割ける人員が減ります)、その機能をプレイヤーがどのような目的で使用するのかを尋ねます。上層部がゲームに新しいモードが必要だと主張するなら、なぜプレイヤーがそのモードに関心を示すと思うのか、そしてそのモードがユーザー体験全体験にフィットするかどうかを尋ねます。ゲーム開発とは、ある程度の不確実さを伴う選択と妥協の連続です。究極的なゴールがどこにあるのかは簡単に見失いがちです。もちろん、ゴールにも調整は必要で、ゲーム全体の戦略も開発が進むにつれてシフトすることがあります(多くの場合こうなります)。しかし、追いかけるウサギの数が増えすぎると、どのレベルにおいても魅力的な体験を提供できない二流の製品になりかねません。このことから、ゲームに関する重大な決断を下す際には、コア体験や、ターゲット層のプレイヤーが**なぜ**関心を抱くかに焦点を当てるのが重要です。時間、予算、技術的な制約が多いゲーム開発では特にそうでしょう。「なぜ」に狙いを定めると、思考プロセスとイテレーションがプレイヤーにとっての意義を中心にとらえたものになりますが、これは、ユーザーを動機づけて引き込むのに欠かせません。こうした考え方はゲームを販売するマーケティングにとっても有効です。なぜなら、プレイヤーがゲームで**何**ができるか(シューティング、爆発、構築など)に焦点を当てるよりも、究極的な目的、つまり意味のあるファンタジー(領土を征服する、万能になる、世界を救うヒーローになるなど)に焦点を当てた方が説得力があるからです。本書では、UX とは**何**かではなく、**なぜ** UX が重要であるかを先に説明しましたが、それも決して偶然ではありません。

　企業における UX の成熟度を高めるには、まず開発チームとの信頼関係を築き、そこからほかのチームへと信頼を広げていくことが重要です。エド・キャットムルは著書**「ピクサー流 創造するちから」**の中で、Pixar には「ブレイントラスト」と呼ばれるグループがあり、数ヶ月に一度の頻度で集まって制作中の映画について評価し合っていると述べています(キャットムルとウォレス、2014 年)。このやり方はとても意義のあるものだと思います。**脳(ブレイン)**と**信頼(トラスト)**という UX で重要な 2 つの要素をつなげているわけですから。Pixar での創作プロセスはゲーム業界のものとは異なるかもしれませんが、このやり方を UX 戦略レベルに取り入れると面白いでしょう。たとえば、ユーザー体験に関心を寄せている人たちで集まり、開発中のゲームや公開後について評価し合うという具合にです。UX 戦略に関連してもう 1 つ大切なのは、スタジオのクリエイティブビジョンを明確に定義し、それがユーザー体験にどのように影響するかを考えることです。たとえば、本章の最後に掲載しているエッセイでは、Ubisoft

のチーフクリエイティブオフィサーであるセルジュ・ハスコットがデザインのシンプルさにこだわる理由を語っています。

いずれにしても、UXマネージャーの主な目的は、制作をサポートして、全員がビジネス目標を達成できるようにすることです。正しいツールを正しいタイミングで正しい人たちに提供し、UXプロセスと意識の価値を実証すれば、遅かれ早かれあなたの主張は認められるはずです。

セルジュ・ハスコット（Ubisoftのチーフクリエイティブオフィサー）

「シンプルさは究極の洗練である」-レオナルド・ダ・ヴィンチ

ゲームコントローラーにボタンが1つもない時代がありましたが、その後1つ、2つ、3つ…と増えていき、最近のゲームコントローラーには21個ものボタンがあります。私たち人間は、効率的なツールを作り出すのに長けていて、それらを使って奇跡を起こすことができます。しかし残念なことに、人はものごとを複雑にすることにも長けているため、イテレーションにつぐイテレーションによって必要以上に複雑化してしまう傾向もあります。

なぜそんなにも複雑になってしまったのでしょうか？　私たちはよくクリエイティブパスのどこかで迷子になります。もしかしたら、革新と複雑を混同しているのかもしれません。ゲーム内の既存ツールを改良して対応するのではなく、新たなツールを追加しようとします。革新的なことをやっているという考えから、結果を十分考慮せずに何でも安易に追加するため、アクション、ひいてはボタンが増えていくのです。すでにゲームコントローラーにはボタンを追加できるスペースが足りなくなっています。複雑さを増すアクションに対応するため、タップするかホールドするかで異なるアクションを実行するというように、デザイナーは1つのボタンに複数のアクションを設定することを強いられています。必然的に、これらのわかりにくく裏技的ルールを説明したチュートリアルが必要となります。この結果、学習すべき内容が増加および複雑化して、ゲーム離れを誘発する可能性すらあります。

ゲームは複雑すぎると感じている人は少なくありませんが、それは間違っていません。シンプルな入力やインターフェイスに戻ると、当然使いやすいので、私たちはそのやり方で毎回膨大な数のプレイヤーを獲得しています。たとえば、Wiiリモコン、タッチスクリーン、**マインクラフト**のインターフェイスなどが良い例です。

このシンプルさにこだわるというのは、ハードウェアインターフェイスのみならず、ソフトウェアインターフェイスにとっても健全なことだと思います。これには、ユーザー中心という強固なビジョンが必要です。そしてそのビジョンをクリエイティブプロセスの中心に据えるのです。少しも妥協するべきではない点が1つあるとすれば、それはシンプルな操作性とわかりやすさです。私たちは仮想現実革命の時代に突入していますが、身体、手、頭、そしていずれ指による自然な動きがいずれ信じられないような体験をもたらすことになるでしょう。

16.3　スタジオレベルでのUX

17

おわりに

17.1 鍵となるポイント 202

17.2 遊びながらの学習 204

17.3 「シリアスゲーム」と「ゲーミフィケーション」 207

17.4 ゲーム UX に興味のある学生向けのヒント 208

17.5 別れの言葉 209

本書では、脳に関する基本知識とUXガイドラインを提供することで、魔法体験をデザインするのに役立つユーザー体験(UX)フレームワークを紹介してきました。私はこのフレームワークに何度も助けられたので、読者の皆さんにとってもそうであれば嬉しいです。しかし、改善点がないわけではなく、おそらく各自の状況に応じて細かな調整が必要になってくるでしょう。皆様からのフィードバックやご意見をお待ちしています。役立った内容やそうでなかった内容、的外れだと感じた内容や抜けている内容など、忌憚なく教えてください。なお、このフレームワークは経験的に実証されたものではない点を忘れないでください。ここでは脳および有名なUXヒューリスティックス(特にユーザビリティに関するもの)に関する学術知識を、経験的にはまだ十分に実証されていないほかの概念(ゲームフローなど)で補完しています。このフレームワークは、私自身がここ10年ほどゲーム業界で取り組んできたUXの実践から構成したものであり、脳の能力と制限を念頭に置きながら、チーム間のコミュニケーションとコラボレーションに焦点を当てています。必ずしもこの通りである必要はないので、遠慮なく異論を提起してください。なにしろ科学的手法の本質は、たとえ実践から引き出された理論であっても、その理論に挑むことにあるのですから。ドン・ノーマンが2013年にこう述べています。「理論上、理論と実践に違いはない。しかし、実践では違いがある」

　本書は、ゲームを成功させるうえで最も効果的な材料を特定することに焦点を当てています。しかし、そこには**定番**レシピなど存在しません。特定のユーザー層に魅力的なゲーム体験を提供するためのレシピは、本書で紹介した要素や手法を使って**あなた自身**で見つけるものです。魅力的な体験をデザインするというのは、ハードルがとても高いですが(優れたユーザビリティを提供する方が簡単です)、UXの意識とプロセスはきっと役立つに違いありません。

私にとってUXとは、単なる1つの分野というよりも哲学のようなものです。科学的アプローチを使って、自己中心的な見方をプレイヤー中心の見方へシフトさせることが大切です。また、ユーザーに共感し、寛容であることも求められます。チームに関係なく誰でもUXの意識を持つことはできます。UXプラクティショナーは適切なツールを提供し、正しいプロセスと戦略を可能にすることで、イニシアチブをサポートする立場にすぎません。

17.1　鍵となるポイント

UXガイドラインは人の能力と制限をベースにしているので、人とのインタラクションが効率的でないインターフェイスデザインを避けたければ、脳の仕組み全般を理解することが重要です。

- **脳、鍵となるポイント**
  脳に関して鍵となるポイントについては、Chapter 9で詳しく説明しています。要約すれば、ゲームをプレイするということは学習体験であり、そこではプレイヤーの脳が膨大な情報を「処理」しているということです。情報の「処理」と学習は、刺激を知覚することから始まり、シナプスの修正、つまり記憶の変化で終わります。ほとんどの場合、その刺激に対する注意力の度合いが、その刺激に関する記憶の保持力を決定します。動機づけと情動という2つの因子も学習の質に影響してきます。最後に、学習原理を適用することで(他の因子に影響します)、「処理」全体の質を向上させることができます。以下の点を覚えておいてください。

  - 知覚は主観的なものであり、記憶は薄れていき、注意力は限られている。ゲームは、脳の能力、パフォーマンス、制限を踏まえたものにする
  - 動機づけは、とても複雑な方法で私たちの行動を左右し、現時点では正確に予測を立てるのは難しい。意義が動機づけの鍵である
  - 情動は認知に影響し(認知も情動に影響する)、人の行動を左右する
  - ゲームに応用すべき最善の学習原則は、プレイヤーがその状況で意義を持って行動しながら学習できるようにすることだ

- **UXフレームワーク、鍵となるポイント**
  UXとは考え方や意識以外の何ものでもなく、スタジオ内の全員が考慮する必要があります。UXプラクティショナーは、開発者を後押しするツールとプロセスを提供できます。UXガイドラインは、人とコンピュータの相互作用原理と科学的手法をベースにしています。魅力的なゲームのユーザー体験を提供するには、図17.1で示すユーザビリティと「エンゲージアビリティ」(プレイヤーを引き込む力)という2つの主要なUXコンポーネントについて考慮する必要があります。

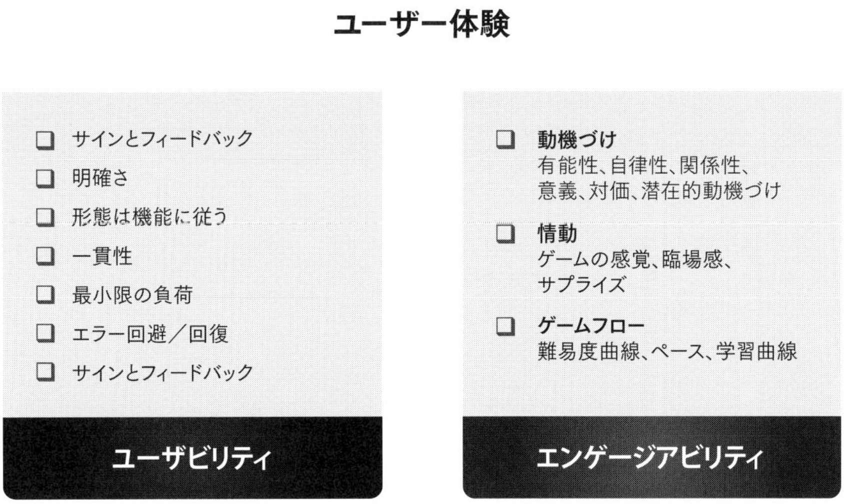

ユーザー体験

ユーザビリティ	エンゲージアビリティ
❑ サインとフィードバック ❑ 明確さ ❑ 形態は機能に従う ❑ 一貫性 ❑ 最小限の負荷 ❑ エラー回避／回復 ❑ サインとフィードバック	❑ **動機づけ** 有能性、自律性、関係性、 意義、対価、潜在的動機づけ ❑ **情動** ゲームの感覚、臨場感、 サプライズ ❑ **ゲームフロー** 難易度曲線、ペース、学習曲線

図 17.1

UX フレームワーク

ゲームのユーザビリティには7つの柱があります。

- **サインとフィードバック**

  すべての視覚的、聴覚的、触覚的なキューを指します。ゲーム内で何が起きているかを知らせたり(情報サイン)、プレイヤーに特定アクションの実行を促したり(誘導サイン)、プレイヤーのアクションに対してシステムが明確な反応を示したりします(フィードバック)。ゲームが備えるすべての機能と生じ得るインタラクションには、関連するサインとフィードバックを用意します。なぜなら、こうしたサインやフィードバックがプレイヤーをゲーム体験へと誘うからです。

- **明確さ**

  すべてのサインとフィードバックは、プレイヤーの混乱を避けるため、はっきり認識可能なものにします。

- **形態は機能に従う**

  アイテムの形態、キャラクター、アイコンなどは、それらが持つ機能を明確に伝えるものにします。アフォーダンスを考えたデザインにしましょう。

- **一貫性**

  ゲーム内で使用するサイン、フィードバック、コントロール、インターフェイス、メニューナビゲーション、ワールド内のルール、慣習全般に一貫性を持たせます。

- **最小限の負荷**

  プレイヤーの認知負荷(注意と記憶など)と身体的負荷(1つのアクションを実行するために押すボタンの数など)には常に注意して、コア体験以外のタスクの負荷は最小限に抑えます。特にゲームのオンボーディングでは注意が必要です。

17.1 鍵となるポイント

- **エラー回避と回復**
  プレイヤーが犯しそうなエラーを事前に予測し、コア体験以外のタスクではそうしたエラーが起きないようにします。可能であれば、エラーから回復できる方法も用意してください。

- **柔軟性**
  たとえばコントロールのマッピング、フォントサイズ、カラーなど、カスタマイズできる範囲が広いほど、身障者を含むより多くの人が遊べるゲームになります。

エンゲージアビリティには3つの柱があります。

- **動機づけ**
  有能性、自律性、関係性(内発的動機づけ)へのプレイヤーの欲求を満たすようにします。プレイヤーがすべきことや学習しなくてはならないことの意義(目的、価値、影響力などの感覚)に焦点を当てましょう。意義ある対価を提供します。個人的欲求と潜在的動機づけも考慮します。

- **情動**
  ゲームの感覚(制御、カメラ、キャラクターの3C、臨場感、実在感)を洗練させ、発見やサプライズを盛り込みます。

- **ゲームフロー**
  チャレンジレベル(難易度曲線)とプレッシャー量(ペーシング)を適切に設定します。また、できればレベルデザインを介した、実際の操作を伴う分散学習(学習曲線)を可能にします。

このフレームワークは、チーム間のコラボレーションを促進するの役立ちます。イテレーティブデザイン、ユーザー調査、アナリティクスなどでガイド的役割を果たせます。また、スタジオ全体でUX戦略を構築し、全員がユーザー体験を意識できるようにするうえでも有効です。

このフレームワークは、市販ゲームをデザインするときだけでなく、教育または社会変化を目的としたゲームをデザインするときにも考慮する必要があります。

17.2　遊びながらの学習(ゲームベースの学習)

ゲームが子供や若年層の娯楽の中心にあることから、教師や政治家をはじめとする多くの人が、その引き付けるパワーを教育に活かしたいと思っています。特に、大ヒットしたゲームがもたらす教育効果は絶大で、中にはすでに学校で導入されているものもあります(たとえば、「**マインクラフト**」、「**シムシティ**」、「**シヴィライゼーション**」など)。また、教育目的、さらには世界を変えるなどの目的でゲームを使用したり作成することに特化した書籍、学術論文、カンファレンス(Games for Change Festivalなど)、企業も増えてきています(シェイファー、2006年、マクゴニガル、2011年、ブラムバーグ、2014年、マイヤー、2014年、ガーンジーとレヴィン、2015年、ブラークとパーカー、2017年)。ゲームが教育において重要な役割を果たしていることに疑いの余地はありません。なぜなら、遊びは本質的に学習なのですから。遊びの感覚を使うことで、脳は新しいことや現実ではより複雑になる状況を体験できるよう

になります。研究者でもある精神病医スチュアート・ブラウンによると、「遊ぶのをやめるときは死に始めるとき」だそうです（ブラウンとヴォーン、2009年）。乳幼児期では、遊びがさらに重要です。なぜなら、この時期は脳の発達期であり、その後の人生よりも脳ははるかに柔軟だからです（ペジェグリーニ他、2007年）。ここで子供に焦点を当てているのはこの理由からですが、この概念は大人の学習にも適用できます。遊びは子供たちが現実を吸収するのを促すことから（ピアジェとインヘルダー、1969年）、未就学児にとっても発達の源です。遊びは、学習にとって重要なだけでなく、文化を築いていく1つの要素としても欠かせません（ホイジンガ、1938/1955年）。現在、ゲームは最も普及している遊びの1つなので、当然のようにこれが教育にとっても優れた媒体となります。教育においてゲームが優れているもう1つの理由は、ユーザーのアクションに即座にフィードバックがあるという点にあり、これは効率的な学習に必要不可欠な要素です。しかし課題もあります。それは、ゲームを使った遊び学習のイニシアチブが、ゲームの人を引き付けるパワーに依存している点です。そしてご承知の通り、人を引き付けるゲームを作るのは容易ではありません。

　楽しみを製造することをビジネスにしているゲーム業界は、たいていその目標達成に四苦八苦しています。市販のゲームは、開発やマーケティングに予算をかけたからといって、必ずしも楽しいものになるとは限りません。人を引き付けられなかったり、ユーザーを維持できないこともあります。本書は、プロの開発者がプレイヤー体験を向上させて、ゲームを成功させるのに役立つ要素や手法を定義していますが、こうした目標は教育的ゲームにも言えることです。この種のゲームは通常予算が限られているので、なおさらそうと言えるでしょう。過去にもさまざまタイプなゲーム（デザインが劣悪なものも含みます）を子供たちを引き付ける道具として導入することが検討されましたが、これは教室とゲームという組み合わせの目新しさによるものでした。現在では、ゲームはどこにでもあります。子供たちが多くのゲームに魅せられているからといって、彼らがどんなゲームにも魅せられるというわけではありません。したがって、数学の課題をつまらないゲームでごまかしたところで、子供たちが興味を示すとは限らないのです。昨今出回っているいわゆる教育ゲームの問題は、それらが実際には教育的ではなかったり、プレイして楽しくないこと、またはその両方にあります。

17.2.1 教育ゲームを魅力的なものにする

楽しめる教育用ゲームを作成するには、市販ゲームと同じように UX フレームワークを使うことが重要です（ホデント、2014年）。その他のインタラクティブ製品と同様、教育ゲームで集中しやすい学習体験を提供するには、ユーザビリティとエンゲージアビリティを磨かねばなりません。この点を怠ると、ゲームはイライラや退屈を感じるものになってしまいます。たとえば、動機づけは、人を引き付けるゲームの特に重要な柱です（Chapter 6 と 12 参照）。教育にゲームの力が必要なのは、主に、従来のやり方のカリキュラムに子供たちが魅力を感じなくなっているからです。このため子供たちには、意義を見い出しながら同等のカリキュラムを学習できるよう、ゲームをプレイする動機づけが必要になります。もう1つ教育で重要な柱は、ゲームフローです（Chapter 12 参照）。プレイヤーをフローゾーン（ゲームが簡単すぎずかつ難しすぎない）内に留めるという概念は、発達心理学の世界で有名な最近接発達領域（ZPD）の概念とよく似ています。この概念は心理学者レフ・ヴィゴツキーが提唱したもので（1978年）、ZPD とは、先生などの経験者の助けを借りずに子供ができること（簡単すぎる）と、助けなしでは子供がまだ達成できないこと（難しすぎる）の間の領域を指します。この領域に置かれた子供は、大

人や経験のある学習者の助けによって、新たな能力を身に付けやすくなります。ヴィゴツキーによると、遊びはZPDを広げる手段になるそうです。適度なチャレンジが生じるフローゾーン内にプレイヤーを留めておくことは、新たなスキルを学習しながら困難を乗り越えようという気持ちにさせる最も有効な方法です。したがって、ゲームフローに関するアンケートなどを使ってエンゲージアビリティを測定すると、教育ゲームが子供たちを引き付け、楽しい学習体験を提供しているかどうかを判定できます（フー他、2009年）。また、ゲームフローは学習曲線とも密接な関係にあるので、ゲーム内で教わるものに脈略と意義があり、学習が時間的に分散するようにすることも大切です。この点に関しては、ゲームUXは教育者によく知られている学習原理を使用しています（行動心理学、認知心理学、構成主義的心理学の原理など。Chapter 8参照）。

17.2.2 ゲームベースの学習を真に効果のあるものにする

いわゆる教育ゲームの多くは、クイズに可愛らしいアニメーションを挿入しているだけで、子供たちを教育しているというよりも**教え込んで**いるのが現状です。仮にゲームに何らかの教育的価値があったとしても、プレイヤーが学習することは新たな状況に**応用**されない可能性があります（ブラムバーグとフィッシュ、2013年、ホデント、2016年）。しかし、学習内容の応用、つまりある状況の中で学んだことを別の状況へ展開するということは、教育者の究極の目標です。なぜなら、学習した内容を異なる（実世界での）状況に応用してもらうことに教育の意味があるからです。「**ST Math**」のような教育的価値の高いゲームを考えてみましょう（ピーターソン、2013年）。MIND Researchが開発したこのゲームは、数学テストの成績を向上させると評判です（子供たちが何を学ぶべきかをを決める標準学力テストを受け入れられればの話ですが）。

　もう1つのアプローチとして、意義ある目標を達成できるよう、教室のカリキュラムを積極的に使うようにゲームをデザインするというやり方もあります。数学者であり教育者でもあるシーモア・パパートは、1960年代にはこのアプローチを取り入れていました。Chapter 8でも紹介したように、ジャン・ピアジェの構成主義理論に触発されたパパートは構築主義的アプローチでの学習を唱え、脈絡を踏まえた、意義ある状況下で発見した方が学習効率が上がると主張しました。パパートは、コンピュータが子供を制御するのではなく、子供にコンピュータをプログラムする方が好ましいと考えたのです（1980年）。彼はマサチューセッツ工科大学でLogoコンピュータ言語を開発しましたが、従来の教育手法にインタラクティブ体験を追加することで、幾何学の規則を面白く演出しようなどとは考えませんでした。代わりに、子供たちに自ら目標を定めさせ、その意義ある目標へ向かって試行錯誤をさせながら、自力で規則を発見させようとしたのです。当然の結果かもしれませんが、パパートの遊び体験の中で戦略を構築した子供や学生たちは、その戦略をほかの状況にも応用できるようになりました（クラーとケイバー、1988年）。

　子供たちが自分のペースで成長でき、すぐ得られるフィードバックに応じて自身のアクションを調整できるような、意義ある体験を提供できるというゲームの可能性を認める研究者や教育者は増加の一途です。ゲームではまた、子供（大人も）が実世界では不可能な要素や概念を操ることもできます。たとえば、ジョナサン・ブロウによる「**Braid**」では、プレイヤーは時間を操って複雑なパズルを解き、Valve Corporationの「**Portal**」では三次元環境で空間的パズルを解きます。しかし、ゲームが持つ真の教育的可能性を開くまでには多数の障壁があり、ここではそのほんの表面を引っくのがやっとです。

UXをより深く理解し、教育ゲームのUXフレームワークを適用し、学習内容の応用を考慮すれば、こうした障壁を乗り超えるのが容易になるかもしれません。

17.3 「シリアスゲーム」と「ゲーミフィケーション」

私は、ほとんどのシリアスゲームを遊び学習体験という点では駄作か失敗作だと思っています。その名が示す通り、楽しみや魅力が排除されているからです（言い方が少し極端であるのは自覚しています）。これでは「シリアス」なビジネスです。何かを学ぶには遊びが必要なのにです！　このため、私はこのネーミングが好きではありません。数学を教えるものであろうと、ワークアウトを勧めるものであろうと、共感を呼ぶものであろうと、シリアスゲームはプレイヤーに変化をもたらすゲームであることに変わりありません。どのケースでも、知覚、認知、行動の変化が望まれるのなら、学習が必要になってきます。つまり、シリアスゲームであっても、遊びながらの学習体験は常に考慮すべきなのです。「シリアスゲーム」というネーミングは、矛盾しているだけでなく、少しでも魅力的で教育的価値のあるゲームにしようと奮闘する開発者の意欲をそぐ恐れもあります。

　ゲーミフィケーションという言葉も私はあまり好きではありません。私が理解するところでは、この言葉は、退屈なアクティビティに外発的対価と基本的なゲーム進行メタファーを適用して、そのアクティビティを完了する動機づけを高めることを指しています。簡単に言えば、タスクの進捗に応じてポイントやバッジを付与したり、業績を認めることです。私にとってゲーミフィケーションの問題は、アクティビティを意義あるものにしよう（遊びながらの学習経験を可能にしよう）という努力がなく、短期間での行動変化に焦点を当てている点にあります。Chapter 6で紹介したように、アメとムチは特定の状況下では行動の変化をもたらすかもしれませんが、このアプローチではスキルを異なる状況に応用する力は育ちません。ゲーミフィケーションが適用された新しいアプリを使っている間は、より積極的に取り組むかもしれませんが、アプリを使わなくなった途端にその意欲は消え、学習した内容や行動の変化をほかの状況（そのアプリのない生活）で応用することはないのです。これが外発的対価の問題です。対価がなくなった途端、行動を起こす動機づけが消えてしまうのです（状況にもよりますが）。ゲーミフィケーションの最大の利点を挙げるとすれば、パフォーマンスや進捗に対して即座にフィードバックがあるという点でしょう。なぜなら、ゲームに限らず、実生活においても、動機づけにはフィードバックがとても重要だからです（Chapter 6と13参照）。ただし、その制限には気を付ける必要があります。

　私の考えでは、楽しさと意義にあふれた魅力的なものでないと、真の教育をほどこすこと、つまり永続的な変化を人にもたらすことはできません。言い換えると、「ゲーミフィケーション」を適用するよりも、遊び心を持たせることの方が大切だということです。ここで「ブラックオウトン・ミツバチ・プロジェクト」の例を紹介しましょう。このプロジェクトでは、子供たちが共同でミツバチの視空間認知機能について科学実験を行いました。遊びと実際の実験（科学的手法を使いました）を通じて、本当に意義あるアクティビティを行うことで科学について学び、その研究成果は科学雑誌で出版されたほどでした（ブラックオウトン他 2011）。ゲームは、プレイヤーを新しい環境に没頭させ、実験を試みるよう仕向けることができる素晴らしいツールです。プレイヤーの好奇心と学習する喜びを維持できる、意義ある状況を形成できるのがゲームですが、そのためには、ユーザー体験の表面を引っかく程度ではなく、その真のパワーと魔法を集結させる必要があります。

17.4 ゲームUXに興味のある学生向けのヒント

学生からよく、ゲームUXの専門家になるには何をすればよいかという質問を受けます。そこで、いくつかアドバイスしたいと思います。ゲームのユーザー調査に興味がある場合は、ヒューマンファクター、人とコンピュータ間のインタラクション、それに認知心理学に関する深い知識が必要となります。したがって、この分野出身の学生は、インターンまたは新人レベルのユーザー調査関連の仕事を見つけやすいでしょう(たいていはUXテストの観察と観察結果の集計といった、UX調査を補佐する仕事が主となります)。また、科学的手法を理解して適用するには、学術研究の実績もある程度必要となります。最後に、統計学については少なくとも基礎レベルの知識が求められます。データサイエンスの研究経験があれば、ユーザー調査やアナリティクスなどを入り口にゲーム業界に参入できるはずです。いずれにしても、さまざまなタイプのゲームを各種プラットフォームで日常的にプレイすることで養われる**優れたゲームカルチャー**を有していることは必須です(ヒント：履歴書には、普段よくプレイするゲームのタイプも記入しておきましょう)。また、多くのゲームをプレイしてきたからといって何でも知っているように装うのではなく、ゲームデザインを学ぶという姿勢を見せる必要もあります。何でも知っているかのような姿勢は、食べるのが好きだから料理も熟知していると言っているようなもので、煙たがられます。もちろん、ゲームへの情熱を示すのはまったく問題ありませんが、同時に、ゲームを作る側として学びたいという姿勢も前面に出すことが重要です。UX調査員とは、主観的な意見を述べたり、ゲーム開発チームに加わってゲームをデザインする立場でなく、あくまでも開発者をサポートする立場であることを忘れないでください。

　UXデザインの方への関心が高い場合は、デザインについて経験を積み、人とコンピュータ間のインタラクション原理をよく理解しておく必要があります。ゲーム業界で仕事を得るには、自分のスキルを示したポートフォリオを作成すると効果的です。できれば異なるプラットフォームのさまざまなプロジェクトを手掛けた実績、さらに欲を言えばゲーム関連プロジェクトへの参加実績などを提示します。一般にポートフォリオが評価されるのは、デザイン思考とプロセスが見える場合です。スケッチや紙によるプロトタイプ、インタラクティブなプロトタイプなどをプレゼンして、結果を示すだけでなく、なぜそのような選択をしたかも説明しましょう。通常、UXデザインの仕事に応募すると何らかのテストが実施されます(ラフなインタラクティブプロトタイプや、ある機能のデザインプロセスの提示などが求められます)。テストにパスして面接までこぎつけたら、自分のデザインに対する考えをはっきり伝えると同時に(相手が納得できる理由が必要です)、ほかの考え方を受け入れる用意があること、自分のデザインの**強み**と**限界**をわかっていることを示します。デザインは妥協の賜物ですから、(プレイヤー体験について)自分が考える妥協点とその理由も的確に伝えられるようにしておきましょう。

　いずれにしても、ゲームスタジオが求める履歴書を準備するようにしてください。ゲームスタジオに提出する履歴書は、ソーシャルメディア系の企業に提出する履歴書と同じであってはなりません。現在のゲーム業界のUXに関しては、主に次の点が重要視されます(UXの経験値によって多少の違いはあります)。

- ヒューマンファクター、人とコンピュータ間のインタラクション、認知心理学の知識
- 学術研究(科学手法)における実績

- データサイエンスへの理解
- デザイン経験とデザインプロセス(UXデザイナーの場合)
- ゲームへの知識と情熱の度合い。この情報はどんなUX系の仕事に応募するにしても重要になりますが、これが抜けている履歴書をよく見かけます(おそらくこれは、ゲーム業界を含むあらゆる業種に対応できるよう履歴書を書いているからだと思いますが、決して褒められたやり方ではありません)。

　履歴書にUX関連のキーワードを散りばめて、プロを装うのはやめましょう。実際に身に付いているUXの知識、技術、ツールなどのみを記載します。プロとして働いた経験がある場合は、その実績をできるだけ簡潔に記します。長文は読む側に良い印象を与えません。簡潔なほど効果的です。UX関連の仕事につきたいのであれば、履歴書の内容も相手に良い体験をもたらすものでなくてはなりません。雑でわかりにくい履歴書は、有言実行できないことを自ら証明しているようなものです。UXは哲学ですから、履歴書にも自分の哲学を表現してください。

　最後に、カンファレンスやコンベンションでUXプラクティショナーと知り合いになったり、ソーシャルメディアでつがったり、ブログを始めるなどして交流の場を持ちましょう。ゲームUXのコミュニティはまだ小規模なので、できるだけ多くの人とつながることをお勧めします。

17.5　別れの言葉

本書を手に取り、最後まで読んでくださった皆さんに心からお礼申し上げます。皆さんの期待に応えるだけでなく、適度な難易度でどんどん先を読みたくなるような内容になっていることを願うばかりです。科学、ゲーム、ユーザー体験に対する私の愛情をこのような形で語れたことをとても光栄に思っています。ユーザーのために、共にしのぎを削りましょう!

謝 辞

本書の執筆に至るまでには、とても長い道のりがありました。協力してくださった大勢の方々に、この場を借りてお礼を申し上げます。まず、私をゲーム業界へと導いてくれた方々から紹介します。初めて私に発言の場を与えてくれたのは、Ubisoft 本社のキャロライン・ジーンチュアとポリーン・ジャッキーでした。私がキャリアをスタートさせた戦略的イノベーションラボでは、リーダーを務めるキャロラインのほか、イザベル、リドウィン、ローラといった、情熱的で好奇心あふれる素敵な女性が大勢活躍していました。彼女たちの温かい庇護のもと、私はこの業界で自分のすべきことを見出すことができました（脳と心理学に関する面白い動画を制作して、自分の創造性を表現することもできました。ありがとう、フランソワ！）。脳の刺激に協力し、楽しい時間をともに過ごしてくれた皆さんに感謝します。ダイエットコークにメントスを投入するいたずらは、一生忘れられない楽しい思い出です。Ubisoft のCEO、イヴ・ギユモにも感謝します。彼の熱意から生まれた同社は、頭脳集団としか言いようがありません。彼が心理学に興味を示してくれたおかげで、私は自信を持って取り組むことができました。私が Ubisoft 社で初めて携わった製品は、ポリーン率いる **Games for Everyone** 部門が扱うゲームでした。彼女の情熱と決断力が、チーム全体に広がっているようでした。このチームとの仕事は本当に楽しく、興味深い意見交換をたびたび行うことができました。とりわけセバスチャン・ドーレとエミール・リアンは、情熱にあふれ、ゲームの教育的価値の向上を目指す私の共犯者になってくれました（ところでセブ、次はあなたがランチをおごる番よ）。Ubisoft の編集チームも、私の人生に絶大な喜びをもたらし、刺激的な学びの場を提供してくれました。特に感謝しているのは、「Design Academy」に関わった皆さんです。コンテンツを取りまとめた方、教鞭をとった方、取り組みの調整や優先順位付けをした方（ねぇ、マテオ！）、そしてトレーニングセッションに参加した開発者の皆さんにお礼を申し上げます。私の脳に関する講義に耳を傾け、時にばかげたジョークに笑ってくれ、ありがとうございました。Ubisoft Montrealに移ってからも、賢くて素晴らしい方々との出会いが、私の視野を広げてくれました。中でもクリストフ・デネレスとヤニス・マラットは、信じられないほど頭脳明晰なだけでなく、パーティでのもてなし方も心得ています。もちろん、ユーザーリサーチラボの皆さんや、「Rainbow Six」の制作に携わる方々への感謝も忘れていません。当時のラボのディレクターとして、私の自主性を尊重してくれ

たマリー＝ピエール・ダイオットには特に感謝しています。Ubisoft で出会ったすべての皆さん、中でも私のまとまりのない脳の話を聞いてくれ、私の思考プロセスを活性化してくれた方々に心からお礼申し上げます。ほかにも大勢の方々のお世話になりましたが、全員の名前を挙げられないことをお許しください。

　Ubisoft で私が最も感謝しなければならないのは、かけがえのないチーフクリエイティブオフィサーであり、言わば同社のデザインの魂でもある人物、サージ・アスクエットです。サージは、いつも私の良き相談相手でいてくれました。自分と異なる意見でもおおらかに受け入れる彼の寛大さを、私は心から尊敬しています。彼のデザインや世界に対する深い愛情と、科学への情熱は、いつだって麗しい灯台のように航路を指し示してくれました。サージの思いやり、寛容な心、好奇心、遊び心、ゲームおよびその開発者に対する深い愛情、それにもちろん、ワインへの愛情にも感謝します。私はずっと彼を目標にしてきたので、彼の才能に触れられたことを大変幸運に思っています。でもイルカの鳴き声の真似だけは彼に負けない自信がありますよ。

　LucasArts では、短期間でしたが貴重な体験をすることができました（スタジオの閉鎖が突然決まったからです）。熱意あふれる方々（熱狂的な**スター・ウォーズ**マニアもいました！）が、私の話に耳を傾けながら、私の UX に対する見解の足りない部分を補ってくれました。「サルサダンス」が好きな人、「すげえ」ばかり言っている人、「バイナリーミーティング」に夢中の人など、いろいろな方から私は影響を受けました。ゲーム会社と本当の意味で初めて仕事をしたのもこのときでした。私はマリー・ビアに励まされ、初期の UX 戦略を練り始めました（彼女はなかなかクリアできなかった「**アサシン クリード**」（Assassin's Creed）のパートを私にプレイさせたかっただけなのでしょうが。マリー、もうばれているわよ！）。UX 戦略の構築で重視したことの 1 つは、ビールを飲みながらのペチャクチャセッションでした。今でもそのやり方はよかったと思っていますし、しょっちゅう席を立っていた方を含め（ご自分が一番よくわかっているでしょう）、そのセッションに参加してくれた全員に感謝しています。特にお礼を言いたいのは、数年にわたる私の試みを積極的に支援してくれたフレッド・マーカスです。私たちが初めて出会ったのは、彼が Ubisoft でプロタイプ作成の責任者を務めていた頃でした。その後、フレッドは LucasArts と Epic Games で私を採用して、私にすべてを一任してくれました。フレッドが私との交流を好んでくれるのは、私が興味を持って任天堂のウサギの話を聞いたり、彼のジョークに笑ったりするからだと思います。まあ、つまらないジョークもないわけではありませんよ（フレッド、正直に言えば、ときどきひどいジョークを言っているわよ）。フレッドは、物事の成り立ちを懸命に理解しようとする人物です。彼が認知心理学と UX について質問を重ねてれたおかげで、私は限界を超え、新たな見解を打ち出すことができました。フレッド、たしかあなたにワインを 1 本か 2 本おごったことがありますよね。あなたを**スパイナル・タップ**に紹介したのも私ですし、これでおあいこですよね？

　Epic Games では、パワーみなぎる筋金入りの開発者たちと出会いました。彼らの多くが命懸けで開発に取り組んでいて、本当に頭の下がる思いでした（少し怖いと感じたこともあるほどです）。同社の上層部のおかげで、私は素晴らしい UX ラボを作り、チームを組織することができました（いつも手を貸してくれたファーンズには特に感謝しています）。レックス、ローラ、トム（Mr. Tyler）、ステファニーをはじめする、チーム作りに協力してくれたすべての方々、ありがとうございます。彼らは初代 SUX メンバー（「スーパー UX」）として、この大冒険の始まりを支えてくれました。その後、チームは成長し（当

時協力してくれたブライアン、マット、モウリータ、ジェシカ、エド、ウィル、ジュリーたちのおかげです)、今では業界屈指の UX プラクティショナーが名を連ねるようになりました(決して偏った見方ではありません)。私の記憶が正しければ、チームに加わった順に、アレックス・トローブリッジ、ポール・ヒース、ベン・ルイス＝エヴァンズ、ジム・ブラウン、そして現在のラボ及びデータアナリストのブランドン・ニューベリー、ビル・ハーディン、ジョナサン・ヴァルディヴィエソなどがいます。これほどすごいチームをまとめられ、私は本当に幸せ者です。彼らは仕事ができるだけでなく、人としても素晴らしい方々ばかりです。知性と確かなスキルはもちろんのこと、彼らのウィットからも私は毎日インスピレーションを得ています。私を信頼し、チームに加わってくれて本当にありがとう。**Fortnite** チームにもお礼を申し上げます。彼らは UX の面白さを初めて認めてくれたチームで、今もなお私たちの良きパートナーです。彼らは私たちの干渉を受け入れてくれることもあれば、反論することもありました。そんな風に一緒に仕事をできて本当に嬉しかったです。UX プロセスの実現に協力してくれたヘザー・チャンドラー、テスト中は必ず UX ラボに立ち寄ってくれたダーレン・サグ、ピート・エリス、ザック・フェルプス、どうもありがとう。Epic のチーム内に UX 愛を広めてくれた UX デザイナーたちにもお礼を言いたいです。特にローラ・ティープルス、ロビー・クラプカ、デリク・ディアス、マット・"ツインブラスト"・シェトラー、フィリップ・ハリスとは、よく意見交換をさせてもらいました。Epic にはほかにもお世話になった方々が大勢いますが、ここでスピークイージーの常連客を紹介したいと思います(合言葉をお忘れなく!)。イライラする私を落ち着かせてくれたドナルド・マスタード、私を支え、インスピレーションを与えてくれた Epic の CEO のティム・スウィーニー、ありがとうございます(オープンプラットフォームの保護とメタヴァースには気を付けてくださいね!)。仕事にプライベートに全力投球だったカロリーナ・グロホウスカとジョエル・クラブも、懐かしく思い出されます。**Fortnite** の開発中に退社されましたが、もっと一緒に働きたかったです(またね、ジーナ)。

　本書についてご意見を寄せてれたすべての皆さんに、心から感謝します。手間暇をかけてくれたベン・ルイス＝エヴァンズ、それにフレッド・マーカス、チャド・レーン、ジム・ブラウン、アンドリュー・プシビルスキ、アン・マクラフリン、ダーレン・クラリー、ダーレン・サグ、フラン・ブラムバーグには特にお礼を言いたいです(フラン、いつも的確な意見をくれてありがとう!)。本書に関する短いエッセーを書くことに賛成してくれたセルジュ・ハスコット、ダーレン・サグ、アヌーク・ベン＝チャットチャベス、ジャン・ゲドン、ベン・ルイス＝エヴァンズ、ジョン・バランタイン、トム・バイブル、イアン・ハミルトン、フレッド・マーカス、マリー・ド・レセルーク、アンドリュー・プシビルスキ、そして恐れを知らぬ天才のキム・リブレリ(アカデミー賞受賞者!)にも感謝します。デレフィーン・セレッティ(Create & Enjoy)、本書のために素晴らしいイラストを書いてくれて本当にありがとう。このチャンスを私にくれたシーン・コネリーには、ただただ感謝の気持ちでいっぱいです(お酒もご一緒できて楽しかったです!)。

　私の仕事内容を根ほり葉ほり聞いたりせず、ひたすら支えてくれた家族と友人たち、本当にありがとう(Magnavox のオデッセイで私に初めてゲームを教えくれた、ちょっと変わった楽しい両親には特に感謝しています!)。私の仕事を理解し、ずっと励まし続けてくれているゲーム開発の仲間たちにもお礼を言いたいです。

　最後に、仕事、プライベート、カンファレンス、オンラインなど、この何年かで出会ったすべての方々に感謝します。私にスピーチや発言の場を与えてくれた方、Game UX Summit の設立および運営を

支えてくれた方(エレン、レイチェル、ダナ、ダニエルには特に感謝しています)、Game UX Summit での講演を引き受けてくれた方(ドン・ノーマンとダン・アリエリーには特に感謝しています)、そして私とのおしゃべりに時間を割いてくれた皆さん、どうもありがとう。メガン・スカヴィオとヴィクトリア・ピターセンをはじめとする、Game UX Summitを開催してくれたUBM Tech社およびGDCのスタッフの方々、貴重なアドバイスをくれたアヌーク、それに UX Summit のスピーカーおよび観客の皆さんに感謝します。誰ひとり欠けても、本書は完成しなかったでしょう。本書を気に入っていただたら幸いです。

参 考 文 献

Abeele, V. V., Nacke, L. E., Mekler, E. D., & Johnson, D. (2016). Design and Preliminary Validation of the Player Experience Inventory. In **ACM CHI Play '16 Proceedings of the 2016 Annual Symposium on Computer-Human Interaction in Play** (pp. 335–341), Austin, TX.

Alessi, S. M., & Trollip, S. R. (2001). **Multimedia for Learning: Methods and Development.** Boston, MA: Allyn and Bacon.

Amabile, T. M. (1996). **Creativity in Context: Update to the Social Psychology of Creativity.** Boulder, CO: Westview Press.

Amaya, G., Davis, J. P., Gunn, D. V., Harrison, C., Pagulayan, R. J., Phillips, B., & Wixon, D. (2008). Games User Research (GUR): Our experience with and evolution of four methods. **In** K. Ibister & N. Schaffer (Eds.), **Game Usability.** Burlington, MA: Morgan Kaufmann Publishers, pp. 35–64.

Anselme, P. (2010). The uncertainty processing theory of motivation. **Behavioural Brain Research**, **208**, 291–310.

Anstis, S. M. (1974). Letter: A chart demonstrating variations in acuity with retinal position. **Vision Research**, **14**, 589–592**.**

Ariely, D. (2008). **Predictably Irrational: The Hidden Forces that Shape Our Decisions.** New York: Harper Collins.

Ariely, D. (2016a). **Payoff: The Hidden Logic that Shapes Our Motivations.** New York: Simon & Schuster/TED.

Ariely, D. (2016b). **Free Beer: And Other Triggers that Tempt us to Misbehave**. Game UX Summit (Durham, NC, May 12th). Retrieved from http://www.gamasutra.com/blogs/ CeliaHodent/20160722/277651/Game_UX_Summit_2016__All_Sessions_Summary.php-11- Dan Ariely (Accessed May 28, 2017).

Atkinson, R. C., & Shiffrin, R. M. (1968). Human memory: A proposed system and its control processes. In K. W. Spence & J. T. Spence (Eds.), **The Psychology of Learning and Motivation**, Vol. 2. New York: Academic Press, pp. 89–195.

Baddeley, A. D., & Hitch, G. (1974). Working memory. In G. H. Bower (Ed.), **The Psychology of Learning and Motivation: Advances in Research and Theory**, Vol. 8. New York: Academic

Press, pp. 47–89.

Baillargeon, R. (2004). Infants' physical world. **Current Directions in Psychological Science**, **13**, 89–94.

Baillargeon, R., Spelke, E., & Wasserman, S. (1985). Object permanence in five-month-old infants. **Cognition**, **20**, 191–208.

Bartle, R. (1996). **Hearts, Clubs, Diamonds, Spades: Players Who Suit MUDs**. Retrieved from http://mud.co.uk/richard/hcds.htm (Accessed May 28, 2017).

Bartle, R. (2009). Understand the limits of theory. In C. Bateman (Ed.), **Beyond Game Design: Nine Steps to Creating Better Videogames**. Boston: Charles River Media, pp. 117–133.

Baumeister, R. F. (2016). Toward a general theory of motivation: Problems, challenges, opportunities, and the big picture. **Motivation and Emotion**, **40**, 1–10.

Benson, B. (2016). **Cognitive Bias Cheat Sheet. Better Humans**. Retrieved from https://betterhumans.coach.me/cognitive-bias-cheat-sheet-55a472476b18#.52t8xb9ut (Accessed May 28, 2017).

Bernhaupt, R. (Ed.). (2010). **Evaluating User Experience in Games.** London: Springer-Verlag.

Blackawton, P. S., Airzee, S., Allen, A., Baker, S., Berrow, A., Blair, C., Churchill, M., **et al.** (2011). Blackawton bees. **Biology Letters**, **7**, 168–172.

Blumberg, F. C. (Ed.). (2014). **Learning by Playing: Video Gaming in Education.** Oxford, UK: Oxford University Press.

Blumberg, F. C., & Fisch, S. M. (2013). Introduction: Digital games as a context for cognitive development, learning, and developmental research. In F. C. Blumberg & S. M. Fisch (Eds.), **New Directions for Child and Adolescent Development**, 139, pp. 1–9.

Bowman, L. L., Levine, L. E., Waite, B. M., & Gendron, M. (2010). Can students really multitask? An experimental study of instant messaging while reading. **Computers & Education**, **54**, 927–931.

Brown, S., & Vaughan, C. (2009). **Play: How It Shapes the Brain, Opens the Imagination, and Invigorates the Soul.** New York: Avery.

Burak, A., & Parker, L. (2017). **Power Play: How Video Games Can Save the World**. New York, NY: St. Martin's Press/MacMillan.

Cabanac, M. (1992). Pleasure: The common currency. **Journal of Theoretical Biology**, **155**, 173–200.

Carraro, J. M. (2014). **How Mature Is Your Organization when It Comes to UX?** UX Magazine. Retrieved from http://uxmag.com/articles/how-mature-is-your-organization-when-it-comes-to-ux (Accessed May 28, 2017).

Castel, A. D., Nazarian, M., & Blake, A. B. (2015). Attention and incidental memory in everyday settings. In J. Fawcett, E. F. Risko & A. Kingstone (Eds.), **The Handbook of Attention**. Cambridge, MA: MIT Press, pp. 463–483.

Catmull, E., & Wallace, A. (2014). **Creativity, Inc.: Overcoming the Unseen Forces that Stand in the Way of True Inspiration.** New York: Random House.

Cerasoli, C. P., Nicklin, J. M., & Ford, M. T. (2014). Intrinsic motivation and extrinsic incentives jointly predict performance: A 40-year meta-analysis. **Psychological Bulletin**, **140**, 980–1008.

Chen, J. (2007). Flow in games (and everything else). **Communication of the ACM**, **50**, 31–34.

Cherry, E. C. (1953). Some experiments on the recognition of speech, with one and two ears. **Journal of the Acoustical Society of America**, **25**, 975–979.

Craik, F. I. M., & Lockhart, R. S. (1972). Levels of processing: A framework for memory research. **Journal of Verbal Learning and Verbal Behavior**, **11**, 671–684.

Craik, F. I. M., & Tulving, E. (1975). Depth of processing and the retention of words in episodic memory. **Journal of Experimental Psychology: General**, **104**, 268–294.

Csikszentmihalyi, M. (1990). **Flow: The Psychology of Optimal Experience.** New York: Harper Perennial.

Damasio, A. R. (1994). **Descartes' Error: Emotion, Reason, and the Human Brain.** New York: Avon.

Daneman, M., & Carpenter, P. A. (1980). Individual differences in working memory and reading. **Journal of Verbal Learning and Verbal Behavior**, **19**, 450–466.

Dankoff, J. (2014). Game telemetry with DNA tracking on Assassin's Creed. **Gamasutra**. Retrieved from http://www.gamasutra.com/blogs/JonathanDankoff/20140320/213624/Game_Telemetry_with_DNA_Tracking_on_Assassins_Creed.php (Accessed May 28, 2017).

Darrell, H. (1954). **How to Lie with Statistics.** New York: W.W. Norton & Co.

Deci, E. L. (1975). **Intrinsic Motivation.** New York: Plenum.

Deci, E. L., & Ryan, R. M. (1985). **Intrinsic Motivation and Self-Determination in Human Behavior.** New York: Plenum.

Denisova, A., Nordin, I. A., & Cairns, P. (2016). The Convergence of Player Experience Questionnaires. In **ACM CHI Play '16 Proceedings of the 2016 Annual Symposium on Computer-Human Interaction in Play** (pp. 33–37), Austin, TX.

Desurvire, H., Caplan, M., & Toth, J. A. (2004). Using Heuristics to Evaluate the Playability of Games. **Extended Abstracts CHI 2004, 1509–1512**.

Dillon, R. (2010). **On the Way to Fun: An Emotion-Based Approach to Successful Game Design.** Natick, MA: A K Peters, Ltd.

Drachen, A., Seif El-Nasr, M., & Canossa, A. (2013). Game analytics—The basics. **In** M. Seif El-Nasr, A. Drachen & A. Canossa (Eds.), **Game Analytics—Maximizing the Value of Player Data**. London: Springer, pp. 13–40.

Dutton, D. G., & Aaron, A. P. (1974). Some evidence for heightened sexual attraction under conditions of high anxiety. **Journal of Personality and Social Psychology**, **30**, 510–517.

Dweck, C. S., & Leggett, E. L. (1988). A social-cognitive approach to motivation and personality. **Psychological Review**, **95**(2), 256–273.

Easterbrook, J. A. (1959). The effect of emotion on cue utilization and the organization of behaviour. **Psychological Review**, **66**, 183–201.

Ebbinghaus, H. (1885). **Über das Gedächtnis**. Leipzig: Dunker. **Translated** Ebbinghaus, H. (1913/1885) **Memory: A Contribution to Experimental Psychology.** Ruger HA, Bussenius CE, translator. New York: Teachers College, Columbia University.

Ekman, P. (1972). Universals and Cultural Differences in Facial Expressions of Emotions. In Cole, J. (Ed.), **Nebraska Symposium on Motivation**. Lincoln, NB: University of Nebraska Press, pp. 207–282.

Ekman, P. (1999). Facial expressions. In T. Dalgleish & M. J. Power (Eds.), **The Handbook of Cognition and Emotion**. New York: Wiley, pp. 301–320.

Eysenck, M. W., Derakshan, N., Santos, R., & Calvo, M. G. (2007). Anxiety and cognitive performance: Attentional control theory. **Emotion**, **7**, 336–353

Fechner, G. T. (1966). **Elements of psychophysics** (Vol. 1). (H. E. Adler, Trans.). New York: Holt,

Rinehart & Winston. (Original work published 1860).

Federoff, M. A. (2002). Heuristics and usability guidelines for the creation and evaluation of fun in videogames. Master's thesis, Department of Telecommunications, Indiana University.

Festinger, L. (1957). **A Theory of Cognitive Dissonance**. Stanford, CA: Stanford University Press.

Fields, T. V. (2013). Game industry metrics terminology and analytics case. In M. Seif El-Nasr, A. Drachen & A. Canossa (Eds.), **Game Analytics—Maximizing the Value of Player Data**. London: Springer, pp. 53–71.

Fitts, P. M. (1954). The information capacity of the human motor system in controlling the amplitude of movement. **Journal of Experimental Psychology**, **47**, 381–391.

Fitts, P. M., & Jones, R. E. (1947). Analysis of factors contributing to 460 "pilot error" experiences in operating aircraft controls (Report No. TSEAA-694-12). Dayton, OH: Aero Medical Laboratory, Air Materiel Command, U.S. Air Force.

Fu, F. L., Su, R. C., & Yu, S. C. (2009). EGameFlow: A scale to measure learners' enjoyment of e-learning games. **Computers and Education**, **52**, 101–112.

Fullerton, T. (2014). **Game Design Workshop: A Playcentric Approach to Creating Innovative Games**. 3rd edn. Boca Raton, FL: CRC press.

Galea, J. M., Mallia, E., Rothwell, J., & Diedrichsen, J. (2015). The dissociable effects of punishment and reward on motor learning. **Nature Neuroscience**, **18**, 597–602.

Gerhart, B., & Fang, M. (2015). Pay, intrinsic motivation, extrinsic motivation, performance, and creativity in the workplace: Revisiting long-held beliefs. **Annual Review of Organizational Psychology and Organizational Behavior**, **2**, 489–521.

Gibson, J. J. (1979). **The Ecological Approach to Visual Perception.** Boston, MA: Houghton Mifflin.

Goodale, M. A., & Milner, A. D. (1992). Separate visual pathways for perception and action. **Trends in Neuroscience, 15**, 20–5.

Greene, R. L. (2008). Repetition and spacing effects. In J. Byrne (Ed.) **Learning and Memory: A Comprehensive Reference.** Vol. 2, pp. 65–78. Oxford: Elsevier.

Green, C. S., & Bavelier, D. (2003). Action video game modifies visual selective attention. **Nature**, **423**, 534–537.

Gross, J. J. (Ed.). (2007). **Handbook of Emotion Regulation.** New York: Guilford Press.

Guernsey, L., & Levine, M. (2015). **Tap, Click, Read: Growing Readers in a World of Screens.** San Francisco, CA: Jossey-Bass.

Hartson, R. (2003). Cognitive, physical, sensory, and functional affordances in interaction design. **Interaction Design**, **22**, 315–338.

Hartson, R., & Pyla, P. (2012). **The UX Book: Process and Guidelines for Ensuring a Quality User Experience.** Waltham, MA: Morgan Kaufmann/Elsevier.

Hazan, E. (2013). Contextualizing data. In M. Seif El-Nasr, A. Drachen & A. Canossa (Eds.), **Game Analytics—Maximizing the Value of Player Data**. London: Springer, pp. 477–496.

Hennessey, B. A., & Amabile, T. M. (2010). Creativity. **Annual Review of Psychology**, **61**, 569–598.

Heyman, J., & Ariely, D. (2004). Effort for payment. A tale of two markets. **Psychological Science**, **15**, 787–793.

Hodent, C. (2014). Toward a playful and usable education. In F. C. Blumberg (Ed.), **Learning by Playing: Video Gaming in Education.** pp. 69–86. Oxford, UK: Oxford University Press.

Hodent, C. (2015). 5 Misconceptions about UX (User Experience) in video games. **Gamasutra**. Retrieved from http://www.gamasutra.com/blogs/CeliaHodent/20150406/240476/5_Misconceptions_about_UX_User_Experience_in_Video_Games.php

Hodent, C. (2016). The elusive power of video games for education. **Gamasutra.** Retrieved from http://www.gamasutra.com/blogs/CeliaHodent/20160801/278244/The_Elusive_Power_of_Video_Games_for_Education.php#comments

Hodent, C., Bryant, P., & Houdé, O. (2005). Language-specific effects on number computation in toddlers. **Developmental Science**, **8**, 373–392.

Horvath, K., & Lombard, M. (2009). **Social and Spatial Presence: An Application to Optimize Human-Computer Interaction**. Paper presented at the 12th Annual International Workshop on Presence, 11–13 November, Los Angeles, CA

Houdé, O., & Borst, G. (2015). Evidence for an inhibitory-control theory of the reasoning brain. **Frontiers in Human Neuroscience**, 9, 148.

Huizinga, J. (1938/1955). **Homo Ludens: A Study of the Play Element in Culture.** Boston, MA: Beacon Press.

Hull, C. L. (1943). **Principles of Behavior.** New York: Appleton.

Isbister, K. (2016). **How Games Move Us: Emotion by Design.** Cambridge, MA: The MIT Press.

Isbister, K., & Schaffer, N. (2008). What is usability and why should I care?; Introduction. In K. Ibister & N. Schaffer (Eds.), **Game Usability**. pp. 3–5. Burlington: Elsevier.

Izard, C. E., & Ackerman, B. P. (2000). Motivational, organizational, and regulatory functions of discrete emotions. In M. Lewis & J. M. Haviland Jones (Eds.), **Handbook of Emotions**. pp.253–264. New York: The Guilford Press.

Jarrett, C. (2015). **Great Myths of the Brain.** New York: Wiley.

Jenkins, G. D., Jr., Mitra, A., Gupta, N., & Shaw, J. D. (1998). Are financial incentives related to performance? A meta-analytic review of empirical research. **Journal of Applied Psychology**, **83**, 777–787.

Jennett, C., Cox, A. L., Cairns, P., Dhoparee, S., Epps, A., Tijs, T., & Walton, A. (2008). Measuring and defining the experience of immersion in games. **International Journal of Human-Computer Studies**, **66**, 641–661.

Johnson, J. (2010). **Designing with the Mind in Mind: Simple Guide to Understanding User Interface Design Guidelines.** Burlington, NJ: Elsevier.

Just, M. A., Carpenter, P. A., Keller, T. A., Emery, L., Zajac, H., & Thulborn, K. R. (2001). Interdependence of non-overlapping cortical systems in dual cognitive tasks. **NeuroImage**, **14**, 417–426.

Kahneman, D. (2011). **Thinking, Fast and Slow.** New York: Farrar, Straus and Giroux.

Kahneman, D., & Tversky, A. (1984). Choices, values, and frames. **American Psychologist**, **39**, 341–350.

Kandel, E. (2006). In **Search of Memory: The Emergence of a New Science of Mind**. New York: W. W. Norton.

Kelley, D. (2001). **Design as an Iterative Process**. Retrieved from http://ecorner.stanford.edu/authorMaterialInfo.html?mid=686 (Accessed May 28, 2017).

Kirsch, P., Schienle, A., Stark, R., Sammer, G., Blecker, C., Walter, B., Ott, U., Burkhart, J., & Vaitl, D., 2003. Anticipation of reward in a nonaversive differential conditioning paradigm and the brain reward system: An event-related fMRI study. **Neuroimage**, 20, 1086–1095.

Klahr, D., & Carver, S. M. (1988). Cognitive objectives in a LOGO debugging curriculum: Instruction, learning, and transfer. **Cognitive Psychology**, **20**, 362–404.

Koelsch, S. (2014). Bain correlates of music-evoked emotions. **Nature Reviews Neuroscience**, **15**, 170–180.

Koster, R. (2004). **Theory of Fun for Game Design.** New York: Paraglyph Press.

Krug, S. (2014). **Don't Make Me Think, Revisited: A Common Sense Approach to Web Usability**. 3rd edn. San Francisco, CA: New Riders, Peachpit, Pearson Education.

Kuhn, G., & Martinez, L. M. (2012). Misdirection: Past, present, and the future. **Frontiers in Human Neuroscience**, **5**, 172. http://dx.doi.org/10.3389/fnhum.2011.00172

Laitinen, S. (2008). Usability and playability expert evaluation. In K. Ibister & N. Schaffer (Eds.), **Game Usability.** pp. 91–111. Burlington: Elsevier.

Lambrecht, A., & Tucker, C. E. (2016). **The Limits of Big Data's Competitive Edge**. MIT IDE Research Brief. Retrieved from http://ide.mit.edu/sites/default/files/publications/IDE-researchbrief-v03.pdf (Accessed May 28, 2017).

Lavie, N. (2005). Distracted and confused? Selective attention under load. **Trends in Cognitive Sciences**, **9**, 75–82.

Lazarus, R. S. (1991). **Emotion and Adaptation.** Oxford, UK: Oxford University Press.

Lazzaro, N. (2008). The four fun keys. In K. Ibister & N. Schaffer (Eds.), **Game Usability**. Burlington: Elsevier, pp. 315–344.

LeDoux, J. (1996). **The Emotional Brain: The Mysterious Underpinnings of Emotional Life.** New York: Simon & Schuster.

Lepper, M., Greene, D., & Nisbett, R. (1973). Undermining children's intrinsic interest with extrinsic rewards: A test of the "overjustification" hypothesis. **Journal of Personality and Social Psychology**, **28**, 129–137.

Lepper, M. R., & Henderlong, J. (2000). Turning "play" into "work" and "work" into "play": 25 years of research on intrinsic versus extrinsic motivation. In C. Sansone & J. M. Harackiewicz (Eds.), **Intrinsic and Extrinsic Motivation: The Search for Optimal Motivation and Performance**. San Diego, CA: Academic Press, pp. 257–307.

Levine, S. C., Jordan, N. C., & Huttenlocher, J. (1992). Development of calculation abilities in young children. **Journal of Experimental Child Psychology**, **53**, 72–103.

Lewis-Evans, B. (2012). Finding out what they think: A rough primer to user research, Part 1. **Gamasutra**. Retrieved from http://www.gamasutra.com/view/feature/169069/finding_out_what_they_think_a_.php (Accessed May 28, 2017).

Lewis-Evans, B. (2013). Dopamine and games—Liking, learning, or wanting to play? **Gamasutra**. Retrieved from http://www.gamasutra.com/blogs/BenLewisEvans/20130827/198975/Dopamine_and_games__Liking_learning_or_wanting_to_play.php (Accessed May 28, 2017).

Lidwell, W., Holden, K., Butler, J., & Elam, K. (2010). **Universal Principles of Design: 125 Ways to Enhance Usability, Influence Perception, Increase Appeal, Make Better Design Decisions, and Teach through Design.** Beverly, MA: Rockport Publishers.

Lieury, A. (2015). **Psychologie Cognitive**. 4e edn. Paris: Dunod.

Lightbown, D. (2015). **Designing the User Experience of Game Development Tools.** Boca Raton, FL: CRC Press.

Lilienfeld, S. O., Lynn, S. J., Ruscio, J., & Beyerstein, B. L. (2010). **50 Great Myths of Popular Psychology: Shattering Widespread Misconceptions about Human Behavior.** New York: Wiley-Blackwell.

Lindholm, T., & Christianson, S. A. (1998). Gender effects in eyewitness accounts of a violent crime. **Psychology, Crime and Law**, **4**, 323–339.

Livingston, I. (2016). Working within Research Constraints in Video Game Development. **Game UX Summit** (Durham, NC, May 12th). Retrieved from http://www.gamasutra.com/blogs/ CeliaHodent/20160722/277651/Game_UX_Summit_2016__All_Sessions_Summary.php-4-Ian Livingston (Accessed May 28, 2017).

Loftus, E. F., & Palmer, J. C. (1974). Reconstruction of automobile destruction: An example of the interaction between language and memory. **Journal of Verbal Learning and Verbal Behavior**, **13**, 585–589.

Lombard, M., Ditton, T. B., & Weinstein, L. (2009). Measuring Presence: The Temple Presence Inventory (TPI). In **Proceedings of the 12th Annual International Workshop on Presence**. Retrieved from https://pdfs.semanticscholar.org/308b/16bec9f17784fed039ddf4f86a856b3 6a768.pdf (Accessed May 28, 2017).

Lynn, J. (2013). Combining back-end telemetry data with established user testing protocols: A love story. In M. Seif El-Nasr, A. Drachen & A. Canossa (Eds.), **Game Analytics—Maximizing the Value of Player Data**. London: Springer, pp. 497–514.

Mack, S. (2016). Insights Hybrids at Riot: Blending Research at Analytics to Empower Player-Focused Design. **Game UX Summit** (Durham, NC, May 12th). Retrieved from http://www.gamasutra. com/blogs/CeliaHodent/20160722/277651/Game_UX_Summit_2016__All_Sessions_ Summary.php-8-Steve Mack (Accessed May 28, 2017).

MacKenzie, I. S. (2013). **Human-Computer Interaction: An Empirical Research Perspective.** Waltham, MA: Morgan Kaufmann.

Malone, T. W. (1980). What Makes Things Fun to Learn? Heuristics for Designing Instructional Computer Games. **Proceedings of the 3rd ACM SIGSMALL Symposium** (pp. 162–169), Palo Alto, CA.

Marozeau, J., Innes-Brown, H., Grayden, D. B., Burkitt, A. N., & Blamey, P. J. (2010). The effect of visual cues on auditory stream segregation in musicians and non-musicians. **PLoS One**, **5**(6), e11297.

Maslow, A. H. (1943). A theory of human motivation. **Psychological Review**, **50**, 370–396.

Mayer, R. E. (2014). **Computer Games for Learning: An Evidence-Based Approach.** Cambridge, MA: MIT Press.

McClure, S. M., Li, J., Tomlin, D., Cypert, K. S., Montague, L. M., & Montague, P. R. (2004). Neural correlates of behavioral preference for culturally familiar drinks. **Neuron**, **44**, 379–387.

McDermott, J. H. (2009). The cocktail party problem. **Current Biology**, **19**, R1024–R1027.

McGonigal, J. (2011). **Reality Is Broken: Why Games Make Us Better and How They Can Change the World.** New York: Penguin Press.

McLaughlin, A. (2016). Beyond Surveys & Observation: Human Factors Psychology Tools for Game Studies. G**ame UX Summit** (Durham, NC, May 12th). Retrieved from http://www.gamasutra. com/blogs/CeliaHodent/20160722/277651/Game_UX_Summit_2016__All_Sessions_ Summary.php-1-Anne McLaughlin (Accessed May 28, 2017).

Medlock, M. C., Wixon, D., Terrano, M., Romero, R., & Fulton, B. (2002). **Using the RITE method to improve products: A definition and a case study**. Presented at the **Usability Professionals Association** 2002, Orlando, FL.

Miller, G. A. (1956). The magical number seven, plus or minus two: Some limits on our capacity for processing information. **Psychological Review**, **63**, 81–97.

Nielsen, J. (1994). Heuristic evaluation. **In** J. Nielsen & R. L. Mack (Eds.), **Usability Inspection Methods.** pp. 25–62. New York: Wiley.

Nielsen, J. (2006). **Corporate UX Maturity: Stages 5–8**. Nielsen Norman Group. Retrieved from https://www.nngroup.com/articles/usability-maturity-stages-5-8/ (Accessed May 28, 2017).

Nielsen, J., & Molich, R. (1990). Heuristic Evaluation of User Interfaces**. Proceedings of the ACM CHI'90 Conference** (pp. 249–256), Seattle, WA, 1–5 April.

Norman, D. A. (2005). **Emotional Design: Why We Love (or Hate) Everyday Things.** New York: Basic Books.

Norman, D. A. (2013). **The Design of Everyday Things, Revised and Expanded Edition.** New York: Basic Books.

Norman, D. A. (2016). UX, HCD, and VR: Games of Yesterday, Today, and the Future**. Game UX Summit** (Durham, NC, May 12th). Retrieved from http://www.gamasutra.com/blogs/ CeliaHodent/20160722/277651/Game_UX_Summit_2016__All_Sessions_Summary.php-12-Don Norman (Accessed May 28, 2017).

Norman, D. A., Miller, J., & Henderson, A. (1995). What You See, Some of What's in the Future, And How We Go About Doing It: HI at Apple Computer. **Proceedings of CHI** 1995, Denver, CO.

Norton, M. I., Mochon, D., & Ariely, D. (2012). The IKEA effect: When labor leads to love. **Journal of Consumer Psychology**, **22**, 453–460.

Ochsner, K. N., Ray, R. R., Hughes, B., McRae, K, Cooper, J. C., Weber, J, Gabrieli, J. D. E., & Gross, J. J. (2009). Bottom-up and top-down processes in emotion generation. **The Association for Psychological Science**, **20**, 1322–1331.

Oosterbeek, H., Sloof, R., & Kuilen, G. V. D. (2004). Cultural differences in ultimatum game experiments: Evidence from a meta-analysis. **Experimental Economics**, **7**, 171–188.

Paivio, A. (1974). Spacing of repetitions in the incidental and intentional free recall of pictures and words. **Journal of Verbal Learning and Verbal Behavior**, **13**, 497–511.

Palmiter, R. D. (2008). Dopamine signaling in the dorsal striatum is essential for motivated behaviors: Lessons from dopamine-deficient mice. **Annals of the New York Academy of Science**, **1129**, 35–46.

Papert, S. (1980). **Mindstorms. Children, Computers, and Powerful Ideas.** New York: Basic Books.

Pashler, H., McDaniel, M., Rohrer, D., & Bjork, R. (2008). Learning styles: Concepts and evidence. **Psychological Science in the Public Interest**, **9**, 105–119.

Pavlov, I. P. (1927). **Conditioned Reflexes.** London: Clarendo Press.

Pellegrini, A. D., Dupuis, D., & Smith, P. K. (2007). Play in evolution and development. **Developmental Review**, **27**, 261–276.

Peterson, M. (2013). Preschool Math: Education's Secret Weapon. **Huffington Post.** Retrieved from http://www.huffingtonpost.com/matthew-peterson/post_5235_b_3652895.html

Piaget, J. (1937). **La construction du reel chez l'enfant.** Neuchâtel: Delachaux & Niestlé.

Piaget, J., & Inhelder, B. (1969). **The Psychology of the Child.** New York: Basic Books.

Pickel, K. L. (2015). Eyewitness memory. In J. Fawcett, E. F. Risko & A. Kingstone (Eds.), **The Handbook of Attention**. Cambridge, MA: MIT Press, (pp. 485–502).

Pinker, S. (1997). **How the Mind Works**. New York, NY: W. W. Norton & Company.

Prensky, M. (2001). Digital Natives, Digital Immigrants: Do they really think different? **On the Horizon**, **9**, 1–6. Retrieved from http://www.marcprensky.com/writing/Prensky%20-%20Digital%20 Natives,%20Digital%20Immigrants%20-%20Part1.pdf (Accessed May 28, 2017).

Przybylski, A. K. (2016). How We'll Know When Science Is Ready to Inform Game Development and Policy. **Game UX Summit** (Durham, NC, May 12th). Retrieved from http://www.gamasutra. com/blogs/CeliaHodent/20160722/277651/Game_%20UX_Summit_2016__All_Sessions_ Summary.php-3-Andrew%20Przybylski#3- Andrew Przybylski (Accessed May 28, 2017).

Przybylski, A. K., Deci, E. L., Rigby, C. S., & Ryan, R. M. (2014). Competence-impeding electronic games and players' aggressive feelings, thoughts, and behaviors. **Journal of Personality and Social Psychology**, **106**, 441–457.

Przybylski, A. K., Rigby, C. S., & Ryan, R. M. (2010). A motivational model of video game engagement. **Review of General Psychology**, **14**, 154–166.

Reber, A. S. (1989). Implicit learning and tacit knowledge. **Journal of Experimental Psychology: General**, **118**, 219–235.

Rensink, R. A, O'Regan, J. K., & Clark, J. J. (1997). To see or not to see? The need for attention to perceive changes in scenes. **Psychological Science**, **8**, 368–373.

Rogers, S. (2014). **Level Up! The Guide to Great Video Game Design**. 2nd edn. Chichester, UK: Wiley.

Rosenthal, R., & Jacobson, L. (1992). **Pygmalion in the Classroom. Expanded edn.** New York: Irvington.

Ryan, R. M., & Deci, E. L. (2000). Self-determination theory and the facilitation of intrinsic motivation, social development, and well-being. **American Psychologist**, **55**, 68–78.

Sacks, O. (2007). **Musicophilia: Tales of Music and the Brain.** London: Picador.

Salen, K., & Zimmerman, E. (2004). **Rules of Play: Game Design Fundamentals**, Vol. 1. London: MIT.

Saloojee, Y., & Dagli, E. (2000). Tobacco industry tactics for resisting public policy on health. **Bulletin of World Health Organization**, **78**, 902–910.

Schachter, S., & Singer, J. E. (1962). Cognitive, social, and physiological determinants of emotional state. **Psychological Review**, **69**, 379–399.

Schaffer, N. (2007). **Heuristics for Usability in Games**. Rensselaer Polytechnic Institute, White Paper. https://pdfs.semanticscholar.org/a837/d36a0dda35e10f7dfce77818924f4514fa51.pdf (Accessed May 28, 2017).

Schell, J. (2008). **The Art of Game Design.** Amsterdam: Elsevier/Morgan Kaufmann.

Schüll, N. D. (2012). **Addiction by Design: Machine Gambling in Las Vegas.** Princeton, NJ: Princeton University Press.

Schultheiss, O. C. (2008). Implicit motives. In O. P. John, R. W. Robins & L. A. Pervin (Eds.), **Handbook of Personality: Theory and Research**. 3rd edn. New York: Guilford, pp. 603–633.

Schultz, W. (2009). Dopamine Neurons: Reward and Uncertainty. **In:** L. Squire (Ed.), **Encyclopedia of Neuroscience**. Oxford: Academic press, pp. 571–577.

Schvaneveldt, R. W., & Meyer, D. E. (1973). Retrieval and comparison processes in semantic memory. In S. Kornblum (Ed.). **Attention and Performance IV** (pp. 395–409). New York: Academic Press.

Selten, R., & Stoecker, R. (1986). End behavior in sequences of finite prisoner's dilemma supergames a learning theory approach. **Journal of Economic Behavior & Organization**, **7**, 47–70.

Shafer, D. M., Carbonara, C. P., & Popova, L. (2011). Spatial presence and perceived reality as predictors of motion-based video game enjoyment. **Presence**, **20**, 591–619.

Shaffer, D. W. (2006). **How Computer Games Help Children Learn.** New York: Palgrave Macmillan.

Shaffer, N. (2008). Heuristic evaluation of games. In K. Ibister & N. Schaffer (Eds.), **Game Usability.** pp. 79–89. Burlington, NJ: Elsevier.

Shepard, R. N., & Metzler, J. (1971). Mental rotation of three-dimensional objects. **Science**, **171**, 701–703.

Simons, D. J., & Chabris, C. F. (1999). Gorillas in our midst: Sustained inattentional blindness for dynamic events. **Perception**, **28**, 1059–1074.

Simons, D. J., & Levin, D. T. (1998). Failure to detect changes to people in a real-world interaction. **Psychonomic Bulletin and Review**, **5**, 644–649.

Sinek, S. (2009). **Start with Why: How Great Leaders Inspire Everyone to Take Action.** New York, NY: Penguin Publishers.

Skinner, B. F. (1974). **About Behaviorism.** New York: Knoph.

Stafford, T., & Webb, M. (2005). **Mind Hacks: Tips & Tools for Using your Brain.** Sebastapol, CA: O'Reilly.

Sweetser, P., & Wyeth, P. (2005). GameFlow: A model for evaluating player enjoyment in games. **ACM Computers in Entertainment**, **3**, 1–24.

Sweller, J. (1994). Cognitive load theory, learning difficulty and instructional design. **Learning and Instruction**, **4**, 295–312.

Swink, S. (2009). **Game Feel: A Game Designer's Guide to Virtual Sensation.** Burlington, MA: Morgan Kaufmann.

Takahashi, D. (2016). With just 3 games, Supercell made $924M in profits on $2.3B in revenue in 2015. VentureBeat. Retrieved from https://venturebeat.com/2016/03/09/with-just-3-games-supercell-made-924m-in-profits-on-2-3b-in-revenue-in-2015/ (Accessed May 28, 2017).

Takatalo, J., Häkkinen, J., Kaistinen, J., & Nyman, G. (2010). Presence, involvement, and flow in digital games. In R. Bernhaupt (Ed.), **Evaluating User Experience in Games** (pp. 23–46). London: Springer-Verlag.

Thorndike, E. L. (1913). **Educational Psychology: The Psychology of Learning**, (Vol. 2). New York: Teachers College Press.

Toppino, T. C., Kasserman, J. E., & Mracek, W. A. (1991). The effect of spacing repetitions on the recognition memory of young children and adults. **Journal of Experimental Child Psychology**, **51**, 123–138.

Tversky, A., & Kahneman, D. (1974). Judgment under uncertainty: Heuristics and biases. **Science**, **185**, 1124–1130.

Valins, S. (1966). Cognitive effects of false heart-rate feedback. **Journal of Personality and Social Psychology**, **4**, 400–408.

van Honk, J., Will, G. -J., Terburg, D., Raub, W., Eisenegger, C., & Buskens, V. (2016). Effects of testosterone administration on strategic gambling in poker play. **Scientific Reports**, 6, 18096.

Vogel, S., & Schwabe, L. (2016). Learning and memory under stress: Implications for the classroom. **Science of Learning**, **1**, Article number 16011.

Vroom, V. H. (1964). **Work and Motivation.** San Francisco, CA: Jossey-Bass.

Vygotsky, L. S. (1967). Play and its role in the mental development of the child. **Soviet Psychology, 5**, 6–18.

Vygotsky, L. S. (1978). Interaction between learning and development. In M. Cole, V. John-Steiner, S. Scribner & E. Souberman (Eds.), **Mind in Society: The Development of Higher Psychological Processes**. Cambridge, MA: Harvard University Press, pp. 79–91.

Wahba, M. A., & Bridwell, L. G. (1983). Maslow reconsidered: A review of research on the need hierarchy theory. In R. Steers & L. Porter (Eds.), **Motivation and Work Behavior**. New York: McGraw-Hill, pp. 34–41.

Wertheimer, M. (1923). Untersuchungen zur Lehre der Gestalt II, Psychol Forsch. 4, 301–350. Translation published as Laws of Organization in Perceptual Forms, In Ellis WA **Source Book of Gestalt Psychology** (pp. 71–88). London: Routledge (1938)

Whorf, B. L. (1956). **Language, Thought and Reality.** Cambridge: MIT.

Wynn, K. (1992). Addition and subtraction by human infants. **Nature, 358**, 749–750.

Yee, N. (2016). **Gaming Motivations Align with Personality Traits**. Retrieved from http://quanticfoundry.com/2016/01/05/personality-correlates/ (Accessed May 28, 2017).

索引

数字
3C 138
5因子モデル 136
6つの情動 66
80：20の法則 118

アルファベット
ARPPU 189
ARPU 189
DAU 189
fMRI 22
HCD 155
HCI 88
KPI 189
MAU 189
OCEAN 61, 136
SDT 123
UX 87, 88
UXテスト 171
UXの誤解 89
UXレポート 176
VRのUX 156

あ
アイコニック記憶 34
アイトラッキング 174
アクセシビリティ 119
後知恵バイアス 93, 156
アナリティクス 178, 181

アフォーダンス 30, 82, 110, 160
アメとムチ 55
アルファ版 194
アンカリング 12
アンケート 176
アンダーマイニング効果 58
意義 133
イケア効果 128
移行率 189
イコノグラフィー 25
一貫性 112
イテレーションサイクル 157
イテレーションループ 160
因果関係 183
因子分析 61
インタラクティブな体験 91
インフォグラフィック 105
ウェーバー・フェヒナーの法則 31, 82
右脳 10
エコイック記憶 34
エラーの回避 115
エンゲージアビリティ 95, 121, 155, 177
オペラント条件づけ 74
オンボーディング 149, 151
オンボーディングプラン 161

か
外向性 61
外発的対価 58
外発的動機づけ 53, 55, 123

開放性 61
科学的手法 167
学習曲線 149
学習スタイル 11
学習性動因 53
学習性欲求 134
確証バイアス 184
カクテルパーティー効果 47
過正当化効果 59
仮説 187, 188
仮想プレイヤー 178
課題 148
課題のノコギリ歯 147
過度の認知負荷 48
勘 68
感覚記憶 34
感覚的アフォーダンス 160
眼球運動 22
関係性 59, 123, 129
完了付随型 135
記憶 33, 83
記憶の制限 39
基準 189
機能的MRI 22
機能的アフォーダンス 161
キュー 103
教育 132
虚偽記憶バイアス 40
近接 28
経験則 100
経験度成熟モデル 195
継続的対価 56
継続率 189
形態は機能に従う 110
ゲーマーの脳 149
ゲームUXの定義 94
ゲームアナリティクス 188
ゲームの感覚 137
ゲームヒューリスティック 102
ゲームフロー 60, 95, 145
ゲームフローヒューリスティック 145
ゲームフローモデル 121
ゲシュタルトの法則 25, 106
顕在記憶 37, 83
工学 133
構成概念 41
構成主義 76
高速内部テスト 177
行動心理学 73

個人的欲求 61
コンセプト段階 193

さ

再現性 168
サイン 103
サウンドデザイン 109
作業記憶 36, 83
サッカード 22
左脳 10
サンプル 182
視覚システム 30
視覚の鮮明度 23
思考発話法 172
自己決定理論 59, 123
自己言及的 196
システムイメージ 97
失敗からの回復 117
島の探索 137
社会的行動 54
集中的 196
柔軟性 117
重要業績評価指標 189
受動的注意 47
条件づけ 55
条件反射 38
条件反応 74
招待サイン 103
衝動 54
情動 72, 84, 137
情報サイン 103
処理 82
自律性 59, 123, 127
神経症傾向 62
身体的アフォーダンス 160
身体負荷 113
信頼区間 170
ズームイン／ズームアウト思考 194
スタジオレベルでのUX 195
図と地 26
ストリートファイター 20
ストループ効果 49
制御感 135, 139
制御的報酬 59
制作パイプラインでのUX 192
誠実性 61
正の強化 74
生物学的動因 53

赤色過剰 107
潜在記憶 83
潜在的動機づけ 53
選択的注意 47
専門的 196
相関関係 183
ソーシャルカジノゲーム 152
ソマティック・マーカー仮説 68
損失回避 70

た

ターゲットユーザー 24
対価 58, 134
ダイジェティックインターフェイス 98
対称性 27
大脳辺縁系 67
多重安定性 26
多重貯蔵モデル 33
タスクの負荷 48
タスク付随 135
タスク分析 172
ダチョウ効果 14
騙す 69
短期記憶 35
男女の脳の違い 10
断続的対価 56
知覚 82
知覚の仕組み 19
知識の呪縛 14
注意 47, 83
注意の制限 48
長期記憶 37, 83
調査質問 187
調和性 62
貯蔵 82
直感 68
陳述記憶 40
ティーバッギング 54
データインフォームド 185
データドリブン 185
デザイン思考 155
デジタル移民 11
デジタルネイティブ 11
テストプレイ 25, 173
テレメトリー 181
動機づけ 67, 83, 123
道具的学習 55
同調圧力 130

特性5因子モデル 61
取り締まり 132
トンネルビジョン 65

な

内発的動機づけ 53, 58, 123
内部デザインレビュー 173
難易度曲線 146, 152
人間中心型デザイン 88, 155
認知科学 87
認知心理学 75
認知的アフォーダンス 160
認知的ウォークスルー 172
認知的不協和 63
認知的欲求 53, 58
認知バイアス 12, 93, 128, 184
認知負荷 113
能動的注意 47
脳の仕組み 15
脳の報酬回路 55, 59
ノコギリ歯 148

は

バイアス 12, 22
罰を与えない 151
パフォーマンス付随型 135
パラダイム 73
パレートの法則 118
反社会的行動 132
非意図的 196
非加算性 48
非タスク付随 135
非注意性盲目 50
ビッグデータ 182
ビッグファイブ 61
ヒューマンコンピュータインタラクション 88
ヒューリスティック 100
ヒューリスティック評価 177
フィードバック 103, 104
フィッツの法則 114
負荷の最小化 113
複雑さ 199
物理的スキュアモーフィック 30
負の強化 74
プライミング効果 38
フラッシュバルブ記憶 67
ブランドの知識 22

索引 229

プリプロダクション 193
不良データ 183
プレイスルーテスト 173
プレイヤー中心のアプローチ 14
プレッシャー 152
フロー 60, 122, 145
フローゾーン 60, 146
プロジェクトチームレベルでのUX 192
プロダクション 194
プロトタイピング 159
分割注意 49, 83
分散効果 42
分散的 197
閉合 27
ペーシング 146, 152
ベータ版 195
ペルソナ 178
忘却曲線 44
ボタン 199
没頭付随型 135

ま

マイナスの結果 68
マズローの理論 54
マルチタスク 47, 83
迷惑行為 131
明瞭さ 105
メンタルモデル 14
目標 126

や

ユーザー体験 87, 94, 156
ユーザー調査 167, 169, 178
ユーザビリティ 95, 97, 141
ユーザビリティテスト 172
ユーザビリティの7つの柱 102
ユーザビリティヒューリスティック 98, 100
有能性 59, 123

ら

リッカート尺度 176
リマインダー 44
臨場感 140
類同 28
レベル 152
レポート 176
連続体 194
ロード画面 164

ゲーマーズブレイン

2019年3月25日 初版第1刷 発行
2023年7月25日 初版第1刷 発行

著者　　セリア・ホデント
翻訳　　株式会社Bスプラウト
発行人　新 和也
編集　　加藤 諒

発行　　株式会社 ボーンデジタル
　　　　〒102-0074
　　　　東京都千代田区九段南一丁目5番5号 九段サウスサイドスクエア
　　　　Tel: 03 – 5215– 8671　　Fax: 03 – 5215– 8667
　　　　www.borndigital.co.jp/book/
　　　　お問い合わせ先：https://www.borndigital.co.jp/contact

表紙・本文デザイン　　　中江 亜紀（株式会社Bスプラウト）
印刷・製本 株式会社　　シナノ書籍印刷株式会社

ISBN：978-4-86246-444-6
Printed in Japan

Copyright © 2018 by Celia Hodent
Authorised translation from the English language edition published by CRC Press,
a member of the Taylor & Francis Group LLC
Japanese Translation Copyright © 2019 by Born Digital, Inc. All rights reserved.
Japanese translation rights arranged with TAYLOR & FRANCIS GROUP, LLC.
through The English Agency (Japan) Ltd.

価格は表紙に記載されています。乱丁、落丁等がある場合はお取り替えいたします。
本書の内容を無断で転記、転載、複製することを禁じます。